完全训练

Photoshop CS4
精华教程

数码创意◎编著

电子工业出版社

Publishing House of Electronics Industry

北京·BEIJING

内 容 简 介

本书以图解实例的方式，由浅入深地介绍了 Photoshop CS4 软件的功能和应用技巧。全书共分 9 章，前 6 章为基础知识的讲解与训练，主要内容包括 Photoshop 的基本知识、掌握 Photoshop 的每个工具、精确修整品质与色彩、轻而易举搞懂图层、明明白白学通道和具有魔幻色彩的滤镜等知识；书中最后 3 章为综合实例部分，讲解了具体实例的应用与制作，内容包括纹理和文字艺术效果制作，图像创意表现和商业设计等。

本书适合没有任何基础的 Photoshop 爱好者学习，也可作为各类培训学校相关专业的培训教材，还可供广大平面设计爱好者阅读使用。

图书在版编目（CIP）数据

Photoshop CS4 精华教程 / 数码创意编著.—北京：电子工业出版社，2010.1
（完全训练）
ISBN 978-7-121-09635-8

Ⅰ．P… Ⅱ.数… Ⅲ.图形软件，Photoshop CS4 —教材 Ⅳ.TP391.41

中国版本图书馆 CIP 数据核字（2009）第 178029 号

责任编辑：付　睿
印　　刷：中国电影出版社印刷厂
装　　订：三河市皇庄路通装订厂
出版发行：电子工业出版社
　　　　　北京市海淀区万寿路 173 信箱　　邮编：100036
开　　本：787 × 1092　　1/16　　印张：22　　字数：577 千字
印　　次：2010 年 1 月第 1 次印刷
定　　价：59.00 元（含 DVD 光盘一张）

凡所购买电子工业出版社图书有缺损问题，请向购买书店调换。若书店售缺，请与本社发行部联系，联系及邮购电话：（010）88254888。

质量投诉请发邮件至 zlts@phei.com.cn，盗版侵权举报请发邮件至 dbqq@phei.com.cn。

服务热线：（010）88258888。

前 言

■: Preface

　　如今，电脑正在以前所未有的力量影响着人们的工作、学习和生活。计算机技术已经广泛地运用于各个领域，对于接触电脑不多的人们来说，让他们一下子去读厚厚的手册或教材，就像进入一个全然陌生的世界，会感到困难重重。抽象的概念、复杂的操作步骤、全新的用户界面、日益庞大的功能……会让初学者不知所措、望而生畏。因此，我们推出了"完全训练"系列图书，旨在以读者的需求为主线，以软件功能为依托，以实例制作作为手段，语言生动简洁、图文并茂地对各个流行软件的使用与应用技巧进行讲解。

　　Photoshop 的应用领域非常广泛，各类制作精美的车身广告、灯箱广告、店面招贴、大型户外广告、书籍杂志的封面、产品的精美包装、商场的广告招贴和电影海报等平面设计作品，大多数都是使用 Photoshop 设计的。它具有强大的图像修饰和色彩调整功能，具有良好的绘画和调色功能，还能结合其他软件使用，是广大平面设计爱好者最得力的助手。

　　本书由浅入深地介绍了 Photoshop CS4 软件的各项功能和常用技巧。全书共分 9 章，前 6 章为基础知识部分，主要内容包括 Photoshop 的基本知识、掌握 Photoshop 的每个工具、精确修整品质与色彩、轻而易举搞懂图层、明明白白学通道和具有魔幻色彩的滤镜等知识；后 3 章为综合实例部分，主要内容包括纹理和文字艺术效果制作、图像创意表现和商业设计等。在这 3 章中讲解了纹理和文字艺术效果的制作，关于海报与商业广告的概念和设计基础，以及详细讲解了实例制作步骤，供读者学习、临摹，并激发读者的想象力和创造力，从而举一反三地做出自己的作品，达到学以致用的目的。

　　本书以图解实例的方式进行讲解，选取精美的设计实例，简单直观地讲解软件的使用方法和应用技巧，引导读者在体验完美视觉冲击的同时，全面掌握软件的使用方法。书中没有烦琐与晦涩的文字叙述，带给读者全新的阅读体验，让您读得更少、学得更多。

　　本书适合没有任何基础的 Photoshop 爱好者学习，可供广大平面设计爱好者阅读使用，还可以作为各类培训学校相关专业的培训教材。

目　录

01 Chapter　Photoshop 的基本知识

02 Chapter　掌握 Photoshop 的每个工具

03 Chapter 精确修整品质与色彩

04 Chapter　轻而易举搞懂图层

05 Chapter 明明白白学通道

06 Chapter 具有魔幻色彩的滤镜

07 Chapter 纹理和文字艺术效果

08 Chapter 图像创意表现

09 Chapter 商业设计

Chapter 01

Photoshop 的基本知识

　　本章详细介绍了 Photoshop 的基本知识和软件的工作界面，其中又详细讲解了工具箱、辅助工具、菜单栏及看图工具——Adobe Bridge，最后还介绍了打开文件、保存文件等基本操作。

1.1 初识 Photoshop CS4

Photoshop 是当今世界上应用最广泛的图像处理软件，应用领域涵盖了从广告、出版印刷到网页设计等的各个方面。发展至今，Photoshop 的强大图像处理功能愈加完善，Photoshop 已经成为平面设计领域最优秀的软件之一。

早在 1987 年，美国的沃洛克兄弟就有了制作图像处理软件的想法并将其付诸了行动，随后设计并制作了第 1 版的 Photoshop 软件，并与 Adobe 公司达成协议，而后经过兄弟俩的不断努力，推出的 Photoshop 2.0 和 3.0 逐渐成为了业界的标准软件。

现在，作为最强大的图像处理软件，Photoshop 以其卓越的性能，与电子出版、印刷、广告、多媒体和网页等多个领域相融合，并对 Internet 的发展趋势采取了前瞻性的应对措施，使其牢牢地位于图像处理领域的顶端。

下面我们就来系统地了解 Photoshop CS4 版本软件的各种独特功能，领略其神奇的魅力。

1.1.1 操作界面的各个元素——操作界面

打开软件后，呈现的界面的各个部分都有什么作用呢？首先我们应学习 Photoshop CS4 的操作界面，并了解工具箱和面板的基本组成，这里简单介绍一下界面中各个组成部分的功能和作用，详细的使用方法会在后面的章节中介绍。工具箱中的选取工具是最常用的工具，通常用来从工作区中选取所要编辑的对象，再通过鼠标移动所选对象或其节点，即可达到一些基本的编辑目的。Photoshop CS4 的操作界面如图 1-1 所示。

图 1-1

应用程序栏：应用程序栏是 Photoshop CS4 的新增功能。应用程序栏包括"启动 bridge"按钮、"查看额外内容"按钮、"缩放级别"下拉列表框、"抓手工具"按钮、"缩放工具"按钮、"旋转视图工具"按钮、"排列文档"按钮和"屏幕模式"按钮。

菜单栏：与其他 Windows 软件一样，菜单栏存放按不同功能和使用目的进行分类的菜单命令。在菜单栏上选择某一菜单项，就会弹出相应的下拉菜单，选择相关菜单项下的子菜单命令即可执行命令。

工具选项栏：也称属性栏，显示当前使用的工具的各项属性，能够调整各工具的具体参数值。

工具箱：Photoshop 各种工具所在的面板，默认出现在界面的左方。

状态栏：即时显示当前图像的显示比例、文件大小和使用工具的方法等信息。

图像窗口：打开的图像文件所在的窗口，处于界面的中央位置，是编辑的对象。

"最小化"、"最大化/还原"和"关闭"按钮：在没有退出 Photoshop 的情况下，对打开的图像文件进行最小化、最大化、还原和关闭操作。

控制面板：Photoshop 将各个编辑面板进行组合，以组的形式显示控制面板。单击相应的选项卡即可切换面板。

应用程序栏

在 Photoshop CS4 中新增加了一个应用程序栏，其各按钮如图 1-2 所示。

图 1-2

应用程序栏中的按钮功能详解如下。

"启动 Bridge"按钮 ：单击该按钮，可以打开 Bridge 文件浏览器，与执行"文件/在 Bridge 中浏览"命令的功能相同。

"查看额外内容"按钮 ：单击该按钮，在弹出的下拉菜单中可以选择要显示的内容，有"显示参考线"、"显示网格"和"显示标尺"三个命令，这些命令的功能与"视图"菜单中相关命令的功能相同。

"缩放级别"下拉列表框 50% ▼ ：在该下拉列表框中可以输入视图缩放的比例数值，也可以单击右侧的下拉按钮，选择软件预置的缩放比例。

"抓手工具"按钮 ：单击该按钮，可以切换到"抓手工具"，配合"缩放工具"，可以动态地缩放视图。

"缩放工具"按钮 ：单击该按钮，可以连续平滑地放大或缩小视图（需要 OpenGL）。

"旋转视图工具"按钮 ：单击该按钮，切换到"旋转视图工具"（与在工具箱中选择"旋转视图工具"的功能相同），可以在不破坏图像的情况下随意地旋转画布。

"排列文档"按钮 ：单击该按钮，将弹出一个下拉菜单，在其中上半部分的按钮为视图布局方式的设置按钮，用户可以根据打开的文件数量和操作需要，单击相应的布局按钮。同时，也可以使用下拉菜单中的命令，对视图的缩放比例和显示状态进行设置。

"屏幕模式"按钮▣：单击该按钮，可以在弹出的下拉菜单中选择屏幕的显示模式，分别有"标准屏幕模式"、"带有菜单栏的全屏模式"和"全屏模式"三种模式，与"视图 / 屏幕模式"子菜单中的命令的功能相同。

菜单栏

菜单栏是 Photoshop 软件的重要组成部分，包含了软件能够使用的所有命令，按照不同的功能和使用目的分别放置，菜单栏包括"文件"、"编辑"、"图像"、"图层"、"选择"、"滤镜"、"分析"、"3D"、"视图"、"窗口"和"帮助"共 11 个菜单项，如图 1-3 所示。选择任何一个菜单项，即会弹出当前菜单项的下拉菜单，选择各项命令即可执行相应的命令操作或打开相应的对话框。

| 文件(F) 编辑(E) 图像(I) 图层(L) 选择(S) 滤镜(T) 分析(A) 3D(D) 视图(V) 窗口(W) 帮助(H) |

图 1-3

当弹出的下拉菜单中的命令右边有三角图标时，代表在该命令下还有子级菜单，将鼠标移动到此处即可弹出子级菜单，继续移动鼠标以选择需要的命令。在弹出的下拉菜单中的命令右边有字母组合，则代表该命令具有键盘快捷键，按相应的快捷键可以快速执行该命令。

"文件"菜单：是文件管理的相关命令菜单，包括"新建"、"打开"和"置入"等常用文件命令，以及"脚本"、"打印"等操作设置的相关命令，如图 1-4 所示。

"编辑"菜单：是针对文件操作步骤的相关命令菜单，包括"还原"、"剪切"、"拷贝"、"粘贴"和"清理"等常用命令。另外，还包括"填充"、"描边"和"自由变换"等命令。Photoshop 的系统设置命令也在此菜单中，如图 1-5 所示。

"图像"菜单：此菜单包括图像颜色模式的设置命令，包括"调整"、"图像大小"和"画布大小"等命令，如图 1-6 所示。"调整"子菜单中包含图像色彩调整的所有相关命令。

"图层"菜单：包括所有图层相关操作的命令，如"新建"、"复制图层"、"删除"、"图层属性"、"图层样式"和"合并图层"等命令。此菜单包括了"图层"面板中的所有功能，如图 1-7 所示。

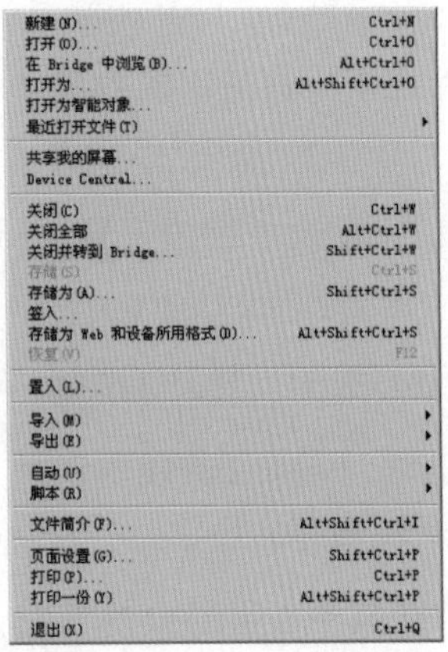

图 1-4

图 1-5　　　　图 1-6

图 1-7

　　"选择"菜单：包括所有关于图像选择方面的命令，如"全部"、"取消选择"、"反向"、"所有图层"和"色彩范围"等命令，还可以变换选区，载入并存储选区，如图 1-8 所示。

　　"滤镜"菜单：包括所有滤镜相关的命令，可以使用滤镜库操作滤镜，如图 1-9 所示。

　　"分析"菜单：包括"设置测量比例"、"选择数据点"、"记录测量"、"标尺工具"、"计数工具"和"置入比例标记"等命令，如图 1-10 所示。

　　"3D"菜单：包括处理和合并现有的 3D 对象、创建新的 3D 对象、编辑和创建 3D 纹理及组合 3D 对象与 2D 图像的相关命令，如图 1-11 所示。

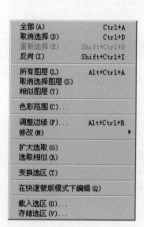

图 1-8

图 1-9

图 1-10

图 1-11

　　"视图"菜单：包括图像视图的相关命令，如"放大"、"缩小"和"实际像素"等命令，而"校样设置"、"校样颜色"等命令及"标尺"、参考线的相关命令等命令也在此菜单中，如图 1-12 所示。

　　"窗口"菜单：包括所有控制面板的命令，选择某一控制面板命令，即可打开该控制面板，菜单前面同时出现对钩标记，再次选择则隐藏该面板，如图 1-13 所示。

　　"帮助"菜单：包含 Photoshop 软件的相关信息，如图 1-14 所示。

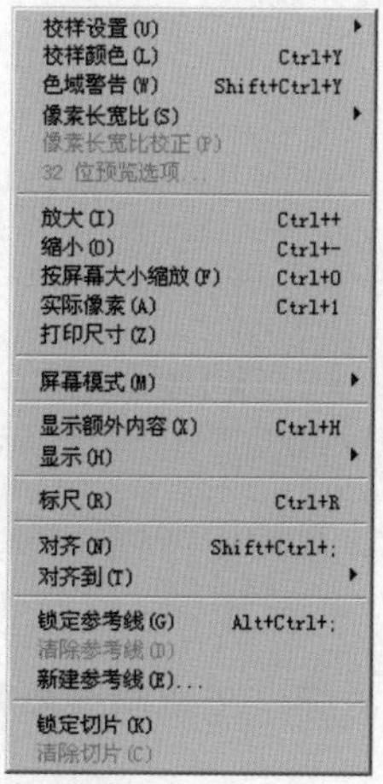

图 1-12

图 1-13

图 1-14

工具选项栏

位于菜单栏下方，用于设置工具箱中当前选择的工具的选项参数，根据工具的不同，工具选项栏的内容也不同，它与各种工具是一一对应的。例如"移动工具"的选项栏，如图 1-15 所示；"矩形选框工具"的选项栏，如图 1-16 所示。

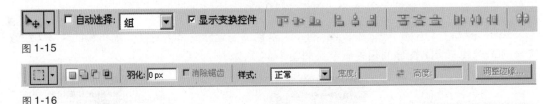

图 1-15

图 1-16

Tip 技巧提示

工具选项栏也与控制面板一样，按住鼠标左键向下拖动前方部分，就可以显示出脱离后的独立选项栏，如图 1-17 所示。再拖动前方部分到原来位置且出现蓝色横条时，松开鼠标左键，工具选项栏又会回到原来的位置。

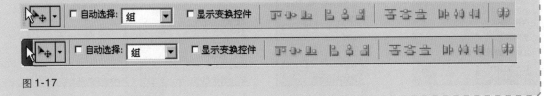

图 1-17

工具箱

在 Photoshop CS4 界面的左侧是工具箱，其各工具按钮的组成如图 1-18 所示。

Tip 技巧提示

如果有不知道名称的按钮，只需把鼠标光标移动到该按钮上面停留片刻，就会显示相应的按钮名称。

工具箱中各工具组功能详解如下。

选取工具组：可以用来选取各类想要编辑的图像区域，如图 1-19 所示。

修图工具组：可以用于修整图像中不满意的地方，包括裁剪大小、修复破损的图像等，在一般的图像处理工作中都可以用到，如图 1-20 所示。

绘图工具组：这些工具可用来绘制基本的形状。Photoshop 还提供了常用的比较好看的形状供大家使用，如图 1-21 所示。

填色工具组：填色包括渐变填充和实色填充两种，可以填充任意想要填充的区域，如图 1-22 所示。

前景色和背景色：双击相应的颜色按钮即可打开"拾色器"对话框选取颜色。

3D 工具组：一组工具用来控制三维对象，一组工具用来控制摄像机，如图 1-23 所示。

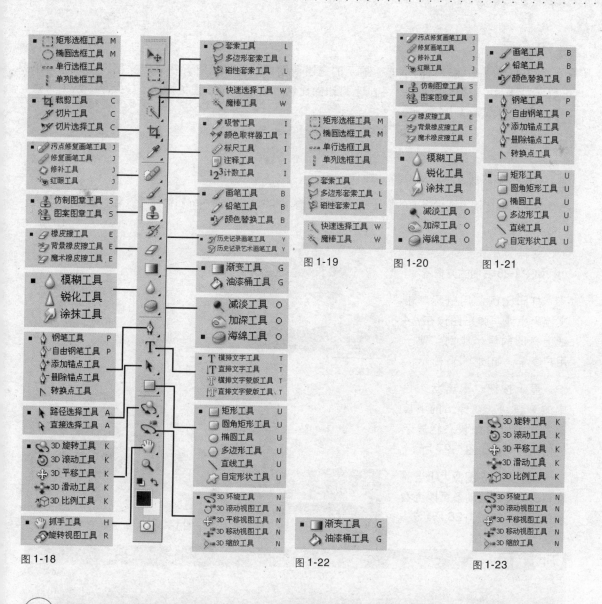

图 1-19　　　　图 1-20　　　　图 1-21

图 1-18　　　　　　　　　　　图 1-22　　　　　　　　图 1-23

Tip 技巧提示

　　按住工具箱中工具按钮右下角的三角图标不动，即可弹出下拉列表显示隐藏的工具按钮，选择需要的工具即可。工具箱同控制面板一样可以移动到界面的任意位置——使用鼠标拖曳工具箱顶部即可。

　　视图工具：可以随意查看图像的任意地方和以任意大小来查看图像。

　　快速蒙版：单击"以快速蒙版模式编辑"按钮即可以快速蒙版模式编辑图像，再次单击即可恢复标准编辑模式。

　　其他工具：除了前面提到的工具外，Photoshop 也包括了很多其他的工具，诸如辅助线工具、度量工具、移动工具和剪切工具等。

状态栏

状态栏位于图像窗口的下方，显示的是当前图像的各种信息。在显示文档大小的地方单击鼠标左键，可以得到此图在 A4 纸上打印的比例，单击三角按钮可弹出下拉菜单，从中可查看文件信息，如图 1-24 所示。

| 100% | 🕐 | 文档:165.9K/331.9K | ▶ ◀ |

图 1-24

状态栏中的部分选项的具体功能详解如下。

显示图像比例：图像当前的显示比例，可以输入数值，按【Enter】键即可设置，如图 1-25 左侧的方框所示。

文档大小：显示文档大小，如图 1-25 右侧的方框所示。

打印比例：用鼠标单击文档大小处，弹出图像在 A4 纸上打印的显示比例，便于用户查看，如图 1-26 所示。

图 1-25

宽度:1264 像素(21.4 厘米)
高度:898 像素(15.21 厘米)
通道:3(RGB 颜色，8bpc)
分辨率:150 像素/英寸

图 1-26

显示按钮：单击状态栏中的 ▶ 按钮，在弹出的下拉菜单中可以选择状态栏显示的信息种类，如图 1-27 所示。

滚动条：在图像大于当前窗口时，拖曳滚动条可以查看整体图像，如图 1-28 所示。

显示版本...

在 Bridge 中显示...

显示 ▶

Version Cue
✓ 文档大小
文档配置文件
文档尺寸
测量比例
暂存盘大小
效率
计时
当前工具
32 位曝光

图 1-27

图 1-28

Tip 技巧提示

为了方便查看图像，可以按【Tab】键把打开的工具箱、面板和工具选项栏全部隐藏，只保留 Photoshop 界面，如图 1-29 所示。再次按【Tab】键，恢复默认状态。按【Shift+Tab】组合键可以保留工具箱，只隐藏面板，如图 1-30 所示。

图 1-29

图 1-30

单击工具箱顶部倒数第一个按钮 ▣▼，即可以"带有菜单栏的全屏模式"显示操作界面；单击第三个按钮，即可以"全屏模式"显示操作界面，也可以按【F】键来切换显示模式，如图 1-31 所示。

图 1-31

图像窗口

图像窗口是打开的图像文件或新建的文件显示的区域，也是用来编辑图像的区域。在 Photoshop CS4 版本中文件采用了新的选项卡显示方式，当打开多个文件时，默认情况下这些文件会以选项卡的方式显示，如图 1-32 所示。

图 1-32

控制面板

在 Photoshop CS4 版本中控制面板分成浮动面板和面板按钮，用鼠标单击某个面板按钮就会弹出相应的浮动面板。控制面板中含有图形编辑操作中经常用到的选项和功能，所以控制面板是 Photoshop 软件非常重要的组成部分。Photoshop CS4 提供了 23 个不同性能的控制面板，罗列在"窗口"菜单下。为操作方便，在"窗口"菜单栏中选择面板名称命令，就可打开该命令对应的组合浮动面板。单击组合面板中的选项卡可以调换到相应的面板并进行编辑。使用鼠标拖曳选项卡可以分离或者合并面板。

下面讲解一下经常使用的控制面板，具体使用方法会在后面的章节中讲到。

"导航器"面板（直方图/信息）

预览图像，放大或者缩小图像视图，并可以控制视图区域移动，如图 1-33 所示。

"颜色"面板（色板/样式）

设定颜色各项参数的数值，加以混合，从而调整颜色并选择颜色，如图 1-34 所示。

图 1-33

图 1-34

"图层"面板（通道/路径）

用于图层的编辑操作，可以混合图像、添加样式效果、输入文字，是 Photoshop 重要的组成部分，如图 1-35 所示。

"字符"面板（段落）

调整文字字体、大小、颜色和字距等属性的面板。控制关于文字的所有操作，如图 1-36 所示。

图 1-35

图 1-36

"动画"面板

Photoshop CS4 新增加的面板，具有简单的动画编辑制作功能，如图 1-37 所示。

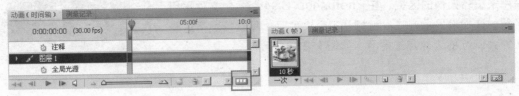

图 1-37

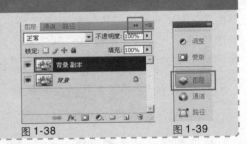

1.1.2　视图中的辅助工具——标尺、参考线与网格

　　当我们开始编辑图像时，Photoshop 为我们提供了多种有效的辅助工具，分别是标尺、参考线和网格。这些工具经常和其他工具一起使用，帮助我们更好地制作图像。现在就来简单地介绍这几种辅助工具的使用方法。

01 标尺可以准确地显示出当前图像文件的长度和宽度，使用户方便地得到有关的图像信息。显示标尺的方法是，执行"视图 / 标尺"命令，或者使用快捷键【Ctrl+R】，如图 1-43 所示。

02 标尺显示在图像窗口的上部和左部，并且可以根据需要以各种单位显示数值。在标尺上单击鼠标右键，在弹出的快捷菜单中可以设置显示单位，如图 1-44 所示。

图 1-43

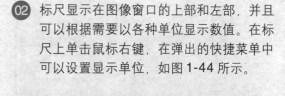

图 1-44

03 选择工具箱中的"移动工具"，在标尺上拖曳鼠标，可以看到画面中跟随光标移动的灰色直线，放开鼠标即可出现蓝色的辅助参考线。参考线可反复移动或删除，如图 1-45 所示。

04 执行菜单栏中的"视图 / 显示 / 网格"命令，或者使用【Ctrl+ ′】组合键调出图像网格。图像窗口中显示出均匀分布的网格，如图 1-46 所示。

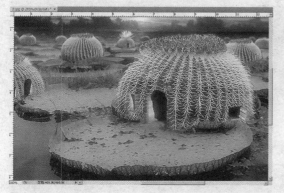

图 1-45

图 1-46

05 画面中布满了深浅两色的大小网格。再次选择"视图 / 显示"命令，用户可能注意到"网格"命令前面有一个对钩，这时再次选择"网格"命令，即可隐藏网格，如图 1-47 所示。

06 单击应用程序栏上的"查看额外内容"按钮，会出现包含"显示参考线"、"显示网格"和"显示标尺"三个命令的下拉菜单，这是 Photoshop CS4 中的新增功能，如图 1-48 所示。

图 1-47

图 1-48

Tip 技巧提示

参考线和网格都是 Photoshop 软件中的辅助图像处理工具，不会被图像输出，打印也不会显示出来。

使用工具箱中的"移动工具"，在标尺交点处即图像的左上角空白位置处单击并拖曳鼠标到画面的任何位置，即可建立以拖曳位置为基准的标尺，拖曳点的横纵坐标都为 0，如图 1-49 所示。如果当前图像已显示网格，则拖曳位置会自动吸附到临近的网格线上。如果要恢复默认设置，只需在标尺的初始位置，图像左上角的空白位置处双击鼠标即可，如图 1-50 所示。

在标尺上单击鼠标右键，可弹出显示标尺单位的快捷菜单，用户可以根据需要更改标尺单位，如图 1-51 所示。

图 1-49

图 1-50

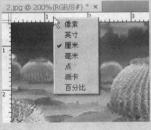

图 1-51

1.2 关于文件的基本操作

1.2.1 创建新的文件——新建文件

当需要制作固定尺寸的文件时，可以使用新建文件的方法。新建文件的大小、色彩模式和分辨率等文件信息均可以自行设置，用户可以为文件命名，另外，软件还提供了各种常用的图像选项供用户选择或者修改。

新建文件的对话框如图 1-53 所示，对话框中的具体参数详解如下。

"名称"文本框：用于设置新文件的名称，当新建文件后名称将显示在图像窗口的标题栏中。而在保存文件时，输入的名称会自动显示成文件名。

"预设"下拉列表框：用于设置新文件的大小。在此下拉列表框后面单击下拉按钮，可以看到 Photoshop 中提供的几种基本图像大小。

"宽度"、"高度"栏：用于具体设置新文件的大小。宽度代表图像的宽度值，高度代表图像的高度值。单击后面的下拉按钮，在弹出的下拉列表中可以选择需要的尺寸单位。

"分辨率"栏：用于设置新文件的分辨率。单击后面的下拉按钮，在弹出的下拉列表中可以选择需要的单位。

"颜色模式"栏：用于设置新文件的颜色模式和定位深度，确定颜色可适用的最大数量。

"背景内容"下拉列表框：用于设置新文件的底色，Photoshop 提供三种颜色供选择，分别是白色、背景色和透明色。

现在就来简单地介绍新建文件的对话框的使用方法。

01　执行菜单栏中的"文件 / 新建"命令，如图 1-52 所示。

02　在打开的"新建"对话框中，用户可以根据情况需要设置新建文件的属性，如尺寸、分辨率、颜色模式和背景内容等，完成后单击"确定"按钮，如图 1-53 所示。

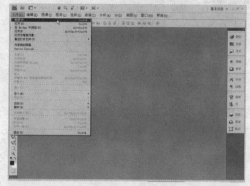

图 1-52

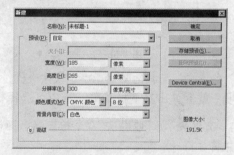

图 1-53

03　系统自动生成符合用户设定属性的空白文件，并在图像窗口中打开，如图 1-54 所示。

Tip　技巧提示

　　用户只要按下【Ctrl+N】组合键就可以打开"新建"对话框，在其中设置所需的文件属性。

图 1-54

1.2.2　方便观看文件——关于文件浏览器

Photoshop 自带的文件浏览器——Adobe Bridge，是与 Photoshop 结合使用的浏览软件，作为创造性组件的控制中心，它可以显示图片的高度、宽度、分辨率、颜色模式及创建和修改日期等附加信息，供用户方便地查找和访问包括 PSD、AI、INDD 和 Adobe PDF 等 Adobe 应用文件和非应用文件，并可以向这些资源中添加数据。用户可以在安装 Photoshop 时，方便地一起安装这款浏览软件。

浏览器界面如图 1-55 所示，下面我们就来简单地介绍该浏览器的使用方法。

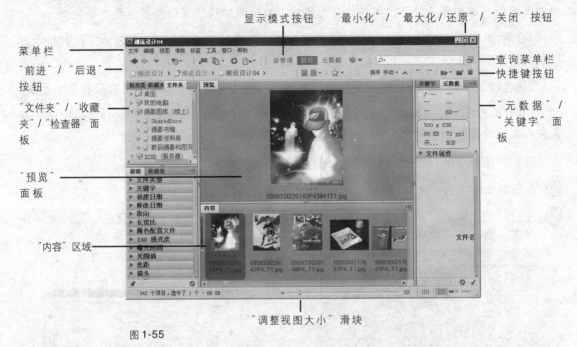

图 1-55

菜单栏：与其他 Windows 软件一样，菜单栏存放按项目功能分类的命令，选择相应的菜单项，就会弹出其下拉菜单，从中可选择相关的菜单命令。

"文件夹" / "收藏夹" / "检查器" 面板：可以快速访问一些文件夹，单击可以选择文件夹并将其打开。

"预览" 面板：预览选择的图像文件，可以缩小或放大预览图像，在未选择图像时为灰色。

"元数据" / "关键字" 面板："元数据" 面板根据选择的文件变化数据信息，如果选择了多个文件，共有的信息将被显示出来；"关键字" 面板可以为图像附上关键字信息，便于用户组织管理图像文件。

查询菜单栏：记录了最近访问过的文件夹，使用户可以快捷地再次访问。还配有 "前进"、"后退" 等按钮，使用方式同一般的浏览器。

"最小化"、"最大化 / 还原" 和 "关闭" 按钮：在没有退出 Photoshop 的情况下，对文件浏览器进行最小化，最大化 / 还原和关闭操作。

快捷键按钮：可以帮助用户更加有效地管理文件，包括 "打开最近使用的文件"、"创建新文件夹"、旋转视图的按钮、"删除项目" 等按钮。

"内容" 区域：显示了当前文件夹中的相关预览图像，同时也显示了这些文件的相关信息。

"调整视图大小" 滑块：用来设置预览界面中图像显示的尺寸大小，从左到右拖动滑块缩览图放大，两边的按钮分别是 "较小的缩览图大小" 和 "较大的缩览图大小" 按钮。

显示模式按钮：用户可以单击相应的按钮设置需要的显示模式，包括"必要项"、"胶片"、"元数据"、"输出"、"关键字"和"预览"等显示模式。

下面就介绍文件浏览器——Adobe Bridge 的具体使用步骤。

01 在 Photoshop 软件界面中，执行菜单栏中"文件 / 在 Bridge 中浏览"命令，或者直接单击应用程序栏中的"启动 Bridge"按钮，如图 1-56 所示。

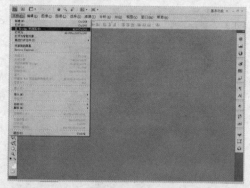

图 1-56

02 浏览器界面类似于一个打开的浏览窗口，在左侧的"文件夹"面板中用户可以选择电脑中的任何文件夹，访问图像资源，如图 1-57 所示。

图 1-57

03 选择文件夹中的某个图像文件，在右侧的"预览"面板中就会显示该图像的预览效果，并可以查看文件的相关信息，如图 1-58 所示。双击图像或者在图像上单击鼠标右键，在弹出的快捷菜单中选择"打开"命令，就可以打开文件。

图 1-58

04 在"内容"区域中选择一个图像文件，拖曳界面底部的"调整视图大小"滑块向右，可以放大图像缩览图，向左则缩小图像缩览图，如图 1-59 所示。

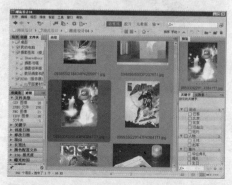

图 1-59

05 单击界面上部的显示模式按钮，可切换显示模式，如图 1-60 所示。

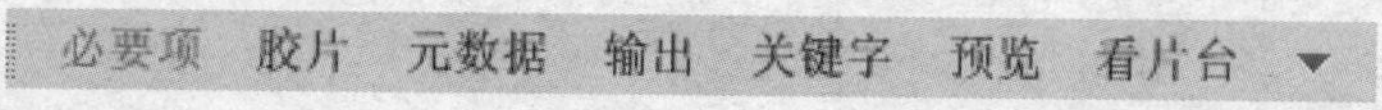

必要项　胶片　元数据　输出　关键字　预览　看片台　▼

图 1-60

1.2.3 打开已存在的文件——打开文件

Photoshop 可以打开很多种格式的图像文件，现在我们来学习从界面中打开文件的方法，这一点和其他软件大致相同。

01 执行菜单栏中的"文件 / 打开"命令，如图 1-61 所示。

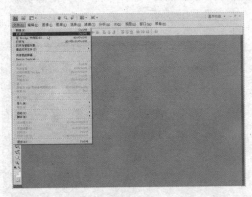

图 1-61

02 在打开的"打开"对话框中，用户选择文件所在的目录，在打开的文件夹中找到需要的文件，选择文件，单击"打开"按钮，如图 1-62 所示。

图 1-62

03 系统将用户选择的文件打开并显示在窗口中，可以在窗口中进行各种操作，如图 1-63 所示。

图 1-63

> **Tip 技巧提示**
>
> 打开文件的快捷键是【Ctrl+O】，用户只要按该快捷键就可以打开"打开"对话框，从中选择所需的文件。另外，在操作界面中央空白位置处双击鼠标，也可以打开"打开"对话框。在对话框中用户可以选择一个以上的图像文件，然后单击"打开"按钮，同时打开选择的多个文件。

> **Tip 技巧提示**
>
> 用户也可以选择文件夹中的图像文件，在其上单击鼠标右键，在弹出的快捷菜单中选择"打开方式"子菜单中的"Photoshop CS4"命令，这样同样可以启动 Photoshop，并在窗口中打开选择的文件。
>
> 用户还可以利用快捷方式图标快速打开图像文件。在 Photoshop 软件没有打开的情况下，将选择的文件直接拖曳到桌面上的 Photoshop 快捷方式图标上，当图标变暗后释放鼠标，系统就会自动运行 Photoshop，并在窗口中打开图像文件。

1.2.4 保存编辑过的文件——存储文件

打开图像文件并完成编辑操作后，需要把修改后的图像文件保存起来。怎样保存文件呢？下面就来介绍保存文件的方法，同样非常简单，不过值得用户注意的是，将新建的文件保存与打开图像文件进行编辑后另存，是两种不同的保存方式，若不小心会把需要保留的原图替换掉，这将是一件非常糟糕的事。

"存储为"对话框如图 1-64 所示，对话框中的具体参数详解如下。

"保存在"下拉列表框：选择文件的存储路径，确定保存文件的目标文件夹。

快捷选项列表框：提供了"我最近的文档"、"桌面"、"我的文档"、"我的电脑"和"网上邻居"五个快捷选项，分别指向不同的快捷浏览目标。

"'查看'菜单"按钮：单击该按钮，可以选择查看图像文件的方式。

"文件名"下拉列表框：可输入要保存的文件名称。

"格式"下拉列表框：可选择要保存的图像文

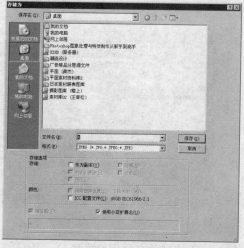

图 1-64

件格式，在其下拉列表中有备选图像格式，用户可以根据需要自行选择。

"存储选项"栏

"作为副本"复选框：如果勾选该复选框，文件名会自动生成"副本"两个字，原文件不发生变化，生成副本文件。

"Alpha 通道"复选框：当图像文件中有 Alpha 通道时，该复选项就会被激活，勾选该复选框，则保留当前图像的所有通道信息。

"图层"复选框：当图像文件中有图层时，该复选项会被激活，勾选该复选框，则保留当前图像的所有图层。

"注释"复选框：在图像制作中使用"注释工具"添加了图像说明时，该复选项就会被激活，勾选该复选框，则保留当前图像的注释信息。

"专色"复选框：勾选该复选框，则保留当前图像的专色通道。

"使用校样设置"复选框：勾选该复选框，将检测 CMYK 图像的溢色功能。

"ICC 配置文件"复选框：勾选该复选框，让图像在不同显示器中所显示的颜色一致。

"缩览图"复选框：勾选该复选框，将生成保存图像的缩览图，在打开图像时可以预览。

"使用小写扩展名"复选框：勾选该复选框，文件的扩展名为小写形式，不勾选此复选框，扩展名则为大写形式。默认情况下，系统会自动勾选该复选框，表示扩展名采用小写形式。

现在就来简单地介绍"存储为"对话框的使用方法。

01 执行菜单栏中的"文件/存储为"命令，如图 1-65 所示。

02 在打开的"存储为"对话框中，用户可以选择存储的目标文件夹、更改文件名称、选择文件的存储类型，完成后单击"保存"按钮，如图 1-66 所示。

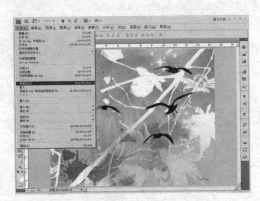

图 1-65

图 1-66

03 由于选择的文件保存类型是"JPG"格式的，所以将打开"JPEG选项"对话框，用户可以设置保存图像的品质，然后单击"确定"按钮，如图 1-67 所示。

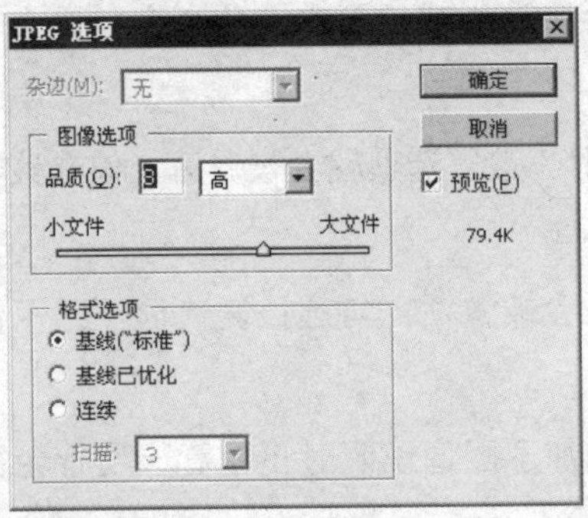

04 这时显示的文件标题部分发生了变化，显示为保存的文件名，现在这幅图像已经被保存为另一个文件，如图 1-68 所示。

图 1-67

图 1-68

Tip 技巧提示

　　"存储"命令是将打开的图像以覆盖的方式进行保存，快捷键为【Ctrl+S】；"存储为"命令是另外指定存储路径和文件名称保存的方式，快捷键为【Ctrl+Shift+S】。另存为新的文件后所做的改动只存在于新文件中，原图像不受影响。当图像没有进行任何操作或者已经保存之后，则"存储"命令会处于非激活状态，此时只可用"存储为"方式进行保存。另外，同一文件夹下不允许出现同类型同名的文件，所以另存时要注意文件的格式和名称不要重复。

1.2.5 关闭不需要的文件——关闭文件

在 Photoshop 工作界面中编辑的图像文件很简单就可以关闭，只需单击文件选项卡上的"关闭"按钮即可。在 Photoshop CS4 之前的版本中，图像最大化时，文件的"关闭"按钮与软件的"关闭"按钮位置接近，很容易错误地单击软件的"关闭"按钮。在 Photoshop CS4 中，图像最大化时，已经取消图像文件和软件的"关闭"按钮，关闭图像文件可以直接按【Ctrl+W】组合键。

图像没有最大化时，单击文件选项卡上的"关闭"按钮，即可关闭图像。如果在编辑完图像后没有保存，则会弹出提示对话框，询问是否保存文件，用户可根据情况决定是否保存，如图 1-69 所示。

图 1-69

Tip 技巧提示

当图像已经有所改动，在没有保存或者保存后又有改动的情况下，系统会自动弹出提示对话框，提示用户文件还未保存改动。用户可根据情况需要决定是否保存修改，如图 1-70 所示。

图 1-70

"是"按钮：将修改保存到文件中，一般情况下用户会单击此按钮。

"否"按钮：单击此按钮，不将修改保存到文件中，文件依然是上次保存后的状态。

"取消"按钮：单击此按钮，取消关闭文件的操作，用户回到图像窗口继续进行编辑操作。

如果是在新建的文件中进行编辑后，在从未保存的情况下关闭文件，系统会自动弹出提示对话框，询问是否保存文件。单击"是"按钮，打开"存储为"对话框，用户可以指定存储路径、文件名称和格式后保存文件；单击"否"按钮，不保存文件；单击"取消"按钮，取消关闭文件的操作，用户可以继续进行编辑。

读书笔记

Chapter 02

掌握 Photoshop 的每个工具

本章重点讲解 Photoshop CS4 在编辑和处理图像的过程中，对对象进行选择、剪切、复制、删除、旋转、镜像、自由变换、切割、擦除和涂抹等基本操作的技巧。

2.1 轻松控制视图

在设计中，经常会想要查看图像的具体形态以便进行更改，Photoshop 已经考虑到了这一点，为用户准备了多种浏览图像的工具，如"缩放工具"、"抓手工具"和"导航器"面板等。"缩放工具"可以用于放大或者缩小图像以便查看，"抓手工具"可以用于不改变视图大小比例的情况下查看图像的其他部分，而"导航器"面板可用于查看想要查看的区域，这些工具都不会影响图像本身的大小和质量。下面将详细讲解这几种查看方式，读者可以根据需要来选择。

2.1.1 放大图像看清楚视图——缩放工具

为了方便图像的绘制或修改，随时根据需要放大或缩小视图，"缩放工具"要和"抓手工具"配合使用才能够达到看图的目的，在使用"缩放工具"放大或缩小图像后，再配合"抓手工具"拖动图像以显示窗口范围以外的图像，注意"缩放工具"最大支持3200%的缩放比例，最小可缩小至1像素。

"缩放工具"的工具选项栏如图2-1所示，工具选项栏中的部分选项的功能详解如下。

| 🔍 ▾ | ⊕ ⊖ | ☐ 调整窗口大小以满屏显示 | ☐ 缩放所有窗口 | 实际像素 | 适合屏幕 | 填充屏幕 | 打印尺寸 |

图 2-1

"放大" ⊕ 和"缩小" ⊖ 按钮：分别是"放大工具"和"缩小工具"，用户可根据需要选择使用。

"调整窗口大小以满屏显示"复选框：如果不勾选此复选框，图像窗口的大小会随图像的缩放比例变化。

"缩放所有窗口"复选框：当勾选了"调整窗口大小以满屏显示"复选框后，该复选框才为可用状态。虽然图像窗口的大小会随着图像的缩放而改变，但到了一定的大小后会受到周围面板的限制而不再改变，如图2-2所示。勾选此复选框后，图像窗口将不再受周围面板的限制而自由放大，如图2-3所示。

"实际像素"、"适合屏幕"、"填充屏幕"和"打印尺寸"按钮：单击"实际像素"按钮可以按100%的比例来显示图像，即图像的实际大小；单击"适合屏幕"按钮可以以最合适的方式来显示图像；单击"填充屏幕"按钮可以以填满窗口的方式来显示图像；单击"打印尺寸"按钮可以基于预设的分辨率显示图像的实际打印尺寸。

图 2-2

图 2-3

现在就来简单地介绍"缩放工具"的使用方法。

01 打开附书光盘"CD/第2章/2-1.jpg"文件，如图 2-4 所示。

02 在打开的图像窗口的标题栏中可以看出图像当前的显示比例，而且打开图像时会自动以最合适的比例显示，如图 2-5 所示。

图 2-4

图 2-5

03 选择工具箱中的"缩放工具" 🔍，然后在图像中单击，这时图像将放大，如图 2-6 所示。

04 如果再次在图像中单击，图像会再次被放大，直到画面的显示比例为 3200%，图 2-7 所示。

图 2-6

图 2-7

05 如果想要查看某一区域时，可以按住鼠标左键不放并拖曳，这样可以框选出想要查看的图像区域，如图 2-8 所示。

06 松开鼠标即可达到放大指定区域的目的。此时的图像已经放大，窗口的显示范围是整个图像的局部，如图 2-9 所示。

图 2-8

图 2-9

07 在"缩放工具"的选项栏中单击"缩小"按钮🔍，图像中光标显示为"缩小工具"，在画面中单击，即可缩小显示图像，如图2-10所示；另一种方法是选择"缩放工具"后在图像中单击鼠标右键，在弹出的快捷菜单中选择"缩小"命令，如图2-11所示。

图2-10

图2-11

Tip 技巧提示

无论当前图像的显示比例是多少，只要双击工具箱中的"缩放工具"，图像都会以100%的比例来显示，如果想要放大图像，可以按【Ctrl++】组合键，缩小则按【Ctrl+-】组合键，当然也可以在图像窗口的左下方的文本框中直接输入想要查看的比例。选择工具箱中的"缩放工具"，按住【Alt】键并在图像中单击，即可将"放大工具"切换为"缩小工具"。另外，按【Ctrl+0】组合键可以以最合适的方式来显示图像。

2.1.2 观察图像的每个位置——抓手工具

工作中有时候需要查看图像的每个细节，如果总是放大后再缩小，操作就太麻烦了，这时就要将图像移动到显示位置来查看，Photoshop为用户准备了配套使用的工具——"抓手工具"。在使用"缩放工具"放大图像之后，可以使用"抓手工具"拖动图像以显示图像窗口以外的图像。

01 打开一幅城市图像，如图2-12所示。由于图像过大无法全部显示，这时如果想查看图像的其他区域，可以选择工具箱中的"抓手工具"🖐。

02 这时在图像中按住鼠标左键不放并拖动鼠标，即可查看图像的任意区域，如图2-13所示。

图2-12

图2-13

Tip 技巧提示

　　无论当前操作是什么，只要按键盘上的空格键都可以快速切换到"抓手工具"，即可在图像中拖动查看。在工具箱中的"抓手工具"按钮上双击，可以快速将图像调整到充满界面的"适合屏幕"大小。

2.1.3 快速查看图像——"导航器"面板

　　图像的缩放操作也可以利用"导航器"面板来完成，虽然这种方法可能没有直接在图像窗口中调整比例或者直接在图像中单击那么方便，但是如果是放大较大的图像，为了快速查看图像的每个区域，使用"导航器"面板，甚至比"抓手工具"还要方便。

　　"导航器"面板如图2-14所示，面板中的部分选项的具体功能详解如下。

　　"显示比例"文本框：在"导航器"面板中显示图像的大小百分比，可以直接输入数值确定显示大小。

　　"缩小"按钮：单击该按钮可以按照一定的比例缩小图像。

　　滑块：通过拖动滑块，任意改变图像的显示比例。

图 2-14

　　"放大"按钮：单击该按钮可以按照一定的比例放大图像。

　　显示框：当前画面中图像的显示区域，对应图像窗口。

　　三角按钮：单击该按钮将弹出下拉菜单，可以在其中设定"导航器"面板的属性。在其下拉菜单中选择"面板选项"命令，可打开"面板选项"对话框，在其中可以设置显示框的颜色，如图2-15所示。单击面板右上角的"折叠为图标"按钮，可以将"导航器"面板隐藏起来，只显示面板图标，节省界面空间，再次单击它的面板按钮可恢复面板，如图2-16所示。

图 2-15

图 2-16

01 打开图像，然后执行"窗口／导航器"命令以打开"导航器"面板，其中的红色显示框表示当前窗口图像的显示范围，如图2-17所示。

02 拖动"导航器"面板底部的滑块，或者单击滑快左右两边的按钮，可以缩小或放大视图，如图2-18所示。

图 2-17

图 2-18

03 将鼠标移至红色显示框内后，鼠标形状将变成"抓手工具"的形状，这时相当于工具箱中的"抓手工具"，拖动鼠标即可在不改变图像显示比例的情况下查看图像的其他区域，如图2-19所示。

04 也可以在"导航器"面板左下方的文本框中，直接输入数字切换到想要的显示比例，如图2-20所示。

图 2-19

图 2-20

2.2 选取各种形态的区域

　　Photoshop中的很多工作都是从选取区域开始的。我们在操作中，会遇到许多需要编辑的区域而不是全图像，这时选取区域就很重要。只有以精确的选区为基础，才能制作出符合要求的高质量的图像。

　　Photoshop提供了一组实用有效的选取工具，能够在不同的情况下灵活使用，掌握选区技巧是熟练运用Photoshop的第1步，也是用户学习和使用软件重要的基本技能。

2.2.1 简单区域的选取——矩形、椭圆、单行与单列选框工具

　　"矩形选框工具"是工具箱中处于右上角的选取工具，与它同组的还有"椭圆选框工具"、"单行选框工具"与"单列选框工具"。它们可以根据需要绘制矩形、椭圆形和单行、单列的选区，使用非常简单。作为创建选区的工具，经常与其他工具配合使用。

　　用户在选择了某一工具后，在工具选项栏中就会出现相应的工具设置选项，不同工具的选项栏也不相同。我们选择了"矩形选框工具"，此时的工具选项栏如图2-21所示。

图 2-21

工具选项栏中的部分选项功能详解如下。

选择方式：设定了选取工具的四种选择方式，从左到右分别是"新选区"、"添加到选区"、"从选区减去"和"与选区交叉"四种方式。用户根据不同的需要，可以选择这几种方式创建选区，对比效果如图 2-22 所示。

图 2-22

"羽化"文本框：柔化选区边缘，通过设置数值设定选区的边缘羽化效果，对比效果如图 2-23 所示。

"消除锯齿"复选框：用于在粗糙的边缘部分填充过渡颜色，达到平滑图像边缘的作用。

"样式"下拉列表框：设置建立选区的样式，默认为"正常"，可以拖动鼠标自由建立选区。在其下拉列表中可以选择另外两种样式，固定比例和固定大小。当选择后两个选项时，"宽度"和"高度"文本框被激活，用户可以根据需要设置数值，编辑创建等比例的选区或者固定大小的选区。在预先设定长宽比例后创建区域，建立的选区都以此为基准，如设置为 1∶1，拖动鼠标绘制出的选区都是正方形的；在预先设定固定的长宽数值后，单击即可创建固定大小的选区，绘制的选区都是以此为标准的。

"椭圆选框工具"的选项栏，同"矩形选框工具"的选项栏相同，使用方法也一样，这里不再介绍。

图 2-23

矩形选框工具

现在就来简单地介绍"矩形选框工具"的使用方法。

01 打开附书光盘"CD/第2章/2-2.jpg"文件，如图 2-24 所示。

02 选择工具箱中的"矩形选框工具"□，如图 2-25 所示。

图 2-24

图 2-25

03 鼠标在图像中变为"＋"形状，按下鼠标左键，沿对角线方向拖曳鼠标，到达适当位置后释放鼠标，框选的区域成为选区。选区范围以虚线显示，如图 2-26 所示。

04 将鼠标移动至选区内，光标变为白色箭头，此时单击鼠标并拖动，可以移动选区，如图 2-27 所示。

图 2-26

图 2-27

05 完成移动后，释放鼠标即可。此操作可无限次重复，直到满意为止，如图2-28所示。

06 制作正方形选区。使用鼠标在图像中单击，同时按键盘上的【Shift】键沿对角线方向拖曳鼠标，这时无论怎么拖曳，建立的选区都是正方形的，如图2-29所示。

图 2-28

图 2-29

07 当按下【Alt+Shift】组合键并拖曳鼠标，就会以鼠标单击的位置为中心，向外拖曳出正方形选区，如图2-30所示。

图 2-30

椭圆选框工具

　　"椭圆选框工具"的使用方法同"矩形选框工具"一样，拖曳鼠标即可，不同的是建立选区的形状不一样。使用鼠标按下"矩形选框工具"按钮并停留，即可在工具箱中的"矩形选框工具"按钮旁边弹出一个下拉列表，选择"椭圆选框工具"即可进行绘制。

01 打开附书光盘"CD/第2章/2-2.jpg"文件，
如图2-31所示。

02 选择工具箱中的"椭圆选框工具"○，在
画面中单击并沿对角线方向拖曳鼠标，
即可绘制选区，如图2-32所示。

图2-31

图2-32

Tip 技巧提示

"椭圆选框工具"同"矩形选框工具"一样，按【Shift】键拖曳鼠标可以得到正圆形选区；按【Alt+Shift】组合键拖曳鼠标，可以得到以鼠标按下的位置为圆心的正圆形选区；而在图像中单击鼠标可以取消选区。

单行与单列选框工具

"单行选框工具"与"单列选框工具"的使用，与前面两种工具大致相同，但不再需要拖曳鼠标，直接在需要的图像部位单击，即可创建选区。

01 选择工具箱中的"单行选框工具"，在
画面中单击即可创建选区，拖曳鼠标则
可以移动选区位置，如图2-33所示。

02 同样的方法，选择工具箱中的"单列选框
工具"，在画面中单击并移动鼠标，建
立选区，如图2-34所示。

图2-33

图2-34

Tip 技巧提示

"单行选框工具"和"单列选框工具"的使用方法与"矩形选框工具"相同，其工具选项栏也与"矩形选框工具"的相似，只是工具选项栏中的"样式"下拉列表框处于灰色的未激活状态，无法使用。

2.2.2 色彩相同区域的选取——魔棒工具

除了上面讲述的方法，还可以使用"魔棒工具"来选取相同或者相近的颜色区域，建立选区。这种工具操作简单，单击即可选择所有相近颜色的区域，所以在选取大片颜色相近的选区时十分方便。

下面我们选择"魔棒工具"，此时的工具选项栏如图 2-35 所示。

图 2-35

工具选项栏中的部分选项的具体功能详解如下。

选择方式：设定了选取工具的四种选择方式，从左到右分别是"新选区"、"添加到选区"、"从选区减去"和"与选区交叉"四种方式。用户根据不同的需要，可以选择这几种方式创建选区。

"容差"文本框：可设置选择的颜色范围，设定的数值越大，选取颜色的相近程度就越大，输入数值的范围为 0~255，如图 2-36 所示。

图 2-36

"消除锯齿"复选框：用于在粗糙的边缘部分填充过渡颜色，达到平滑图像边缘的作用。

"连续"复选框：勾选此复选框，将只选取与单击位置图像颜色相连的相同或相似的颜色，而被其他颜色隔开的部分不会被选择；不勾选此复选框，则图像中所有与单击位置图像颜色相同或相近的部分都将被选择。

"对所有图层取样"复选框：勾选此复选框，选取的图像范围针对所有图层；不勾选此复选框，则选取操作只针对当前选择的图层（关于图层的知识会在后面的章节中详细讲解）。

01 打开附书光盘"CD/第 2 章/2-3.jpg"文件，如图 2-37 所示。

02 选择工具箱中的"魔棒工具"，在南瓜上单击，如图 2-38 所示。

图 2-37

图 2-38

03 在工具选项栏中单击"添加到选区"按钮，将南瓜完全加选，如图 2-39 所示。

04 保持选区，按【Delete】键删除选区内图像，这时可以看到南瓜被删除了，如图 2-40 所示。

图 2-39

图 2-40

2.2.3 快速选择区域的选取——快速选择工具

"快速选择工具"可以进行涂抹式快速选取，用于选取所需要的多种颜色区域，选择颜色差异大的图像时会非常直观、快捷。它的操作也非常简单，只要按住鼠标左键拖动就可以选择鼠标经过的颜色区域。

下面我们选择"快速选择工具"，此时的工具选项栏如图 2-41 所示。

图 2-41

工具选项栏中的部分选项的具体功能详解如下。

选择方式：设定了选取工具的三种选择方式，从左到右分别是"新选区"、"添加到选区"和"从选区减去"三种方式。用户根据不同的需要，可以选择这几种方式创建选区。

"画笔"栏：单击 按钮，在其下拉列表中可设置画笔参数，包括"直径"、"硬度"、"间距"、"角度"、"圆度"和"大小"等参数。

"对所有图层取样"复选框：勾选此复选框，"快速选择工具"选取的图像范围针对所有图层；不勾选此复选框，则选取的图像只针对当前选择的图层（关于图层的知识会在后面的章节中详细讲解）。

"自动增强"复选框：勾选此复选框，"快速选择工具"选取的图像范围增大。

"调整边缘"按钮：单击该按钮将打开"调整边缘"对话框，在其中可调整"半径"、"对比度"、"平滑"、"羽化"和"收缩 / 扩展"等参数，以得到需要的效果。

下面我们来讲解"快速选择工具"的使用方法。

01 打开附书光盘"CD/ 第 2 章 /2-4.jpg"文件，如图 2-42 所示。

02 选择工具箱中的"快速选择工具" ，调整工具选项栏中画笔的参数，如图 2-43 所示。

图 2-42

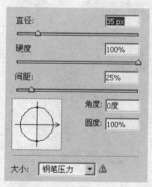

图 2-43

03 按住鼠标左键用画笔在葡萄上拖动，按住【Alt】键可以减选多余的部分，如图 2-44 所示。

04 按【Ctrl+Shift+I】组合键或执行菜单栏上的"选择 / 反向"命令，然后按【Delete】键删除其他部分，按【Ctrl+D】组合键取消选区，如图 2-45 所示。

图 2-44

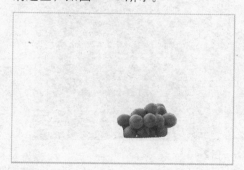

图 2-45

2.2.4 不规则区域的选取——套索系列工具

使用"套索工具"可以任意选择需要的图像区域，方法也非常简单。但由于"套索工具"是由鼠标拖动选取区域的，使用起来具有灵活性，却难以选择精细的部位，所以多用于选择大面积的图像范围或者边缘明确的对象。

套索系列工具分为"套索工具"、"多边形套索工具"和"磁性套索工具"，这三种工具的使用方法基本相同，但各有特色，用于不同的选取情况。下面就分别介绍这三种工具的使用方法。

套索工具

01 打开附书光盘"CD/第2章/2-5.jpg"文件，如图2-46所示。

02 选择工具箱中的"套索工具" ✍，在图像中的背景部分拖动鼠标，圈选的部分成为选区，释放鼠标，选区自动以直线连接，如图2-47所示。

图2-46

图2-47

03 按【Shift】键，套索光标的右下角出现加号，这时拖动鼠标，可以将新选择的区域添加到原有选区中，如图2-48所示。

04 释放鼠标，可以看到拖曳的选区已经与原有选区融合，成为一个选区了，如图2-49所示。

图2-48

图2-49

05 经过几次反复添加选区，进行反向操作，图像中的背景部分被选择了。选取操作可以多次重复，直到满意为止，如图2-50所示。

06 在工具箱中设定背景色为白色，然后按【Delete】键删除背景图像，得到白色的背景效果，如图2-51所示。

图 2-50

图 2-51

多边形套索工具

　　使用"多边形套索工具"可以以直线方式选择图像，多用于选择棱角分明的多边形图像，建立选区，在多边形图像的转折位置单击拖曳鼠标即可，比"套索工具"容易操控。当鼠标选择到一定的位置后，双击鼠标即可以直线连接套索的两端，建立选区。

01 打开附书光盘"CD/第2章/2-6.jpg"文件，如图 2-52 所示。

02 选择工具箱中的"多边形套索工具" ，在礼盒一角单击创建起始点，然后拖动鼠标，拉出直线，如图 2-53 所示。

图 2-52

图 2-53

03 套索的直线沿物体的四角单击，回到起始点位置单击，建立选区，如图 2-54 所示。

04 按下【Ctrl+U】组合键，打开"色相/饱和度"对话框设置参数，如图 2-55 所示。

图 2-54

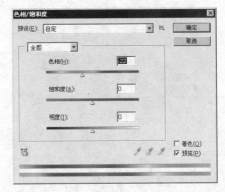

图 2-55

05 此时图像产生了变化，可以看到选区部分颜色改变了，按【Ctrl+D】组合键取消选区，效果如图 2-56 所示。

图 2-56

> **Tip 技巧提示**
>
> 如果在选择目标点的过程中出现了失误，可以通过按键盘中的【Backspace】键恢复到前一个点的状态，重新选择。当按【Esc】键时，所有套索选择的当前状态都会消除，恢复到默认的初始状态。

磁性套索工具

"磁性套索工具"可以跟踪图像中颜色差异明显的分界线，自动选择区域，就像是带有磁性似地自动吸附在边缘明确的物体边线上，所以在选择物体与背景颜色分明的图像时非常有效。

下面我们选择"磁性套索工具"，此时的工具选项栏如图 2-57 所示。"磁性套索工具"选项栏中的内容比"套索工具"选项栏、"多边形套索工具"选项栏中的内容更丰富一些，所以我们来介绍"磁性套索工具"。

图 2-57

工具选项栏中的部分选项的具体功能详解如下。

选择方式：设定了选取工具的四种选择方式，从左到右分别是"新选区"、"添加到选区"、"从选区减去"和"与选区交叉"四种方式。用户根据不同的需要可以选择这几种方式创建选区。

"羽化"文本框：柔化选区边缘，通过设置数值设定选区的边缘羽化效果。

"消除锯齿"复选框：用于在粗糙的边缘部分填充过渡颜色，达到平滑边缘图像的作用。

"宽度"文本框：用于设置选取区域时能够检测到的边缘宽度，数值越大，检测的范围也就越大，如图 2-58 所示。

图 2-58

"对比度"文本框：决定边界的颜色对比度，数值越大，选择范围就越广；反之，数值越小，边缘吸附的精确度就越高。

"频率"文本框：决定沿着图像边缘分界线产生的节点数量，设置的数值越高，产生的节点就越多，选择的边缘也就越细致精确，如图 2-59 所示。

"使用绘图板压力以改变钢笔宽度"按钮：单击该按钮，可以与绘图板配合使用，在绘制边缘时根据笔触压力的大小进行调节，在没有使用绘图板时无作用。

图 2-59

现在就来简单地介绍"磁性套索工具"的使用方法。

01 打开附书光盘"CD/ 第 2 章 /2-7.jpg"文件，如图 2-60 所示。

02 选择工具箱中的"磁性套索工具" 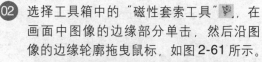，在画面中图像的边缘部分单击，然后沿图像的边缘轮廓拖曳鼠标，如图 2-61 所示。

图 2-60

图 2-61

03 鼠标沿物体边缘拖动一圈，回到起始点
位置，此时光标有所变化。单击鼠标连接
图像，建立选区，如图 2-62 所示。

04 可以看到画面中主题物被精确地选取了，
如图 2-63 所示。

图 2-62

图 2-63

Tip 技巧提示

　　"套索工具"和"多边形套索工具"的选项栏，与"磁性套索工具"的相同，但缺少了后面的"宽
度"、"对比度"等参数。

　　所有的选取工具的选项栏都有相同的选择方式，快捷键都是按【Shift】键添加到选区，按【Alt】键
从选区中减去。

2.2.5 任意区域的选取——快速蒙版

　　快速蒙版是 Photoshop 中独特的选取工具，和前面学习的选取工具完全不同。快速蒙版经
常结合"画笔工具"使用，可以精确地选取图像中轮廓复杂的区域。快速蒙版可以选取图像
的任意部分，然后通过标准模式将其转换为选区，再使用其他工具进行编辑，有时候结合通
道使用。

　　双击工具箱中的"以快速蒙版模式编辑"按钮，此时会打开"快速蒙版选项"对话框，在
该对话框中可以设置快速蒙版的色彩指示方式和颜色等，快速蒙版中的选项的具体功能详解
如下。

　　"被蒙版区域"单选项：选中此单选项，将选区外的部分设置为蒙版，显示为红色。

　　"所选区域"单选项：选中此单选项，在选择区域中显示红色，与"被蒙版区域"单选项
的作用相反。

　　"颜色"按钮：单击该按钮将打开"拾色器"对话框，可在其中设置快速蒙版模式下的填
充颜色，即蒙版颜色，当图像中红色较多时可以设置为其他颜色，便于区分，默认为红色。

　　"不透明度"文本框：设置被覆盖区域颜色的不透明度，数值越小，颜色透明度越高，数
值越大，颜色透明度越低，默认为 50%，为半透明状态。

　　现在就来简单地介绍快速蒙版的使用方法。

01 打开附书光盘"CD/第 2 章/2-8.jpg"文件，
如图 2-64 所示。

02 单击工具箱中的"以快速蒙版模式编辑"
按钮，进入快速蒙版模式，然后选择工

具箱中的"画笔工具" ，设置适当的画笔大小，如图 2-65 所示。

图 2-64

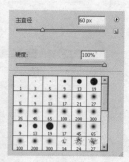

图 2-65

03 用画笔涂抹花朵部分，此时，在画面中涂抹的颜色是半透明的红色，也就是蒙版的颜色，如图 2-66 所示。

图 2-66

04 调整画笔的大小，绘制花朵边缘的部分，如图 2-67 所示。

图 2-67

05 在修整好画面中的区域后，不需要缩小显示图像范围，只需按键盘上的空格键即可切换为"抓手工具"，移动图像就可看到其他区域的图像，如图 2-68 所示。

图 2-68

06 图像中的花朵全部被涂抹为红色，如图 2-69 所示。

图 2-69

08 将图像调整到全屏大小，可以看到花朵被精确地选取了，如图 2-71 所示。

07 但在轮廓边缘的地方有些超出了花朵的部分，单击工具箱中的"切换前景色和背景色"按钮，即可将前景色转换为白色，仍然使用"画笔工具"擦除图像中多出的部分即可，如图 2-70 所示。

图 2-70

图 2-71

图 2-72

09 双击工具箱中的"以快速蒙版模式编辑"按钮，在打开的"快速蒙版选项"对话框中，设置色彩指示为"所选区域"，单击"确定"按钮，如图 2-72 所示。

10 可以看到当前图像的红色区域改变了，原先未遮盖区域变为了遮盖区域，如图 2-73 所示。

11 然后单击工具箱中的"以标准模式编辑"按钮，恢复正常图像的编辑模式，此时花朵已经被准确地选取出来了，如图 2-74 所示。

图 2-73

图 2-74

Tip 技巧提示

用户可能注意到，有时候在涂抹了要选取的图像后，直接单击"以标准模式编辑"按钮，会得到图像以外的选区效果，这是操作设置的原因。这时用户只要反选选区即可，或者在"快速蒙版选项"对话框中设定红色覆盖区域，转换色彩指示区域即可。

在快速蒙版中选择图像，"通道"面板中会自动生成名为"快速蒙版"的通道。在用户完成快速蒙版，恢复标准模式之后，这个临时通道也将随之消失，如图 2-75 所示。

图 2-75

2.2.6 随意移动图像——移动工具

使用"移动工具"可以移动选区，也可以移动图层等选定的对象，在进行复制、剪切和粘贴等操作时经常用到，同时它还具有对齐对象的功能。

选择"移动工具"，此时工具选项栏如图 2-76 所示。

图 2-76

工具选项栏中的部分选项的具体功能详解如下。

"自动选择图层"复选框：勾选此复选框，则使用"移动工具"在图像中单击时，会自动选择单击对象所在的图层，快捷选取图像。

"自动选择组"复选框：勾选此复选框，则使用"移动工具"在图像中单击时，会自动选择单击对象所在的图层组。

"显示变换控件"复选框：勾选此复选框，在图像选区周围会出现八个控制节点，利用控制节点可以进行对象的变换、旋转等操作，作用与"自由变换"命令的功能相同，如图 2-77 所示。

图层排列按钮 ：当同时选择一个以上的图层时，此按钮被激活，可以用来排列对齐图层对象。从左到右依次是"顶对齐"、"垂直居中对齐"、"底对齐"；"左对齐"、"水平居中对齐"、"右对齐"；"按顶分布"、"垂直居中分布"、"按底分布"；"按左分布"、"水平居中分布"、"按右分布"四组排列方式按钮。

"自动对齐图层"按钮 ：这是 Photoshop CS4 中的新增功能，单击此按钮可以打开"自动对齐图层"对话框，如图 2-78 所示。选择需要的选项将有同样内容的图层自动对齐连接起来，另外可根据实际情况勾选"晕影去除"或"几何扭曲"复选框来进行镜头校正。

图 2-77

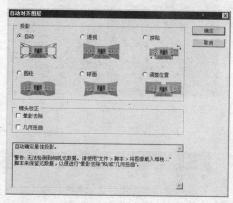

图 2-78

下面我们来讲解"移动工具"的使用方法。

01 打开附书光盘"CD/第 2 章 /2-9.jpg"文件，如图 2-79 所示。

02 选择工具箱中的"魔棒工具" ，在工具选项栏中设置容差为"10"，然后在画面黑色部分单击，按住【Shift】键加选其他黑色部分并修整选区，如图 2-80 所示。

图 2-79

图 2-80

03 按【Ctrl+Shift+I】组合键进行反选，此时，切换到全屏视图，选区已经建立，如图 2-81 所示。

04 选择工具箱中的"移动工具"，然后单击工具箱中的"切换前景色和背景色"按钮，将背景色设置为白色。将光标移动到选区内，单击并拖动鼠标，可以看到选区内容随鼠标移动，而移出部分填充为白色，这是由于设定的背景色为白色的缘故，如图 2-82 所示。

图 2-81

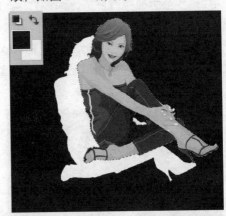

图 2-82

Tip 技巧提示

在移动图像的同时按住【Alt】键，光标会变成双箭头形状，这时拖曳图像不会显出背景颜色，而是复制选区内的图像，如图 2-83 所示。

同时按住【Shift+Alt】组合键时，移动的选区图像只会沿对象的水平方向或者垂直方向进行复制，如图 2-84 所示。

图 2-83

图 2-84

2.3 完善美中不足的照片

在处理图像的过程中，我们会发现图像有很多不足，如构图不均、图像有污点或者人物的眼睛出现了问题等，怎样解决这些问题呢？Photoshop 给出了非常简单的答案，使用工具箱中的修复系列工具就可以轻松解决问题。下面就来介绍将美中不足的照片处理得更加完美的方法。

2.3.1 重新构图照片——裁剪工具

使用"裁剪工具"可以将图像中不必要的边缘部分去掉或者隐藏，对于处理构图不均的照片时非常方便，使用方法与"矩形选框工具"类似，只需几个步骤即可完成图片的修改。

"裁剪工具"的选项栏，在选择区域前后会有所不同。下面我们分别介绍选择"裁剪工具"后的选项栏和拖曳出选区后的选项栏。"裁剪工具"的选项栏如图 2-85 所示，拖曳出选区后的选项栏如图 2-86 所示。

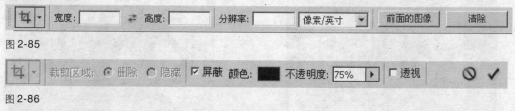

图 2-85

图 2-86

工具选项栏中的部分选项的具体功能详解如下。

"宽度"和"高度"文本框：可设置裁剪区域的宽度和高度。

"分辨率"文本框：可设置裁剪图像的分辨率，在其下拉列表框中可以选择单位。

"前面的图像"按钮：自动套用当前图像窗口中图像的大小和分辨率。

"清除"按钮：清除工具选项栏中当前的输入值。

"裁剪区域"栏：在图层中选择裁剪区域后被激活，可以选择被裁剪区域是被删除还是被隐藏，如果选择被隐藏，则可以通过"图像/显示全部"命令恢复原图像。

"屏蔽"复选框：勾选"屏蔽"复选框则使用设置的颜色遮盖选区以外的裁剪区域，屏蔽颜色可以自行设置。

"不透明度"下拉列表框：设置屏蔽颜色的不透明度，数值越大，颜色就越不透明。

"透视"复选框：勾选此复选框，则可以通过拖曳选区边缘的节点调整裁剪效果。

"取消当前裁剪操作"按钮 ⊘ 和"提交当前裁剪操作"按钮 ✓：单击相应的按钮即可选择是否应用裁剪操作。

01 打开附书光盘"CD/ 第 2 章 /2-10.jpg"文件，如图 2-87 所示。

02 选择工具箱中的"裁剪工具" ⊄ ，在画面中单击鼠标并沿对角线方向拖曳选框，如图 2-88 所示。

图 2-87

图 2-88

03 拖动完成后释放鼠标，可以看到选框以外的部分变暗，选框出现八个节点，拖动节点可以调整选区的大小和位置，如图 2-89 所示。

04 调整完成后，在选框内部双击鼠标，或者单击工具选项栏中的"提交当前裁剪操作"按钮，应用此操作，此时图像只保留选框内的部分，选框外部区域的图像被删除，如图 2-90 所示。

图 2-89

图 2-90

2.3.2 自动去除污点——污点修复画笔工具

"污点修复画笔工具"可以快速移去照片中的污点和其他不理想的部分，通过对图像中的某一点取样，使用"污点修复画笔工具"在需要修复的地方单击，或者拖动鼠标将该点的图像复制到当前需要修复的位置，并将取样和需要修复的地方自动调整到像素相匹配即可。下面介绍"污点修复画笔工具"的使用方法。

下面我们选择"污点修复画笔工具",此时的工具选项栏如图 2-91 所示。

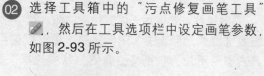

图 2-91

工具选项栏中的部分选项的具体功能详解如下。

"画笔"栏:单击 按钮打开其下拉列表,可在其中选择需要的画笔尺寸。

"模式"下拉列表框:设定画笔的混合模式。选择"替换"选项可以保留画笔描边的边缘处的杂色、胶片颗粒和纹理等效果,其他模式与图层模式效果相同。

"类型"栏:在工具选项栏中可选中一种类型单选项,选中"近似匹配"单选项可以使用选区边缘周围的像素来查找要用做选定区域修补的图像区域。如果此单选项的修复效果不能令人满意,可还原修复并尝试"创建纹理"单选项。选中"创建纹理"单选项可以使用选区中的所有像素创建一个用于修复该区域的纹理。

"对所有图层取样"复选框:勾选此复选框,可以从所有可见图层中对数据进行取样。如果取消勾选此复选框,则只从当前图层中取样。

现在就来简单地介绍"污点修复画笔工具"的使用方法。

01 打开附书光盘"CD/ 第 2 章 /2-11.jpg"文件,如图 2-92 所示。

图 2-92

03 在画面中的污点位置处单击,释放鼠标后可以看到原来的污点不见了。可以用同样的方法去除其他的污点,如图 2-94 所示。

图 2-94

02 选择工具箱中的"污点修复画笔工具" ,然后在工具选项栏中设定画笔参数,如图 2-93 所示。

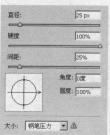

图 2-93

04 去除小污点时,可以将该工具的画笔尺寸适当调小,画笔大小能够盖住污点即可,这样可以一次性把污点去除,效果如图 2-95 所示。

图 2-95

2.3.3 根据完美的部分来修复——修复画笔工具

如何修复图像中不完美的地方呢？"修复画笔工具"可用于校正这些瑕疵，使它们消失在周围的图像中。"修复画笔工具"的使用方法与"仿制图章工具"一样，通过定义源点查找近似部分，利用图像或图案中的样本像素来进行修复。与"仿制图章工具"不同的是，"修复画笔工具"还可将图像样本像素的纹理、光照、透明度和阴影等与所修复的像素进行匹配结合，从而使修复后的像素不留痕迹地融入图像的周围。

当然，使用这种技术修复的图像可能不如现实中的图像效果好，不过可以尽可能地修复受损或不足的图像，为那些通过其他技术难以恢复的图像提供最大程度的改善效果。

下面我们选择"修复画笔工具"，此时的工具选项栏如图 2-96 所示。

图 2-96

工具选项栏中的部分选项的具体功能详解如下。

"画笔"：单击■按钮弹出其下拉列表，在其中选择需要的画笔尺寸并在其中设置画笔参数。

"模式"下拉列表框：设定画笔的混合模式，选择"替换"选项可以保留画笔描边边缘处的杂色、胶片颗粒和纹理等效果，其他模式与图层模式效果相同。

"源"栏：选取用于修复像素的源。选中"取样"单选项可以使用当前图像的像素，按【Alt】键定义源点。而选中"图案"单选项可以使用某个图案的像素。如果选中了"图案"单选项，其右侧的下拉列表框将被激活，从中选择需要的图案即可。

"对齐"复选框：勾选此复选框，在对像素连续取样时，不会丢失当前的取样点，即使松开鼠标按键也是如此；取消勾选此复选框，则会在每次停止并重新开始绘画时使用初始取样点中的样本像素。

"样本"下拉列表框：在该下拉列表框中可以选择取样范围，其中有"当前图层"、"当前和下方图层"和"所有图层"三个选项。

下面，我们通过修复男孩脸上的污渍来学习"修复画笔工具"的使用方法。

01 打开附书光盘"CD/第 2 章 /2-12.jpg"文件，如图 2-97 所示。

02 选择工具箱中的"修复画笔工具" ，在工具选项栏中设定适当的画笔大小，如图 2-98 所示。

图 2-97

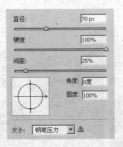

图 2-98

03 按【Alt】键定义源点，然后涂抹男孩脸颊部分的颜色，释放鼠标，图像效果已经明显改善，如图 2-99 所示。

04 此时，再次定义源点，并涂抹污渍部分。定义源点应尽量寻找相近的图像区域，以一定顺序依次涂抹，达到最佳效果，如图 2-100 所示。

图 2-99

图 2-100

2.3.4 可以选择修补的区域——修补工具

使用"修补工具"，可以用其他区域或图案中的像素来修复选中的区域，非常方便，就像"修复画笔工具"一样，"修补工具"会将样本像素的纹理、光照和阴影等与源像素进行匹配结合，将图像不足的部分进行无缝修整。下面我们来介绍"修补工具"的使用方法。

下面我们选择"修补工具"，此时的工具选项栏如图 2-101 所示。

图 2-101

工具选项栏中的部分选项的具体功能详解如下。

选择方式：同 Photoshop 所有的选取工具一样，"修复工具"的选择方式也有四种，使用方法在前面的章节中已经讲过，这里不过多叙述。

"修补"栏：选择需要的修补方式。如果选中"源"单选项，则将选区边框拖移到想要从中进行取样的区域，然后释放鼠标，原来选中的区域即可根据样本像素进行修补了；如果选中"目标"单选项，则将选区边框拖移到要修补的区域，释放鼠标即会使用样本像素修补新选中的区域。

"透明"复选框：勾选此复选框，则拖曳出的选区图像会和原选区进行重叠显示，甚至不显示作为取样的区域，效果如图 2-102 所示。

图 2-102

"使用图案"按钮：在该按钮右侧的下拉列表框中选择图案，然后单击"使用图案"按钮，则选区内会被填充为所选图案的图像效果。

下面我们来讲解"修补工具"的使用方法。

01 打开附书光盘"CD/第2章/2-13.jpg"文件，如图2-103所示。

02 我们来将卡片上的字换掉。选择"修补工具"，在工具选项栏中单击"新选区"按钮，选中"源"单选项，按住鼠标左键拖动，如图2-104所示。

图2-103

图2-104

03 选择一个字母，将鼠标移到选区中，鼠标形状改变，如图2-105所示。

04 按住鼠标左键将选区拖曳到想要的位置，如图2-106所示。

图2-105

图2-106

05 释放鼠标，该字母不见了，效果如图2-107所示。

06 再次选择其他字母区域，用上述方法将字母全部去掉，再打上新的字母，效果如图2-108所示。

图 2-107

图 2-108

2.3.5 让红眼消失——红眼工具

在拍摄照片时，有时候会使照片中的人物产生"红眼"，怎样把它修掉呢？使用"红眼工具"就可以了。它可以消除用闪光灯拍摄的照片中人物的红眼，也可以移去用闪光灯拍摄的动物照片中动物眼睛的白色或绿色反光。下面就来介绍"红眼工具"的使用方法。

01 打开附书光盘"CD/ 第 2 章 /2-14.jpg"文件，如图 2-109 所示。

图 2-109

02 选择工具箱中的"红眼工具"，在工具选项栏中设定瞳孔大小和变暗量都为"50%"，如图 2-110 所示。

图 2-110

03 在红眼上单击或者拖曳鼠标将左边眼球选取，如图 2-111 所示。

图 2-111

04 释放鼠标，选区内的红眼被替换为正常眼球，再用同样方法修改右边的眼睛，效果如图 2-112 所示。

图 2-112

2.4 复制图像

2.4.1 复制图像的超强工具——仿制图章工具

"仿制图章工具"可以轻松复制图像中的一部分并涂抹到其他区域中。通过定义源点，选择复制的样本，然后通过鼠标拖动来创建复制对象，并可以根据需要创建多种效果。另外，在修复受损图像方面，该工具十分有效。

下面我们选择"仿制图章工具"，此时的工具选项栏如图 2-113 所示。

图 2-113

工具选项栏中的部分选项的具体功能详解如下。

"画笔"栏：单击 **田** 按钮可以弹出其下拉列表，在其中可设置画笔大小。

"模式"下拉列表框：可设置画笔涂抹图像的混合模式，效果与图层混合模式相似。

"不透明度"下拉列表框：可设置复制图像的不透明度，数值越大，颜色越不透明，数值越小，颜色越透明，效果如图 2-114 所示。

图 2-114

"流量"下拉列表框：可设置画笔效果作用于图像的快慢。

"经过设置可以启用喷枪功能"按钮 ：单击此按钮，可以启用喷枪功能。

"对齐"复选框：勾选此复选框，会对像素连续取样，即使松开鼠标按键也不会丢失当前的取样点；不勾选此复选框，则会在每次停止并重新开始绘画时使用初始取样点中的样本像素。

"样本"下拉列表框：在该下拉列表框中可以选择取样范围，其中有"当前图层"、"当前和下方图层"和"所有图层"三个选项。

"切换画笔面板"按钮 ：单击该按钮可打开"画笔"面板，在其中可以设置各种画笔效果。

下面我们来讲解"仿制图章工具"的使用方法。

01 打开附书光盘 "CD/第 2 章 /2-15.jpg" 文件，如图 2-115 所示。

图 2-115

02 选择工具箱中的 "仿制图章工具" ，在工具选项栏中设定画笔为 "125px" 的柔角画笔，如图 2-116 所示。

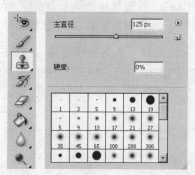

图 2-116

03 将光标移动到图像的中部位置，按下【Alt】键的同时单击，定义源点，然后移动到画面的左上角，效果如图 2-117 所示。

图 2-117

04 单击并拖动鼠标进行涂抹，此时画笔拖动的位置与十字光标移动的位置是等量平行的。图像已经显现出大部分，如图 2-118 所示。

图 2-118

05 涂抹完毕，可以看到将图像的密集部分进行了复制，效果如图 2-119 所示。

图 2-119

06 换个位置重新涂抹一次，可以看到另一种效果，如图 2-120 所示。

图 2-120

2.4.2 图案也可以复制——图案图章工具

使用"图案图章工具"，可以利用图案进行绘画。用户可以从图案库中选择图案，也可以自己创建图案，然后涂抹图案在图像的部分区域。运用这个方法绘制图案图像，功能近似于图案画笔。下面我们就来介绍"图案图章工具"的使用方法。

下面我们选择"图案图章工具"，此时的工具选项栏如图 2-121 所示。

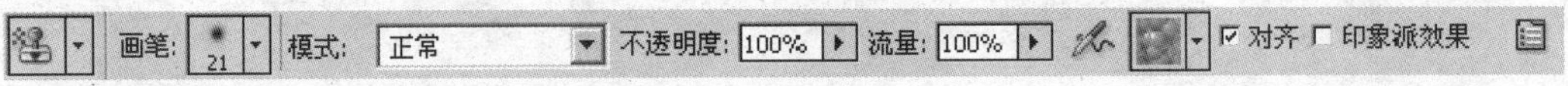

图 2-121

工具选项栏中的部分选项的具体功能详解如下。

"点按可打开'图案'拾色器"按钮：单击其下拉按钮，可以打开"图案"拾色器，在其中可以选择需要的图案效果。用户自定义的图案也会显示在"图案"拾色器中。

"印象派效果"复选框：勾选此复选框，画笔在拖动时自动表现出印象派绘画效果。

其他功能和"仿制图章工具"的相同，请参考"仿制图章工具"的相关章节。

Tip 技巧提示

"图案图章工具"与"仿制图章工具"有许多相似之处，两者都是复制图像的高手，但"仿制图章工具"使用的是本图像的像素样本，而"图案图章工具"使用的是外来的图像样本。这两种工具都可以结合"画笔工具"使用，创建出更多的图像效果。关于"画笔工具"的使用方法，会在后面的章节中具体讲解。

下面我们来讲解"图案图章工具"的使用方法。

01 打开附书光盘"CD/ 第 2 章 /2-16.jpg"文件，如图 2-122 所示。

02 选择工具箱中的"椭圆选框工具"，根据背景制作选区，再用"快速选择工具"减选车的部分，如图 2-123 所示。

图 2-122

图 2-123

03 选择工具箱中的"图案图章工具"，在工具选项栏中设定画笔大小为"100px"，图案如图 2-124 所示，新建图层，按住鼠标左键在背景选区中涂抹。

04 涂抹完毕，释放鼠标，背景色被图案代替了，效果如图 2-125 所示，将图层混合模式调整为"正片叠底"。

图 2-124

图 2-125

2.5 不同方式擦除图像

Photoshop 提供了多种擦除图像的工具，分别是"橡皮擦工具"、"背景橡皮擦工具"和"魔术橡皮擦工具"。这三种工具分别擦除相应的图像元素，各有用处。"橡皮擦工具"是基础操作工具，使用方法比较简单，而另外两种工具就需要读者好好学习，体会它们的神奇作用。

2.5.1 彻底擦除不需要的部分——橡皮擦工具

"橡皮擦工具"可以擦除画面中不需要的图像，如果在"背景"图层中擦除，则被擦除的部分以背景色显示，如果是在其他图层中擦除，则擦除的部分变为透明。

下面我们选择"橡皮擦工具"，此时的工具选项栏如图 2-126 所示。

图 2-126

工具选项栏中的部分选项的具体功能详解如下。

"画笔"栏：单击 按钮可弹出其下拉列表，在其中可设置画笔的大小。

"模式"下拉列表框：可选择橡皮擦的模式，可以使用"画笔"、"铅笔"和"块"三种模式。当选择"块"模式时，工具选项栏中的"不透明度"和"流量"参数不可设置。

"不透明度"下拉列表框：设置涂抹颜色的不透明度，数值越大，颜色越不透明，数值越小，颜色越透明。

"流量"下拉列表框：设置橡皮擦涂抹图像的快慢。

"抹到历史记录"复选框：勾选此复选框，可以实现与"历史记录画笔工具"同样的效果。

"切换画笔面板"按钮：单击该按钮可以打开"画笔"面板，设置各种画笔效果。

下面我们来讲解"橡皮擦工具"的使用方法。

01 打开附书光盘"CD/第2章/2-17.jpg"文件，如图2-127所示。

图2-127

03 在画面中拖曳鼠标，可以看到鼠标涂抹的地方变为白色，图像被清除了，如图2-129所示。

图2-129

02 选择工具箱中的"橡皮擦工具" ，在工具选项栏中单击"画笔"下拉按钮，在弹出的下拉列表中设定画笔属性，如图2-128所示。

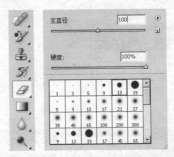

图2-128

04 单击工具箱底部的"切换前景色和背景色"按钮，将背景色设置为黑色。在画面中拖动鼠标，可以看到拖动的地方变为黑色，如图2-130所示。

图2-130

2.5.2 将前景色保护起来——背景橡皮擦工具

"背景橡皮擦工具"可以删除图像中的背景颜色而保留特定的区域，并将带有该颜色的区域涂抹成透明状态，只需进行简单的设置就可以轻松擦除不需要的背景图像，在我们处理图像时非常有用。下面我们来讲解"背景橡皮擦工具"的具体使用方法。

下面我们选择"背景橡皮擦工具"，此时的工具选项栏如图2-131所示。

工具选项栏中的部分选项的具体功能详解如下。

图2-131

"画笔"栏：单击 按钮可弹出其下拉列表，在其中可设置画笔大小。

 取样方式：按钮从左到右依次代表连续、一次、背景色板三种不同的取样方式。连续：可在按住鼠标拖动的过程中连续取样，取样点随鼠标拖动而变化，使用效果与"橡皮擦工具"相同；一次：删除与第 1 次鼠标定位点处的颜色相近的颜色范围内的颜色；背景色板：删除与工具箱中当前设置的背景色相近的颜色。

"限制"下拉列表框：在其中可选择删除背景的模式，包含"连续"、"不连续"和"查找边缘"三种模式。

"容差"下拉列表框：可设置要删除颜色的颜色范围，数值越大，要删除颜色的范围越广。

"保护前景色"复选框：勾选此复选框，图像中与工具箱中当前设置的前景色相同的颜色将不会被删除。

01 打开附书光盘"CD/第 2 章 /2-18.jpg"文件，如图 2-132 所示。

02 选择工具箱中的"背景橡皮擦工具"，在工具选项栏中设置工具属性，如图 2-133 所示。

图 2-132

图 2-133

03 在画面中的白色背景部分单击并拖曳鼠标，可以看到图像中的白色背景被涂抹掉了，露出了透明底图，主体图像未受损坏，如图 2-134 所示。

04 继续拖曳鼠标，涂抹画面中的白色背景，将其清除，只保留图像而清除背景，如图 2-135 所示。

图 2-134

图 2-135

2.5.3 根据颜色来擦除——魔术橡皮擦工具

"魔术橡皮擦工具"通过设置工具选项栏中的选项，可以擦除一定范围内的图像，使用方法与"魔棒工具"类似，不过不是选择图像建立选区，而是一次性删除图像，比"背景橡皮擦工具"更加简捷。下面以上图为例，讲解"魔术橡皮擦工具"的使用方法。

下面我们选择"魔术橡皮擦工具"，此时的工具选项栏如图 2-136 所示。

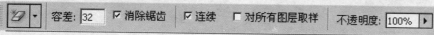

图 2-136

工具选项栏中的部分选项的具体功能详解如下。

"容差"文本框：可设置颜色删除的范围，数值越大，删除颜色的范围越大。

"消除锯齿"复选框：勾选此复选框，会在图像边缘的粗糙部分添加过渡色，使边缘平滑。

"连续"复选框：勾选此复选框，只选择与选择的点连续的图像区域；不勾选此复选框，则所有颜色近似的图像区域均被选择。

"对所有图层取样"复选框：勾选此复选框，可以对所有可见图层中的图像进行操作；如果取消勾选此复选框，则只从当前图层中选择色彩范围进行擦除。

"不透明度"下拉列表框：可设置擦除颜色的不透明度，数值越低，擦除程度就越低。

下面我们来讲解"魔术橡皮擦工具"的使用方法。

> **Tip 技巧提示**
>
> 在使用"背景橡皮擦工具"和"魔术橡皮擦工具"进行擦除时，如果当前图层是"背景"图层，Photoshop CS4 将自动将其转换为普通图层。

01 打开附书光盘"CD/ 第 2 章 /2-19.jpg"文件，如图 2-137 所示。

02 选择工具箱中的"魔术橡皮擦工具" ，在工具选项栏中设置参数，如图 2-138 所示。

图 2-137

图 2-138

03 在图像的背景蓝天处单击，擦除大部分的背景图像，如图 2-139 所示。

04 然后在残留的背景图像部分单击，擦除全部的天空背景图像，如图 2-140 所示。

图 2-139

图 2-140

2.6 简单处理虚实共存的图片

在设计中，经常会需要制作各种特殊效果的图像，Photoshop 准备了各种图像处理工具，如"模糊工具"、"锐化工具"和"涂抹工具"等。"模糊工具"可以使图像中的部分区域变得模糊，"锐化工具"则正好相反，而"涂抹工具"可以制作出类似手动涂抹画布的效果。这些工具都非常有特色，使用起来也很方便。

下面就来介绍这些工具的具体使用方法和操作步骤。学会了使用这些工具，用户就可以随意制作各种特殊的图像效果。

2.6.1 柔化图像——模糊工具

使用"模糊工具"可以柔化图像，该工具根据画笔大小可任意选择图像中的部分区域，经常用于图像的精确的局部编辑。

下面我们选择"模糊工具"，此时的工具选项栏如图 2-141 所示。

图 2-141

工具选项栏中的部分选项的具体功能详解如下。

"模式"下拉列表框："模式"下拉列表框中包含"正常"、"变暗"、"变亮"、"色相"、"饱和度"、"颜色"和"明度"等选项。可根据不同的需要在"模式"下拉列表框中选择不同的模式。

"强度"下拉列表框：指画笔的强度。参数越大，涂抹的线条颜色越深。

"对所有图层取样"复选框：勾选此复选框，使用"模糊工具"可对所有图层都起作用。

下面我们来讲解"模糊工具"的使用方法。

01 打开附书光盘"CD/ 第 2 章 /2-20.jpg"文件，如图 2-142 所示。

02 选择工具箱中的"模糊工具" ，在工具选项栏中设置相应的参数，如图 2-143 所示。

图 2-142

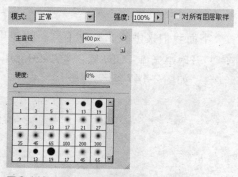

图 2-143

03 在画面中单击并拖曳鼠标涂抹中间花的部分，可以看到图像变得模糊了，效果如图 2-144 所示。

04 再次进行涂抹，中间的花朵更加模糊了，效果如图 2-145 所示。

图 2-144

图 2-145

2.6.2 使模糊的地方清晰——锐化工具

"锐化工具"可以使原本不清晰的图像变得清晰，作用与"模糊工具"恰恰相反。在使用方法上，"锐化工具"与"模糊工具"相同，都很容易掌握。

下面我们选择"锐化工具"，此时的工具选项栏如图 2-146 所示。

图 2-146

工具选项栏中的部分选项的具体功能详解如下。

"模式"下拉列表框："模式"下拉列表框中包含"正常"、"变暗"、"变亮"、"色相"、"饱和度"、"颜色"和"明度"等选项。可根据不同的需要在"模式"下拉列表框中选择不同的模式。

"强度"下拉列表框：指画笔的强度。参数值越大，涂抹的线条颜色越深。

"对所有图层取样"复选框：勾选此复选框，使用"锐化工具"可对所有图层都起作用。

> **Tip 技巧提示**
>
> 在选择"模糊工具"的状态下，按【Alt】键可以快速切换为"锐化工具"，同样，在"锐化工具"的状态下，按【Alt】键可以快速切换为"模糊工具"。

下面我们来讲解"锐化工具"的使用方法。

01 打开附书光盘"CD/第 2 章/2-20.jpg"文件，如图 2-147 所示。

02 选择工具箱中的"锐化工具" △，在工具选项栏中设置相应的参数，如图 2-148 所示。

图 2-147

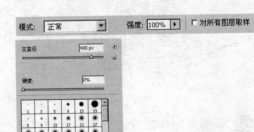

图 2-148

03 涂抹图像中需要锐化的部分，可以看到
图像变得清晰了，如图 2-149 所示。

04 反复涂抹几次，图像被明确地锐化了，如
图 2-150 所示。

图 2-149

图 2-150

2.6.3 绘画中的涂抹效果——涂抹工具

"涂抹工具"可以制作使用手指涂抹画面的效果，创建有趣的图像效果。该工具的使用方法很简单，用于创建一些个性化的图像。

下面我们选择"涂抹工具"，此时工具选项栏如图 2-151 所示。

图 2-151

工具选项栏中的部分选项的具体功能详解如下。

"画笔"栏：单击 按钮将弹出其下拉列表，在其中可设置画笔的大小。

"模式"下拉列表框：可设置颜色的混合模式，有"正常"、"变暗"、"变亮"、"色相"、"饱和度"、"颜色"和"明度"等选项。

"强度"下拉列表框：可设置涂抹画笔的轻重程度，设置数值越大，涂抹效果越明显。

"对所有图层取样"复选框：勾选此复选框，可以在所有可见图层中对图像进行涂抹操作；如果取消勾选此复选框，则只能在当前图层中进行涂抹操作。

"手指绘画"复选框：勾选此复选框，在使用"涂抹工具"时可结合工具箱中的前景色来绘制图像。

Tip 技巧提示

由于我们到目前为止的学习还没有涉及到图层概念，实例所用的范例也都是单一图层的 JPG 格式图像，所以在当前情况下，是否勾选"对所有图层取样"复选框，绘制图像的效果都是一样的。不过，当图像中存在图层时，图像的效果就会有所不同了。关于图层的知识，我们会在后面的章节中具体讲解。

下面我们来讲解"涂抹工具"的使用方法。

01 执行"文件/恢复"命令,将图像恢复到原始状态,如图 2-152 所示。

02 选择工具箱中的"涂抹工具" ,在工具选项栏中设置画笔为"300px"的柔角画笔,强度为"50%",如图 2-153 所示。

图 2-152

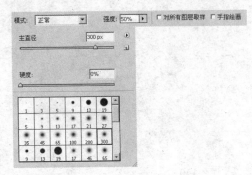

图 2-153

03 使用鼠标在画面中单击并拖曳,可以看到图像中被拖曳的部分呈现涂抹的痕迹,如图 2-154 所示。

04 在工具选项栏中勾选"手指绘画"复选框,在工具箱中设置前景色为黑色,再次涂抹画面图像,制作手指涂抹的绘画效果,如图 2-155 所示。

图 2-154

图 2-155

2.7　改变图像的深、浅及色彩饱和度

怎样改变图像中过深或者过浅的颜色呢?图像太鲜艳了怎么办?Photoshop 提供了出色的调整颜色工具——"减淡工具"、"加深工具"和"海绵工具"。这些工具可以调整图像的亮度和色彩饱和度,改变图像的颜色深浅和鲜艳度,这样可以为图像添加人为的特殊效果或者改善图像颜色。另外,"颜色替换工具"是修改部分图像的好帮手,掌握这些工具可以瞬间把图像变个样。

2.7.1　修正过深的部分——减淡工具

"减淡工具"与"加深工具"是功能相反的工具,可以交互使用。"减淡工具"可以修正图像中颜色过深的部分,通过拖曳鼠标涂抹图像,得到减淡的效果。下面我们来学习"减淡工具"的使用方法。

下面我们选择"减淡工具",此时的工具选项栏如图2-156所示。

图 2-156

工具选项栏中的部分选项的具体功能详解如下。

"范围"下拉列表框:"范围"下拉列表框中包含"阴影"、"中间调"和"高光"选项。选择"阴影"选项,能够更改图像中暗部区域的像素;选择"中间调"选项,能够更改图像中的颜色对应灰度为中间范围的部分像素;选择"高光"选项,能够更改图像中亮部区域的像素。

"曝光度"下拉列表框:可设置"减淡工具"使用的曝光量,范围为1%~100%之间。

"经过设置可以启用喷枪功能"按钮 ：单击该按钮,能够使"减淡工具"的绘制效果有喷枪效果。

下面我们来讲解"减淡工具"的使用方法。

01 打开附书光盘"CD/第2章/2-21.jpg"文件,如图2-157所示。

02 选择工具箱中的"减淡工具" ,在工具选项栏中设置工具属性,如图2-158所示。

图 2-157

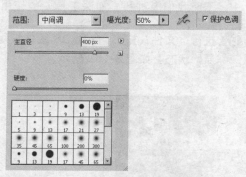

图 2-158

03 在画面中拖曳鼠标涂抹图像中女孩的裙子,可以看到涂抹区域的颜色明显减淡了,如图2-159所示。

04 反复涂抹图像,得到强烈的减淡效果,如图2-160所示。

图 2-159

图 2-160

2.7.2 加深过浅的部分——加深工具

"加深工具"可以使图像中的局部颜色变得更深，它和"减淡工具"的功能相反，运用在图像色调调整的各个方面。我们以上图为例，讲解"加深工具"的使用方法。

下面我们选择"加深工具"，此时的工具选项栏如图 2-161 所示。

图 2-161

工具选项栏中的部分选项的具体功能详解如下。

"范围"下拉列表框：在"范围"下拉列表框中包含"阴影"、"中间调"和"高光"选项。选择"阴影"选项，能够更改图像中暗部区域的像素；选择"中间调"选项，能够更改图像中的颜色对应灰度为中间范围的部分像素；选择"高光"选项，能够更改图像中亮部区域的像素。

"曝光度"下拉列表框：可设置"加深工具"使用的曝光量，范围为 1%~100% 之间。

✍ 按钮：单击 ✍ 按钮，能够使"加深工具"的绘制效果有喷枪效果。

下面我们来讲解"加深工具"的使用方法。

01 执行"文件/恢复"命令，将图像恢复到原始状态，如图 2-162 所示。

02 选择工具箱中的"加深工具" ✍，在工具选项栏中进行相应的设置，如图 2-163 所示。

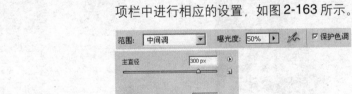

图 2-162

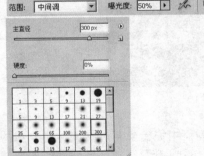

图 2-163

03 在画面中涂抹裙子的一部分，这部分裙子颜色加深了，效果如图 2-164 所示。

04 将裙子部分反复涂抹，这部分的颜色已经远远深于其他部分的颜色，如图 2-165 所示。

图 2-164

图 2-165

2.7.3 增加图像的色彩饱和度——海绵工具

"海绵工具"可以调整图像的色彩饱和度，减去的是图像的颜色鲜艳度而不是明暗色调。

下面我们选择"海绵工具"，此时的工具选项栏如图 2-166 所示。

图 2-166

工具选项栏中的部分选项的具体功能详解如下。

"画笔"栏：单击 按钮弹出其下拉列表，可在其中设置画笔的大小。

"模式"下拉列表框：可设置画笔的颜色模式，分为"饱和"和"降低饱和度"两种模式，可以分别为图像增加饱和度和降低饱和度。

"流量"下拉列表框：可设置"海绵工具"涂抹图像的快慢。

按钮：单击该按钮可经过设置启用喷枪功能。

"自然饱和度"复选框：是 Photoshop CS4 的新增功能，勾选此复选框，则在调整时大幅增加不饱和像素的饱和度，对已经饱和的像素做很小、很细微的调整。

"切换画笔面板"按钮：单击该按钮可以打开"画笔"面板，在其中设置各种画笔。

下面我们来讲解"海绵工具"的使用方法。

01 打开附书光盘"CD/ 第 2 章 /2-22.jpg"文件，如图 2-167 所示。

02 选择工具箱中的"海绵工具"，在工具选项栏中设置模式为"饱和"，勾选"自然饱和度"复选框，流量为"100%"，如图2-168 所示。

图 2-167

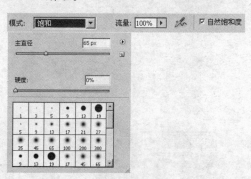

图 2-168

03 在画面中拖曳鼠标涂抹图像中绿叶黄花部分，可以看到颜色更加鲜艳了，如图 2-169 所示。

04 在工具选项栏中设置模式为"降低饱和度"，得到近于黑白颜色的图像效果，如图 2-170 所示。

图 2-169   图 2-170

2.7.4 将某些部分处理成前景色——颜色替换工具

"颜色替换工具"可以将图像中的一部分颜色替换为另一种颜色，通过鼠标拖曳涂抹颜色，同时保留原来的图像效果。使用方法与"背景橡皮擦工具"有些相似。

下面我们选择"颜色替换工具"，此时的工具选项栏如图 2-171 所示。

图 2-171

工具选项栏中的部分选项的具体功能详解如下。

"画笔"栏：单击 按钮弹出其下拉列表，可在其中设置画笔的大小。

"模式"下拉列表框：可设置画笔的颜色模式，分为"色相"、"饱和度"、"颜色"和"明度"四种模式。前景色为绿色的四种模式的效果如图 2-172 所示。

图 2-172

取样方式：按钮从左到右依次代表连续、一次、背景色板三种不同的取样方式。连续：可在按住鼠标拖动的过程中连续取样，取样点随鼠标拖动而变化；一次：替换与第 1 次鼠标定位点处的颜色相近的颜色范围内的颜色；背景色板：替换与工具箱中当前设置的背景色相近的颜色。

"限制"下拉列表框：选择替换颜色的模式，包含"连续"、"不连续"和"查找边缘"三种模式。

"容差"下拉列表框：可设置要替换颜色的范围，数值越大，要替换颜色的范围越广。

"消除锯齿"复选框：勾选此复选框，通过在图像边缘的粗糙部分填充过渡色，使图像边缘更加圆滑。

下面我们来讲解"颜色替换工具"的使用方法。

01 打开附书光盘"CD/ 第 2 章 /2-23.jpg"文件，如图 2-173 所示。

02 选择工具箱中的"颜色替换工具" ，在工具选项栏中设置工具属性，如图 2-174 所示。

图 2-173

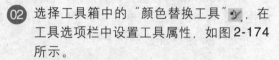
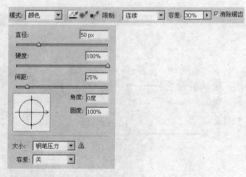

图 2-174

03 在工具箱中设置前景色为深红色，在画面中碗中的部分单击并拖曳鼠标涂抹，如图 2-175 所示。

04 碗中的部分变为粉红色，继续涂抹图像直到水面全部变为粉红色，如图 2-176 所示。

图 2-175

图 2-176

2.8 我行我素来绘画

作为图像处理软件，Photoshop 能够满足用户在电脑上绘画的要求，为此 Photoshop 提供了一组专门用于绘画的工具："画笔工具"、"铅笔工具"及相关的颜色填充工具。通过这些工具，用户可以绘制各种图像并填充颜色，具有手绘所达不到的效果，我们现在就来学习这些工具的使用方法。

2.8.1 随心设置颜色——前景色、背景色和吸管工具

在开始绘画之前，我们要先了解一下颜色的选取方法，这很重要。无论我们绘制什么图像，都需要设定颜色，下面我们介绍 Photoshop 中颜色的概念，以及设置与选取的工具。

Photoshop 可以预先设置前景色和背景色，用于绘图工具或其他工具命令。前景色和背景色位于工具箱的下部，单击其中任何一个颜色按钮都可以打开"拾色器"对话框以选取颜色，"拾色器"对话框如图 2-177 所示。

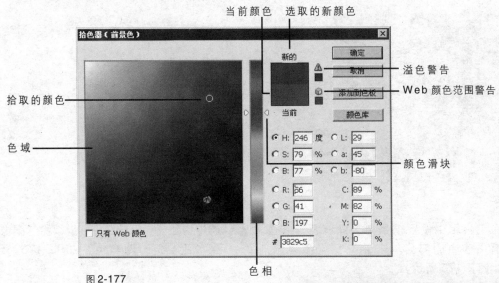

图 2-177

"拾色器"对话框详解如下。

"色域"列表框：选取的颜色范围，从上到下表示颜色的亮度即明暗程度，从左到右表示颜色的饱和度即鲜艳程度。

"色相"列表框：从上到下显示色相的变化，拖曳滑块可以选择色相。在"色相"列表框旁有一个色框，可用于比较原始颜色和当前颜色，当选择了新颜色时，色框的上部显示当前颜色，下部显示原始颜色。

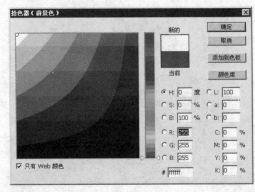

图 2-178

"只有 Web 颜色"复选框：勾选此复选框，"色域"列表框中只显示能在网页中正常显示的颜色，如图 2-178 所示。

HSB 颜色：以色调、亮度和饱和度数值显示方式显示的当前颜色的信息。

RGB，Lab，CMYK 颜色：以不同的颜色模式显示当前颜色的色值，可以通过手动输入数值的方法设置颜色。

"#"文本框：表示在 HTML 代码中显示的颜色色值。

"颜色库"按钮：可以从颜色库中选择色库，并在色库中选择需要的颜色，如印刷色和特种色等，如图 2-179 所示。

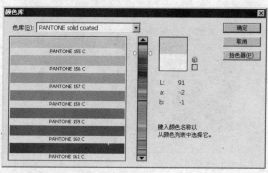

图 2-179

下面我们来讲解"拾色器"对话框的使用方法。

01 在操作界面中的工具箱中单击"前景色"按钮，如图 2-180 所示。

图 2-180

02 在打开的"拾色器"对话框中，可以看到当前颜色的色值和在"色域"列表框中的位置，如图 2-181 所示。

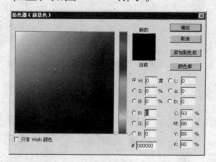

图 2-181

03 移动光标到"色域"列表框的任意位置，可以选取相应的颜色，单击"确定"按钮。工具箱中前景色变为所选颜色，如图 2-182 所示。

04 在工具箱中的"背景色"按钮上单击，在打开的"拾色器"对话框中，可以看到当前颜色的色值和在"色域"列表框中的位置，如图 2-183 所示。

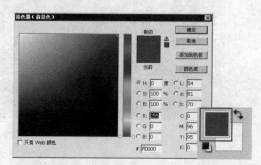

图 2-182

图 2-183

05 使用鼠标拖动中间的颜色滑块，移动到蓝色区域，如图 2-184 所示。

06 在"色域"列表框中单击，移动光标到所需的颜色位置，单击"确定"按钮。回到工具箱，可以看到背景色变为所选颜色，如图 2-185 所示。

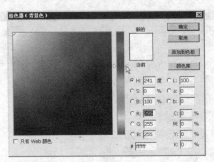

图 2-184

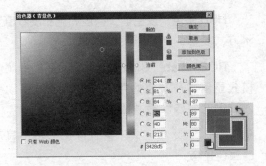

图 2-185

Tip 技巧提示

工具箱中前景色和背景色的默认设置为黑色和白色。前景色和背景色可以随意设置，但不可撤销操作，因此无法恢复到上一个颜色。

"切换前景色和背景色"按钮

"默认前景色和背景色"按钮

不过单击"默认前景色和背景色"按钮可以恢复默认设置，快捷键为【D】。

前景色和背景色可以方便地进行切换，单击"切换前景色和背景色"按钮即可，快捷键为【X】。

当我们需要取用其他图片中的某些颜色时，可以使用"吸管工具"，就像吸取液体那样，把需要的颜色吸取过来。下面我们来讲解"吸管工具"的使用方法和技巧。

01 打开附书光盘"CD/ 第 2 章 /2-24.jpg"文件，如图 2-186 所示。

02 选择工具箱中的"吸管工具" 📷，移动到图像中，在画面中需要选取颜色的地方单击，吸取颜色，如图 2-187 所示。

图 2-186

图 2-187

03 单击"切换前景色和背景色"按钮，或者按快捷键【X】，如图 2-188 所示。

04 再次在画面中单击选取需要的颜色，吸取颜色，如图 2-189 所示。

图 2-188

图 2-189

Tip 技巧提示

在"吸管工具"的选项栏中，可以设置吸管选取图像像素的范围，在"取样大小"下拉列表框中除了"取样点"选项外，还有"3×3平均"和"5×5平均"等选项。"取样点"选项是以当前"吸管工具"单击位置的像素点为基准进行取色的，而"3×3平均"和"5×5平均"选项分别是以3×3像素范围内取颜色平均值和5×5像素范围内取颜色平均值提取颜色样本的。"吸管工具"的快捷键为【I】。

除了通过"吸管工具"选取颜色之外，还可以通过"颜色"面板和"色板"面板进行颜色的选取。

"颜色"面板使用户能够在不打开"拾色器"对话框的情况下快速选取颜色，在"颜色"面板中选取颜色非常方便。当使用"颜色"面板选取颜色时，工具箱中的前景色也会发生相应的变化。在"颜色"面板中显示基于 RGB 颜色模式组合的颜色色条，拖动滑块可以设置颜色，单击面板右上角的三角按钮可弹出下拉菜单，可以根据需要设置其他颜色模式的色条选取颜色，也可以将光标移动到面板底部的色谱上进行颜色的选取，选取的颜色将显示为工具箱中的前景色，"颜色"面板如图 2-190 所示。

"色板"面板位于"颜色"面板同一面板组中，其中为用户准备了各种常用颜色。移动鼠标单击即可选取相应的颜色，选取的颜色显示为工具箱中的前景色。另外，可以在"拾色器"对话框中选取颜色添加到"色板"面板中，以供反复使用，"色板"面板如图 2-191 所示。

"颜色"面板中各部分详解如下。

前景色和背景色：显示前景色和背景色，单击可以选择设置前景色或者背景色。

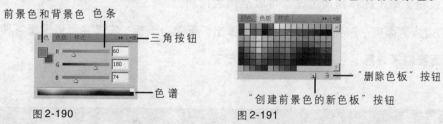

图 2-190 图 2-191

色条：拖动滑块可以设置颜色的 RGB 色值，从而选取颜色。也可在右边的文本框中直接输入数值，设置颜色。

色谱：单击鼠标选取颜色，通过色标综合选取需要的颜色。

三角按钮：单击三角按钮将弹出一个下拉菜单，对面板进行各种设置。

"颜色"面板和"色板"面板经常和工具箱中的前景色和背景色一起使用，有了这些工具，我们就可以随意地选取需要的颜色了。

"色板"面板中各部分详解如下。

"创建前景色的新色板"按钮：单击该按钮可以为当前工具箱中的前景色建立颜色样本，便于以后使用。将鼠标移动到色板空白处，单击可打开"色板名称"对话框，也可以创建新颜色样本。

"删除色板"按钮：将色板中的某一颜色拖曳到此按钮上，即可删除选择的颜色样本。

三角按钮：单击三角按钮将弹出一个下拉菜单，可对面板进行各种设置，如设置显示方式、载入色板和更换颜色库等。

2.8.2 个性涂鸦——画笔工具

"画笔工具"是 Photoshop 中常用的工具，作用如同画笔，可涂抹绘制各种图案。"画笔工具"可以在"画笔"面板中设置画笔的属性，绘制各种独特的图像效果。在这里将学习"画笔"面板的使用方法，在其他一些工具的选项栏中单击"切换画笔面板"按钮，也可以进行类似的设置，得到多种风格的效果。

下面我们选择"画笔工具"，此时的工具选项栏如图 2-192 所示。

图 2-192

工具选项栏中的部分选项的具体功能详解如下。

"画笔"栏：单击"画笔"按钮弹出其下拉列表，可在其中设置画笔的大小和硬度等属性。

"模式"下拉列表框：设置画笔的模式，下拉列表中包含画笔的各种模式，与图层模式相同。关于图层模式的知识会在后面的章节中讲解。

"不透明度"下拉列表框：可设置画笔的不透明度。

"流量"下拉列表框：可设置画笔的流量，数值越大，流量越大，相反数值越小，流量越小。

按钮：单击此按钮经过设置可以启用喷枪功能。

"切换画笔面板"按钮：单击 按钮将弹出"画笔"面板，在其中可以设置各种画笔属性。

下面我们来讲解"画笔工具"的使用方法。

Tip 技巧提示

通过设置"画笔"面板，可以创建各种各样的图案效果，还可以自定义画笔，将富有个性的图案制作成更多的效果等。关于"画笔"面板，用户可以多多尝试，能够创建很多有趣的效果。

---

01 执行"文件/新建"命令，在打开的对话框中设置文件属性，单击"确定"按钮，如图 2-193 所示。

02 此时在操作界面中新建空白文件，选择工具箱中的"画笔工具" ，如图 2-194 所示。

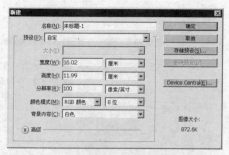

图 2-193

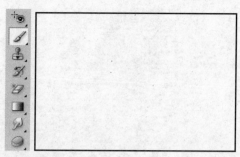

图 2-194

03 在工具选项栏中设置画笔大小、模式和流量等属性，单击"画笔"按钮弹出其下拉列表，在其中设置画笔的主直径和硬度，如图 2-195 所示。

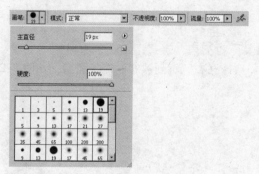

图 2-195

04 单击工具选项栏右侧的"切换画笔面板"按钮，打开"画笔"面板，可以看到其中各个预设项目，如图 2-196 所示。

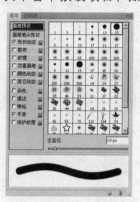

图 2-196

05 勾选"形状动态"复选框，在右边设置各项参数，拖动滑块调整数值，同时查看面板下部的图像预览效果，如图 2-197 所示。

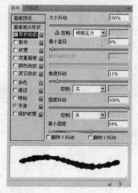

图 2-197

06 勾选"散布"复选框，在右边设置各项数值参数，通过预览图像窗口查看设置效果，如图 2-198 所示。

图 2-198

07 勾选"颜色动态"复选框，在右边设置各项参数，通过预览图像窗口查看设置效果，如图 2-199 所示。

08 单击工具箱中的"前景色"按钮，在打开的"拾色器"对话框中选取颜色，设定颜色色值，单击"确定"按钮，如图 2-200所示。

图 2-199

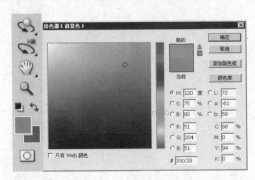

图 2-200

09 在画面中拖曳鼠标，可以看到画面中出现散布的斑点画笔效果，且颜色是变化的，如图 2-201 所示。

图 2-201

10 在工具选项栏中单击"画笔"按钮，弹出其下拉列表，选择下面列表框中的"流星"画笔，如图 2-202 所示。在画面中拖曳鼠标，涂抹画布，得到散布的流星图案，如图 2-203 所示。

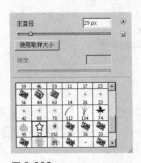

图 2-202

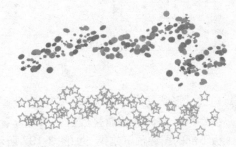

图 2-203

2.8.3 表现出像素效果——铅笔工具

"铅笔工具"可以绘制比较粗糙的线条效果，可以绘制像素效果，因而经常用于网页图标的设计制作。使用方法与"画笔工具"大致相同。

01 执行"文件 / 新建"命令，在打开的对话框中设置文件属性，单击"确定"按钮，如图 2-204 所示。

02 此时在操作界面中新建一个空白文件，选择工具箱中的"铅笔工具" ⬚，如图 2-205 所示。

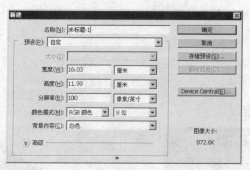

图 2-204

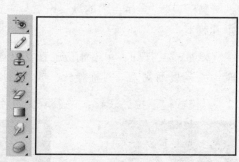

图 2-205

03 在工具选项栏中设置画笔大小，单击"画笔"按钮弹出其下拉列表，在其中设置画笔的直径为"17px"，如图 2-206 所示。

04 在画面中拖曳鼠标，绘制线条，如图 2-207 所示。

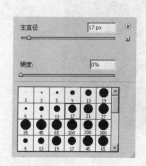

图 2-206

图 2-207

> **Tip 技巧提示**
>
> "铅笔工具"的特点在于可以绘制像素粗糙的边缘效果，不会产生如画笔般平滑的边缘效果，如图 2-208 所示，因此多用来绘制网页流行的像素画，图像很小。
>
>
>
> 图 2-208

2.8.4 填充渐变效果——渐变工具

"渐变工具"可以实现两种或两种以上颜色的平滑过渡效果，并且渐变的颜色、过渡方式和渐变程度都是可以设置的。下面我们通过图像更换背景色的实例来讲解"渐变工具"的使用方法。

下面我们选择"渐变工具"，此时的工具选项栏如图 2-209 所示。

图 2-209

工具选项栏中的部分选项的具体功能详解如下。

━━━━━：显示当前的渐变设置，单击图标或者右侧的下拉按钮可以打开渐变编辑器，设置渐变样式。

渐变模式按钮：单击相应的按钮可选择渐变模式，从左到右依次为"线性渐变"、"径向渐变"、"角度渐变"、"对称渐变"和"菱形渐变"按钮，效果如图 2-210 所示。

"模式"下拉列表框：设置渐变颜色的混合模式。

线性渐变

径向渐变

角度渐变

对称渐变

菱形渐变

图 2-210

"不透明度"下拉列表框：设置渐变的不透明度，数值越小越透明，如图 2-211 所示。

"反向"复选框：勾选此复选框，渐变的方向与拖曳的方向相反。

"仿色"复选框：勾选此复选框，可以添加更柔和的颜色过渡变化。

"透明区域"复选框：勾选此复选框，可以设置包含透明区域的渐变效果。

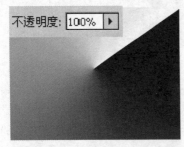

图 2-211

下面我们来讲解"渐变工具"的使用方法。

01 打开附书光盘"CD/ 第 2 章 /2-25.jpg"文件，如图 2-212 所示。

02 选择工具箱中的"魔棒工具"，在工具选项栏中设置相应的参数，如图 2-213 所示。

图 2-212

③ 在画面中白色底图部分单击，建立选区，然后按住【Shift】键再次单击图像之间的空白部分，添加到选区中，如图 2-214 所示。

图 2-214

⑤ 在打开的渐变编辑器中，选择"预设"栏中的从黑色到白色的渐变，单击"确定"按钮，如图 2-216 所示。

图 2-216

⑦ 画面中的选区内出现了从白色到黑色的渐变效果，取消选区，背景图案已经更换了，如图 2-218 所示。

图 2-213

④ 选择工具箱中的"渐变工具" ，如图 2-215 所示，在工具选项栏中单击 右侧的下拉按钮。

图 2-215

⑥ 在画面中按住【Shift】键从上到下垂直拖动鼠标，进行渐变填充，如图 2-217 所示。

图 2-217

图 2-218

Tip 技巧提示

在渐变编辑器的"预设"栏中，前两个渐变效果是根据当前工具箱中的前景色和背景色而变化的，因为在"预设"栏中的第 1 个和第 2 个渐变选项，分别是"前景色到背景色渐变"和"前景色到透明渐变"的渐变效果。无论当前工具箱中的前景色和背景色是什么颜色，都可以在渐变编辑器中显示为渐变效果选项，供用户选取。另外，渐变编辑器中的渐变效果也可以自由编辑和创建。

2.8.5 快速填充颜色——油漆桶工具

"油漆桶工具"可以使用一个颜色一次性填充图像的一个区域，由于填充图像的颜色匀称，故在填充大面积图像的时候非常好用，是非常有效的填充颜色工具。

下面我们选择"油漆桶工具"，此时的工具选项栏如图 2-219 所示。

图 2-219

工具选项栏中的部分选项的具体功能详解如下。

前景 下拉列表框：可设置填充区域的源。默认是前景色填充，单击右边的下拉按钮在弹出的下拉列表中，可以选择"图案"选项，当选择"图案"选项时，后面的图案选取框被激活，单击弹出下拉列表，可以从中选择所需的图案。

"模式"下拉列表框：设置填充颜色的混合模式。

"不透明度"下拉列表框：设置填充颜色的不透明度，数值越大，颜色越不透明。

"容差"文本框：设置填充颜色的范围，数值越大填充范围越广，可选范围是 0~255。

"消除锯齿"复选框：勾选此复选框，可以使边缘部分更加平滑。

"连续的"复选框：勾选此复选框，只选择画面中与单击点相连续的图像区域进行填充；不勾选此复选框，则所有颜色相近的区域都被选取并填充，对比效果如图 2-220 所示。

"所有图层"复选框：勾选此复选框，以所有可见图层进行填充；不勾选此复选框，则以当前可见图层进行填充。

图 2-220

下面我们来讲解"油漆桶工具"的使用方法。

01 打开附书光盘"CD/第2章/2-26.jpg"文件，如图2-221所示。

02 单击工具箱中的"前景色"按钮，在打开的"拾色器"对话框中选取颜色，单击"确定"按钮，将前景色设置为深蓝色，如图2-222所示。

图2-221

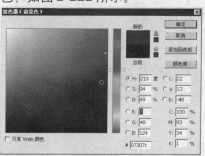

图2-222

03 选择工具箱中的"油漆桶工具" ，在工具选项栏中设置容差为"32"，移动光标至画面中大片背景的地方单击，如图2-223所示。

04 单击之后，可以看到大片背景已经变为深蓝色，如图2-224所示。

图2-223

图2-224

05 继续单击，将需要的部分填充完整。再次单击工具箱中的"前景色"按钮，在打开的"拾色器"对话框中设置前景色，单击"确定"按钮返回操作界面，如图2-225所示。

06 在工具选项栏中将容差设置为"15"，其余设置不变，在画面中桃心的位置处单击，如图2-226所示。

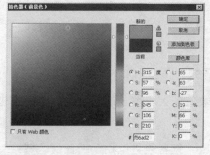

图2-225

图2-226

07 画面中部分改变颜色了，但并不完整，这是由于设置容差较小的缘故，如图 2-227 所示。

08 在画面中没有填充到的地方多次单击，将图像填充完整，如图 2-228 所示。

图 2-227

图 2-228

2.8.6 拷贝图像样本绘画——历史记录画笔工具与历史记录艺术画笔工具

"历史记录画笔工具" 是通过重新创建指定的原数据来绘画，可以将图像的状态或快照拷贝绘制到当前的图像窗口，但只能在相同的位置。而且 "历史记录画笔工具" 可以与 "历史记录" 面板配合使用。

下面我们选择 "历史记录画笔工具"，此时的工具选项栏如图 2-229 所示。

"历史记录画笔工具" 的选项栏的用法与 "画笔工具" 的选项栏相同。

图 2-229

"历史记录艺术画笔工具" 的使用方法与 "历史记录画笔工具" 的使用方法基本相同。在 Photoshop CS4 中，可以用 "历史记录艺术画笔工具" 制定的历史记录状态或快照中的数据源，以风格化的描边方式进行绘画。通过尝试使用不同的绘画样式、大小和容差，可以得到不同的色彩和艺术风格以模拟绘画的纹理。

我们选择 "历史记录艺术画笔工具"，此时的工具选项栏如图 2-230 所示。

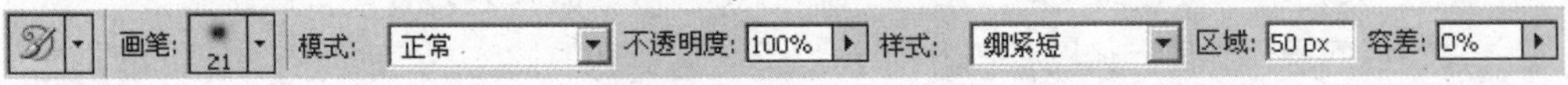

图 2-230

"历史记录艺术画笔工具" 的选项栏大部分选项的用法与 "画笔工具" 的选项栏的相同，我们来介绍一下不同的部分。

"样式" 下拉列表框：单击右侧的下拉按钮，在弹出的下拉列表中可以选择绘画描边的形状样式。

"区域" 文本框：可设置绘画描边所覆盖的区域。数值越大，覆盖的区域就越大，描边的数量也就越多。

"容差" 下拉列表框：可以限制应用绘画描边的区域。低容差可以用于在任何区域绘制无数条描边，高容差将绘画描边限定在与源状态或快照中的颜色明显不同的区域。

现在我们来讲解"历史记录艺术画笔工具"的使用方法。

01 打开附书光盘"CD/ 第 2 章 /2-27.jpg"文件，如图 2-231 所示。

图 2-231

02 执行"滤镜 / 扭曲 / 扩散亮光"命令，参数如图 2-232 所示。

图 2-232

03 单击"确定"按钮，效果如图 2-233 所示。

图 2-233

04 选择工具箱中的"历史记录画笔工具" ，然后在图中将人物的眼球大致形态涂抹出来，效果如图 2-234 所示。

图 2-234

05 再选择工具箱中的"历史记录艺术画笔工具"，然后在图中将人物的头发的大致形态涂抹出来，效果如图 2-235 所示。

图 2-235

Tip 技巧提示

按【Y】键即可选择"历史记录画笔工具"，按【Shift+Y】组合键能够使之与"历史记录艺术画笔工具"相互切换。

2.9　随心所欲来绘图

在 Photoshop 中，提供给用户可以任意绘图的工具——钢笔系列工具。"钢笔工具"是绘制矢量路径的工具，除了绘制各种形状的图形之外，还可以用来精确选择图像中的部分，进一步编辑，将之转化为选区或者描边填充等。绘制的路径可以修改保存，十分方便，在绘制和选择复杂图像时非常有用，因此用户应该好好掌握这些工具。

钢笔系列工具包括绘制路径的"钢笔工具"和"自由钢笔工具"，修改路径的"添加锚点工具"和"删除锚点工具"，以及选择路径的选择工具。下面会依次介绍这些工具的使用方法和技巧。

钢笔和自由钢笔工具的选项栏

"钢笔工具"和"自由钢笔工具"都是绘制路径的工具，工具选项栏基本相同。下面将两者的选项栏做比较一起讲解。

我们选择"钢笔工具"，此时的工具选项栏如图 2-236 所示。

图 2-236

工具选项栏中的部分选项的具体功能详解如下。

：从左到右依次是"形状图层"、"路径"和"填充像素"按钮，单击相应的按钮可以创建形状图层、路径和填充像素。路径和形状图层对比如图 2-237 所示。

图 2-237

　　　　　工具按钮：包含了所有形状工具，除了"钢笔工具"和"自由钢笔工具"外，还有绘制形状的工具，如"矩形工具"、"椭圆工具"和"多边形工具"等，单击相应的按钮即可切换工具。在当前为"钢笔工具"的情况下，单击右侧的下拉按钮，在弹出的下拉列表中，可以勾选"橡皮带"复选框。勾选"橡皮带"复选框后单击鼠标拖动路径时，会有一条路径跟随光标移动，用户可以预先看到路径位置和效果，单击鼠标后才会将路径固定下来。

"自动添加/删除"复选框：勾选此复选框且当前为"钢笔工具"的情况下，光标靠近已经绘制的路径时，会自动变为"添加锚点工具"，当光标移动到已有锚点的位置时，会自动变为"删除锚点工具"。

　　　　　修改路径方式：从左到右依次是"添加到路径区域"、"从路径区域减去"、"交叉路径区域"和"重叠路径区域除外"按钮。单击相应的按钮即可添加路径或者减去路径，使用方法与选区工具的相似。

"自由钢笔工具"的选项栏与"钢笔工具"的大致相同，只是"自动添加/删除"复选框变成了"磁性的"复选框，勾选此复选框，则绘制的路径仿佛有了磁性，自动依附在临近图像的边缘上。

2.9.1 通过锚点绘制——钢笔工具

"钢笔工具"可以绘制各种路径：直线、曲线，以及直线与曲线相结合的复杂曲线，使用方法并不困难，只要用心学习，很快就可以掌握。下面我们使用"钢笔工具"结合键盘快捷键绘制直线与曲线相结合的路径。

01 打开附书光盘"CD/ 第 2 章 /2-28.jpg"文件，如图 2-238 所示。

02 选择工具箱中的"钢笔工具" ♦，在工具选项栏中设置工具属性，如图 2-239 所示。

图 2-238

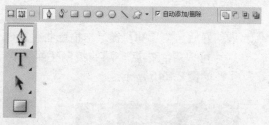

图 2-239

03 在画面中图像的起始边缘位置单击，建立锚点，如图 2-240 所示。

04 然后移动光标到上面的转折位置，再次单击，可以看到图像中两个点之间建立了直线，如图 2-241 所示。

图 2-240

图 2-241

05 再次单击图像转折位置，建立锚点连接路径，然后依次单击转折点，此时完成了直线部分路径的绘制，如图 2-242 所示。

Tip 技巧提示

在单击建立锚点的同时按住【Shift】键，可以绘制水平、垂直和 45°的直线。

图 2-242

06 下面开始绘制曲线。在图形下一个转折点处单击的同时拖曳鼠标，可以看到拖曳锚点的两端出现控制手柄，路径也变为曲线，如图2-243所示。

图 2-243

07 如果一次拖曳没有完全到位，可以按住【Ctrl】键转换光标，拖曳锚点的控制手柄，通过拖动调整曲线形状，使其符合图像形状，如图2-244所示。

图 2-244

08 调整好后，按【Alt】键单击拖曳曲线的锚点，可以看到锚点一端的控制手柄不见了，如图2-245所示。

图 2-245

09 继续单击直线的转折点，建立直线路径。然后回到锚点起始位置再次单击鼠标并拖曳，绘制曲线，如图2-246所示。

图 2-246

10 连接路径锚点，路径绘制完成，如图2-247所示。

图 2-247

11 切换到"路径"面板，可以看到绘制的路径已经出现在面板中，显示为"工作路径"路径，如图2-248所示。

图 2-248

2.9.2 自由地绘制——自由钢笔工具

　　"自由钢笔工具"可以随着鼠标的拖动生成曲线和锚点，使用方法与"画笔工具"类似。在拖动过程中将自动添加锚点，当拖动一圈回到起始点时，光标会发生变化，单击可以将路径封闭。

01 继续使用上例中的文件，如图2-250所示。

02 选择工具箱中的"自由钢笔工具"，在画面中单击并拖曳出路径，如图2-251所示。

图 2-250

图 2-251

03 继续拖动鼠标，拖曳图像一圈，回到起始点，光标发生变化，如图2-252所示。

04 单击鼠标，自由钢笔路径已经建立了，如图2-253所示。

图 2-252

图 2-253

2.9.3 改变绘制好的路径——添加锚点、删除锚点和转换点工具

"添加锚点工具"、"删除锚点工具"和"转换点工具"都是编辑修改路径的工具，经常和"钢笔工具"结合使用，绘制各种路径。在前面我们已经简单地进行了转换点的操作，现在我们来详细讲解这几种工具的使用方法。

01 打开附书光盘 "CD/第 2 章 /2-29.jpg" 文件，如图 2-254 所示。

02 选择工具箱中的 "钢笔工具"，在画面中圆形图像边缘单击并沿着边缘单击拖曳鼠标，建立路径，如图 2-255 所示。

图 2-254

图 2-255

03 再次沿图像边缘拖曳鼠标，无法完全符合形状没关系，只要尽量接近就好，如图 2-256 所示。

04 沿图像绘制路径一圈，回到起始点位置，光标发生变化，单击鼠标闭合路径的同时拖曳曲线，如图 2-257 所示。

图 2-256

图 2-257

05 完成闭合的路径，画面显示一个灰色圆形线条，如图 2-258 所示。

06 选择工具箱中的 "添加锚点工具"，在图像中右下角的路径部分单击，路径中添加了新的锚点，如图 2-259 所示。

图 2-258

图 2-259

07 选择工具箱中的"删除锚点工具" ，在画面中移动光标到路径右上部的节点处，如图2-260所示。

08 单击鼠标，路径中的锚点消失，路径也变换了形状，如图2-261所示。

图2-260

图2-261

09 选择工具箱中的"转换点工具" ，在画面中选择一个锚点，如图2-262所示。

10 单击鼠标，锚点两端的路径由曲线变为直线，锚点由曲线点变为角点，如图2-263所示。

图2-262

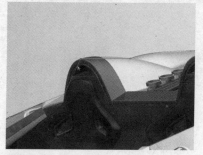

图2-263

11 再次回到画面，选择刚刚变换的锚点，单击的同时拖动鼠标，可以看到直线变回曲线，角点变为曲线点，如图2-264所示。

Tip 技巧提示

　　当用户反复练习，掌握这些工具的用法以后，可以使用键盘快捷键操作切换工具，这样操作起来更加简捷。"钢笔工具"的快捷键为【P】，"转换点工具"只需按住【Alt】键后即可使用，另外，还可以按空格键，配合"抓手工具"使用。

图2-264

2.9.4 移动整个路径——路径选择工具

"路径选择工具"可以选取一个或者多个路径，并将其移动到图像的任何地方。这个工具的使用非常简单，选择并拖曳移动鼠标即可。

下面我们选择"路径选择工具"，此时的工具选项栏如图 2-265 所示。

图 2-265

工具选项栏中的部分选项的具体功能详解如下。

"显示定界框"复选框：勾选此复选框，则选取的路径外围会出现灰色虚线选框，显示路径范围。

组合方式按钮：在一个工作路径中如果存在两个或者两个以上的路径，"组合"按钮将被激活，可以将它们以不同的方式进行组合，得到各种路径组合效果。组合路径的按钮从左到右依次是"添加到形状区域"、"从形状区域减去"、"交叉形状区域"和"重叠形状区域除外"按钮。选取一个路径，单击工具选项栏中的一种组合方式按钮，然后单击"组合"按钮，即可创建组合路径效果，如图 2-266 所示。

组合前

添加到形状区域

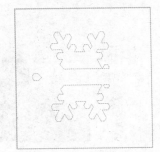
从形状区域减去

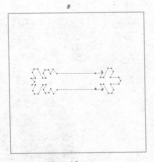
交叉形状区域

重叠形状区域除外

图 2-266

对齐方式按钮：在一个工作路径中如果存在两个或两个以上的路径，按住【Shift】键将其全部选择，对齐方式按钮即可激活，然后单击相应的对齐方式按钮，即可将其对齐。

分布方式按钮：在一个工作路径中如果存在三个或三个以上的路径，按住【Shift】键将其全部选择，分布方式按钮即可激活，然后单击相应的分布方式按钮，即可将其分布排列。

"解散目标路径"按钮：单击该按钮，即可解散当前选择的一个或多个路径，路径并不会被删除。

下面我们来讲解"路径选择工具"的使用方法。

01　打开附书光盘"CD/ 第 2 章 /2-30.jpg"文件，如图 2-267 所示。

02　此时"路径"面板中已有路径，选择该路径，画面中显示出玩具的轮廓路径，如图 2-268 所示。

图 2-267

图 2-268

03　选择工具箱中的"路径选择工具"　，移动鼠标到画面中的路径部分单击，路径中显现出黑色锚点，表示路径已被选中，如图 2-269 所示。

04　按住鼠标拖曳，路径随着光标移动。此时路径整体形状保持不变，如图 2-270 所示。

图 2-269

图 2-270

Tip　技巧提示

"路径选择工具"除了可以选择并移动整个路径，还可以选择多个路径进行编辑组合或者对齐分布操作。

2.9.5　单独选择任意锚点——直接选择工具

　　使用"直接选择工具"可以选择路径中的一个或数个锚点，可以拖动锚点改变路径形状，也可调节单独锚点的手柄曲线。调节只对选中的锚点起作用，而其他未选择的锚点路径不受影响，且不会改变锚点的性质。"直接选择工具"是修改路径的常用工具，使用起来非常简单。

01 打开附书光盘 "CD/ 第 2 章 /2-31.jpg" 文件，如图 2-271 所示。

图 2-271

03 选择工具箱中的 "直接选择工具" ，在画面轮廓路径上单击，显示所有锚点，如图 2-273 所示。

图 2-273

05 然后在画面中的下面部分拖曳鼠标，光标沿对角线方向画出选框，框选出路径中的一部分锚点，如图 2-275 所示。

图 2-275

02 此时 "路径" 面板中已有路径，单击选择该路径，画面中显示出轮廓路径，如图 2-272 所示。

图 2-272

04 选择路径中的一个锚点，单击并拖动鼠标，可以看到锚点被移动了位置，路径也跟着变形，其他锚点不变，如图 2-274 所示。

图 2-274

06 被选择的锚点变为实心，此时单击鼠标拖曳选中的路径部分，可以看到实心的锚点被全部移动且保持形状不变，如图 2-276 所示。

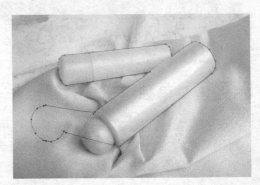

图 2-276

"直接选择工具"经常和"钢笔工具"结合使用，在"钢笔工具"绘制路径的过程中，按【Ctrl】键即可随时切换到"直接选择工具"以修改路径，而释放【Ctrl】键，又恢复为"钢笔工具"。

2.10　为画面增加文字

制作图文并茂的图像，自然要添加文字。Photoshop 提供了专门添加和编辑文字的工具，使用这些工具，不但可以随心所欲地添加各种文字，还可以轻松地编辑文字属性，制作文字特效等。虽然 Photoshop 中输入的文字由像素组成，不是矢量图，却可以自由变换大小并保持清晰的边缘，可以说是一款综合属性的工具。

在画面中输入文字会自动创建文字图层，图层中的文字可以被编辑和修改，非常方便。下面来讲解各种文字工具的用法。

"横排文字工具"和"直排文字工具"的选项栏几乎相同，在这里一并介绍。属性效果不同之处，用户要认真区别，熟练掌握。文字工具的选项栏如图 2-277 所示。

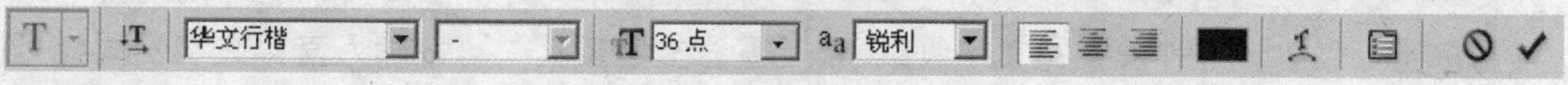

图 2-277

工具选项栏中的部分选项的具体功能详解如下。

"更改文本方向"按钮：选中文字并单击该按钮，即可将文本在横向与纵向间互换。

"设置字体系列"下拉列表框：单击该下拉列表框右侧的下拉按钮，弹出其下拉列表，在其中可以设置字体。在该下拉列表框右侧的下拉列表框中可以设置字体样式。

"设置字体大小"下拉列表框：单击该下拉列表框右侧的下拉按钮，弹出其下拉列表，在其中可以设置字体大小，也可以手动输入数值设置字体大小。

"设置消除锯齿的方法"下拉列表框：单击其下拉按钮，在弹出的下拉列表中可设置处理字体轮廓的方式。

对齐方式按钮：单击相应的按钮可设置文本的对齐方式，分为"左对齐文本"、"居中对齐文本"和"右对齐文本"三个按钮。当选择"直排文字工具"时，对齐方式按钮变为"顶对齐文本"、"居中对齐文本"和"底对齐文本"三个按钮。

"设置文本颜色"按钮：单击该按钮，将打开"拾色器"对话框，在其中可以设置字体的颜色。

"创建文字变形"按钮：单击该按钮，将打开"变形文字"对话框，在其中可以选择各种变形方式。具体设置方法将在后面进行介绍，如图 2-278 所示。

"切换字符和段落面板"按钮：单击该按钮，即可弹出"字符"/"段落"面板，从中可进行文字和段落的具体细节设置，如图 2-279 所示，再次单击该按钮，可以隐藏面板。

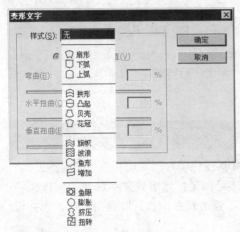

图 2-278

图 2-279

2.10.1 在图像中输入文字——横排文字与直排文字工具

"横排文字工具"是用来输入横排文字的，在画面中单击即可插入文本框，在其中可以输入文字，也可以编辑文字属性，如字体、字号和颜色等，对于多行文字还可以设置行距，这样用户就可以编辑各种需要的文字效果了。"直排文字工具"可以输入直排文字，同样可以编辑文字属性，且横排文字和直排文字之间可以方便地调换。

01 打开附书光盘"CD/ 第 2 章 /2-32.jpg"文件，如图 2-280 所示。

02 选择工具箱中的"横排文字工具"，在工具选项栏中设置字体和字号，并设置字体颜色为黑色，如图 2-281 所示。

图 2-280

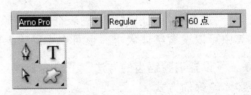

图 2-281

03 在画面中单击，在单击处显示出闪烁的光标，此时可以输入文字，如图 2-282 所示。

04 依次输入文字，画面中显示出输入的文字效果，如图 2-283 所示。

图 2-282

图 2-283

05 完成后，单击工具选项栏中的 "提交所有当前编辑" 按钮，完成文字的添加，如图 2-284 所示。

图 2-284

Tip 技巧提示

在图像中单击插入闪烁的光标，然后即可添加文字，输入完成后将自动生成文字图层，输入的文字内容显示在图层名称处，文字保持可编辑状态。不过，只要选择文字工具后在画面中单击就会生成文字图层，即使不输入文字，也无法撤销，只有到 "图层" 面板中才可以将该空白文字图层删除，如图 2-285 所示。

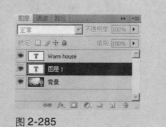

图 2-285

"直排文字工具" 的功能与 "横排文字工具" 的相同，只是输入的文字是垂直排列的，方法步骤也基本相同。下面我们继续通过实例来介绍添加直排文字的方法。

06 删除文字图像，然后选择工具箱中的 "直排文字工具" T，设置与横排文字相同的属性，如图 2-286 所示。

07 单击键盘输入文字，文字呈现直排效果。完成后，单击工具选项栏中的 "提交所有当前编辑" 按钮，完成文字的添加，如图 2-287 所示。

图 2-286

图 2-287

输入文字将建立文字图层，除了刚刚介绍的输入方法外，还有一种段落文字的输入方法。前一种适合输入少量文字，如标题等，但不具有自动换行功能；段落文字输入方法则适合输入大量的文字，便于调整，具有自动换行功能。

08 选择工具箱中的 "横排文字工具"，在工具选项栏中设置字号为 "36 点"，在画面中单击并沿对角线方向拖曳鼠标，如图 2-288 所示。

09 释放鼠标，可以看到鼠标拖曳出的矩形部分出现文本框，文本框中左上角出现闪烁的光标，如图 2-289 所示。

图 2-288

图 2-289

10 输入文字，文字到文本框边缘自动换行，文字排列整齐有序，如图 2-290 所示。

图 2-290

Tip 技巧提示

创建段落文字，只需在单击插入文本框时沿对角线方向拖曳鼠标，所绘制的矩形区域内的文字自动换行，输入后可拖动文本框边缘节点，改变文本框的大小，文字也将随之变化，如图 2-291 所示。

图 2-291

2.10.2 编辑文字区域——横排文字蒙版与直排文字蒙版工具

文字蒙版工具可以制作文字形状的蒙版，建立的文字以选区形式显示，可以供其后进行编辑、填充和描边等操作。横排文字可以生成横排文字形状的蒙版，直排文字可以生成直排文字形状的蒙版。

01 打开附书光盘"CD/第 2 章 /2-33.jpg"文件，如图 2-292 所示。

02 选择工具箱中的"横排文字蒙版工具" T ，在工具选项栏中设置工具属性，如图 2-293 所示。

图 2-292

图 2-293

03 在画面中单击，图像整个变为暗红色蒙版状态，同时出现闪烁的光标，如图 2-294 所示。

图 2-294

04 输入文字，此时输入的文字呈现出空白状态，如图 2-295 所示。

图 2-295

05 单击工具选项栏右侧的"提交所有当前编辑"按钮，退出蒙版状态，此时输入的文字轮廓转换为选区，如图 2-296 所示。

图 2-296

06 设置工具箱中的前景色为黑色。执行菜单栏中的"编辑 / 填充"命令，打开"填充"对话框，在对话框中设置使用为"前景色"，其他各选项保持默认设置，单击"确定"按钮，如图 2-297 所示。

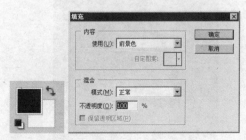

图 2-297

07 此时，画面中的文字选区被填充为黑色。按【Ctrl+D】组合键取消选区，如图 2-298 所示。

图 2-298

　　"直排文字蒙版工具"的使用方法与"横排文字蒙版工具"的相似，不同之处在于：一个是以横排文字的方式输入并显示文字蒙版的，另一个是以直排文字也就是竖排文字的方式输入并显示文字蒙版的。

01 打开附书光盘"CD/ 第 2 章 /2-34.jpg"文件，如图 2-299 所示。

02 选择工具箱中的"直排文字蒙版工具" ，在工具选项栏中设置字体为"华文行楷"，字号为"36 点"，如图 2-300 所示。

图 2-299

图 2-300

03 在画面中单击，进入蒙版状态，同时出现闪烁的光标，如图 2-301 所示。

04 输入文字，此时输入的文字呈现出空白状态，显示出背景图案，如图 2-302 所示。

图 2-301

图 2-302

05 单击工具选项栏右侧的"提交所有当前
编辑"按钮，退出蒙版状态，此时输入的
文字轮廓转换为选区，如图2-303所示。

图 2-303

06 选择工具箱中的"矩形选框工具"，将光
标移动到画面中文字选区的内部，光标
发生变化，如图2-304所示。

图 2-304

07 此时拖动鼠标，可以将文字选区整体移
动到画面中的任何位置，如图2-305所示。

图 2-305

08 在工具箱中将前景色设置为白色，执行
菜单栏中的"编辑/填充"命令，打开"填
充"对话框，在对话框中设置使用为"前
景色"，其他各选项保持默认设置，单击
"确定"按钮，如图2-306所示。

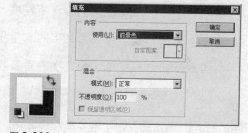

图 2-306

09 画面中文字选区被填充为白色，按
【Ctrl+D】组合键取消选区，如图2-307所示。

图 2-307

Tip 技巧提示

　　文字蒙版是以输入文字的轮廓为基准创建蒙
版的，不具有文字的属性，因此文字蒙版转换为
选区之后，无法再编辑文字对象，所以设置都应
在退出文字蒙版之前完成。

　　另外，通过文字工具输入文字，然后按住
【Ctrl】键单击文字图层的缩览图，也可以载入文
字轮廓选区，进行各种编辑，所以文字蒙版工具
并不常用。

2.10.3 文字也能变形——文字变形功能

文字变形功能是 Photoshop 软件的特色功能之一，以往在矢量绘图软件中才能实现的变形效果，在 Photoshop 中也可以轻松实现了。

在文字系列工具的选项栏中，单击"创建文字变形"按钮，将打开"变形文字"对话框，在其中可以设置文字变形的相关选项。

"变形文字"对话框如图 2-308 所示，对话框中的具体选项详解如下。

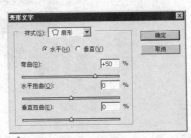

图 2-308

"样式"下拉列表框：单击右侧的下拉按钮将弹出其下拉列表，在其中可选择文字变形的样式，共有"扇形"、"下弧"、"上弧"、"拱形"和"凸起"等 15 种样式。

"水平"/"垂直"单选项：设置文字为水平变形或垂直变形。

"弯曲"栏：可设置文字的弯曲程度。

"水平扭曲"栏：可设置文字的水平扭曲程度。

"垂直扭曲"栏：可设置文字的垂直扭曲程度。

下面我们来讲解使用"变形文字"对话框变形文字的方法。

01 打开附书光盘"CD/ 第 2 章 /2-35.jpg"文件，如图 2-309 所示。

02 选择工具箱中的"横排文字工具"，在工具选项栏中设置字体、字号，如图 2-310 所示。

图 2-309

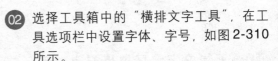

图 2-310

03 单击工具选项栏右侧的"设置文本颜色"按钮，打开"拾色器"对话框，在其中选取黑色，如图 2-311 所示。

04 在画面中单击并输入文字。然后单击工具选项栏右侧的"提交所有当前编辑"按钮，完成文字的输入，如图 2-312 所示。

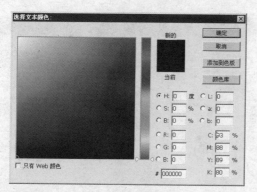

图 2-311

图 2-312

05 单击工具选项栏右侧的"创建文字变形"按钮，打开"变形文字"对话框，单击"样式"下拉按钮，弹出其下拉列表，选择"扇形"样式，如图 2-313 所示。

06 此时，"样式"栏中的各选项被激活，使用鼠标拖动滑块，设置弯曲数值为"50%"，其他设置保持不变，如图 2-314 所示。

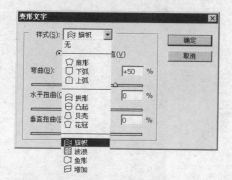

图 2-313

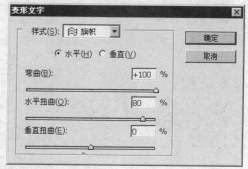

图 2-314

07 单击"确定"按钮，得到的文字变形效果如图 2-315 所示。

08 再重复几次，将更多的文字添加到画面中，并且进行文字变形操作，效果如图 2-316 所示。

图 2-315

图 2-316

"文字变形"对话框提供了15种变形样式，这些样式的数值都可以调整，可得到不同的变形效果。下面以横排文字变形为例，介绍这15种变形样式，如图2-317所示。

扇形

下弧

上弧

拱形

凸起

贝壳

花冠

旗帜

波浪

鱼形

增加

鱼眼

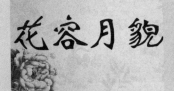

膨胀

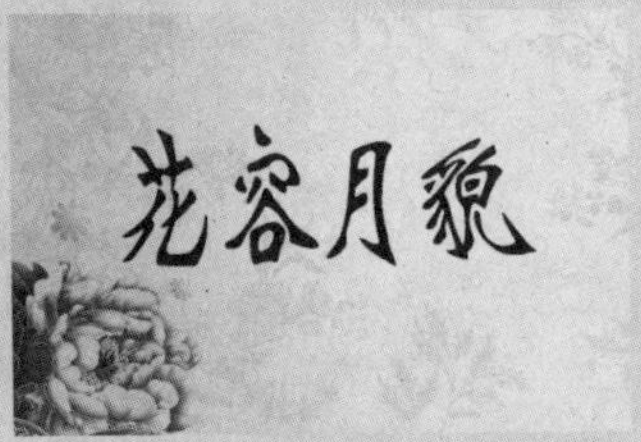

挤压

扭转

图2-317

2.11 制作简单的图形

在 Photoshop 中除了可以使用"钢笔工具"绘制形状外，还可以使用形状系列工具绘制各种形状。形状系列工具是将一些常用的、有趣的图形保存起来，以便用户轻松地使用，创建形状。创建的形状可以是简单的矩形、椭圆形和多边形，也可以是略微复杂的图案，并且用户可以自己设定创建的形状为矢量的路径或位图模式的图像，因此用途十分广泛。

下面我们选择"矩形工具"，此时的工具选项栏如图 2-318 所示。

图 2-318

工具选项栏中的部分选项的具体功能详解如下。

：从左到右的按钮分别是"形状图层"、"路径"和"填充像素"按钮。单击"形状图层"按钮可以创建包含路径的新图层，也可以进行路径的变换和图层样式的设置和修改；单击"路径"按钮可以创建一个路径，功能相当于使用"钢笔工具"绘制图形；"填充像素"按钮用于在绘制的形状中填充颜色，因此只能创建位图形状的图像，而不能创建矢量的形状图层或者路径，如图 2-319 所示。

图 2-319

快速选取工具按钮：其中包含了绘制路径需要的工具快捷按钮，只要单击相应的按钮，即可在这几个工具之间进行切换，与工具箱中相应的工具按钮的功能相同。通过工具按钮右侧的下拉按钮，可以在弹出的下拉列表中设置工具的"几何选项"，对工具属性做进一步设置，如图 2-320 所示。

矩形选项
- ⊙ 不受约束
- ○ 方形
- ○ 固定大小　W:　　　H:
- ○ 比例　W:　　　H:
- □ 从中心　　　□ 对齐像素

自定形状选项
- ⊙ 不受约束
- ○ 定义的比例
- ○ 定义的大小
- ○ 固定大小　W:　　　H:
- □ 从中心

多边形选项
- 半径:
- □ 平滑拐角
- □ 星形
- 缩进边依据:
- □ 平滑缩进

图 2-320

按钮：单击该按钮，工具选项栏中的"颜色"按钮中的颜色与当前创建的形状图层的颜色一致，改变颜色时，形状图层的颜色也会随之改变，与工具箱中的前景色无关。不单击该按钮，工具选项栏中的"颜色"按钮中的颜色与工具箱中的前景色保持一致，会随着前景色的改变而改变。

"样式"栏：单击右侧的按钮，打开"样式"下拉列表，根据需要选择样式即可。

"颜色"按钮：单击可以打开"拾色器"对话框，在其中可设置绘制对象的颜色。

圆角矩形、椭圆和多边形工具的选项栏与"矩形工具"的选项栏大致相同，其中"椭圆工具"与"矩形工具"的完全相同，而"圆角矩形工具"多了一个"半径"文本框，用于输入数值设置圆角半径，如图 2-321 所示；"多边形工具"则多了一个"边"文本框，用于输入数值设置多边形的边数，如图 2-322 所示。

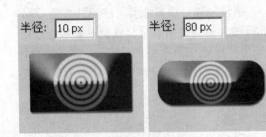
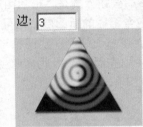

图 2-321

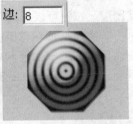

图 2-322

2.11.1 制作简单的图形——矩形、圆角矩形、椭圆与多边形工具

形状系列工具的基本使用方法非常简单，用户通过单击相应的按钮进行创建即可。无论是"矩形工具"、"椭圆工具"，还是"多边形工具"，使用方法都相同，只要稍微设置工具属性，即可创建用户需要的形状。

01 执行菜单栏中的"文件/新建"命令，打开"新建"对话框，输入数值，单击"确定"按钮，如图 2-323 所示。

02 选择工具箱中的"矩形工具"，在工具选项栏中设置工具属性，如图 2-324 所示。

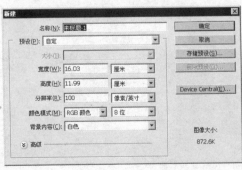

图 2-323

图 2-324

03 在画面中单击鼠标并沿对角线方向拖曳，绘制矩形形状，如图 2-325 所示。

图 2-325

04 释放鼠标，画面中出现黑色矩形形状。此时，在"图层"面板中出现相应的形状图层"形状 1"，如图 2-326 所示。

图 2-326

05 选择工具箱中的"圆角矩形工具"，在工具选项栏中设置工具属性，然后在画面中拖曳鼠标，绘制圆角矩形，如图 2-327 所示。

图 2-327

06 选择工具箱中的"路径选择工具"，在画面中单击刚刚绘制的圆角矩形，然后按住【Shift】键，选择矩形路径，如图 2-328 所示。

图 2-328

07 选择工具箱中的"圆角矩形工具"，在工具选项栏中单击"样式"下拉按钮，打开"样式"下拉列表，在其中选择样式，如图 2-329 所示。

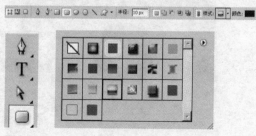

图 2-329

08 此时，画面中的形状变为所选的样式效果，如图 2-330 所示，取消选择路径。

图 2-330

09 选择工具箱中的"多边形工具",在工具
选项栏中设置工具属性,选择形状样式,
如图 2-331 所示。

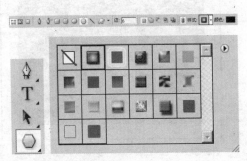

图 2-331

10 按住【Shift】键在画面中心单击,拖动创
建形状,释放鼠标,得到设置了样式的形
状图层,如图 2-332 所示。

图 2-332

11 选择工具箱中的"移动工具",将绘制的
多边形移动到画面的居中位置,取消选
择多边形,如图 2-333 所示。

图 2-333

12 选择工具箱中的"椭圆工具",在工具选
项栏中设置工具属性,如图 2-334 所示。

图 2-334

13 在画面中按住【Shift】键拖曳鼠标,绘制
正圆形状,如图 2-335 所示。

图 2-335

14 选择工具箱中的"路径选择工具",选择
刚刚绘制的正圆形状路径,将其移动到
多边形形状的中央,如图 2-336 所示。

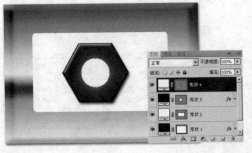

图 2-336

Tip 技巧提示

　　在绘制一个形状之后，再次绘制的形状处于前一形状的相同图层，还是新建形状图层，可在工具选项栏中进行设置，在单击"创建新的形状图层"按钮后，新建的形状创建在一个独立的形状图层中，而单击"添加到形状区域"、"从形状区域减去"、"交叉形状区域"和"重叠形状区域除外"按钮时，拖动创建的形状会处于当前选择的形状图层中，如图2-337所示。

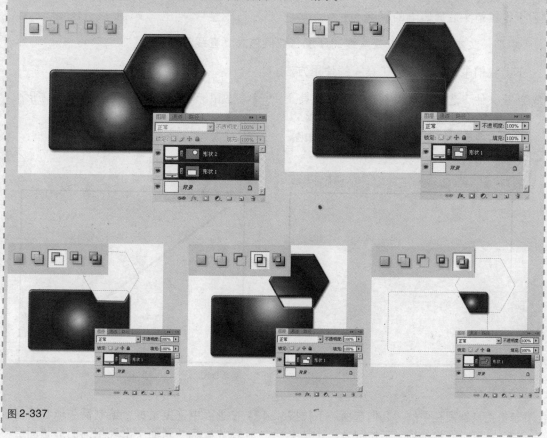

图 2-337

2.11.2　可以设定粗细的直线——直线工具

　　"直线工具"可以绘制基本的直线，还可以绘制箭头形状和路径。下面我们讲解"直线工具"的使用方法，并制作简单的箭头图形。

　　下面我们选择"直线工具"，此时的工具选项栏如图2-338所示。

图 2-338

　　工具选项栏中的部分选项的具体功能详解如下。

　　　：从左到右的按钮分别是"形状图层"、"路径"和"填充像素"按钮，与"矩形工具"等的选项栏中的按钮相同，这里不再重复叙述。

快速选取工具按钮：包含了绘制路径需要的工具快捷按钮，只要单击相应的按钮，即可在这几个工具之间进行切换，与工具箱中相应的工具按钮的功能相同。

"几何选项"下拉按钮：其下拉列表用于设置箭头选项。勾选"起点"复选框，将在直线起点添加箭头；勾选"终点"复选框，将在直线终点添加箭头；"宽度"文本框用于设置箭头宽度和线段宽度的比值；"长度"文本框用于设置箭头长度和线段宽度的比值；"凹度"文本框用于设置箭头后面凹陷的程度。

"粗细"文本框：用于设置直线的厚度，数值越大，直线越粗。

下面我们来讲解"直线工具"的使用方法。

01 新建文件，选择工具箱中的"直线工具"，在工具选项栏中设置粗细为"7px"，在画面中单击拖曳鼠标，绘制形状，如图2-339所示。

02 释放鼠标，直线绘制完成，如图2-340所示。

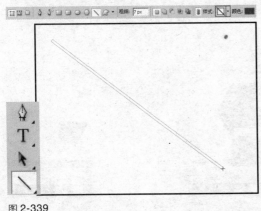

图2-339

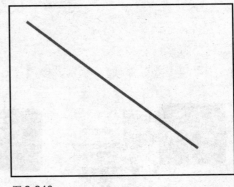

图2-340

03 单击工具选项栏中的"几何选项"下拉按钮，打开"几何选项"下拉列表，在其中可设置箭头属性，然后在工具选项栏中将粗细设置为"7px"，如图2-341所示。

04 在画面中拖曳鼠标，绘制箭头形状路径。释放鼠标，画面中出现相同的形状图层，如图2-342所示。

图2-341

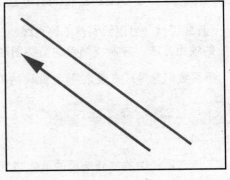

图2-342

2.11.3 使用现成的形状——自定形状工具

使用"自定形状工具"可以绘制一些不规则的较为复杂的形状或者路径，在工具选项栏中有多种图案供用户选择，用户还可以自行将绘制的图案定义保存在"自定形状"列表框中，便于以后使用。此外，使用方法与其他形状工具相同。

01 新建文件，背景色设置为灰色，选择工具箱中的"自定形状工具"，在工具选项栏中单击"几何选项"下拉按钮，在弹出的下拉列表中选中"定义的比例"单选项，如图 2-343 所示。

02 单击工具选项栏中的"形状"下拉按钮，打开"形状"下拉列表，在其中的列表框中选择形状，如图 2-344 所示。

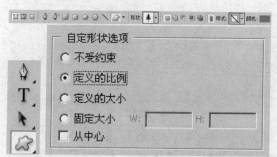

图 2-343

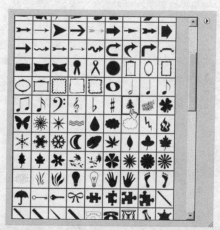

图 2-344

03 在画面中单击并拖曳鼠标，由于已经设置为固定的比例，所以只需拖动鼠标，即可绘制等比例的路径，如图 2-345 所示。

04 释放鼠标，画面中绘制的路径变为填充颜色的形状，如图 2-346 所示。

图 2-345

图 2-346

Tip 技巧提示

　　"形状"列表框内有各种常用形状，选择需要的形状进行绘制即可。另外，单击列表框右上角的三角按钮，在弹出的下拉菜单中，还隐藏着多种形状图案，它们以种类划分，列在菜单中，如图2-347所示。

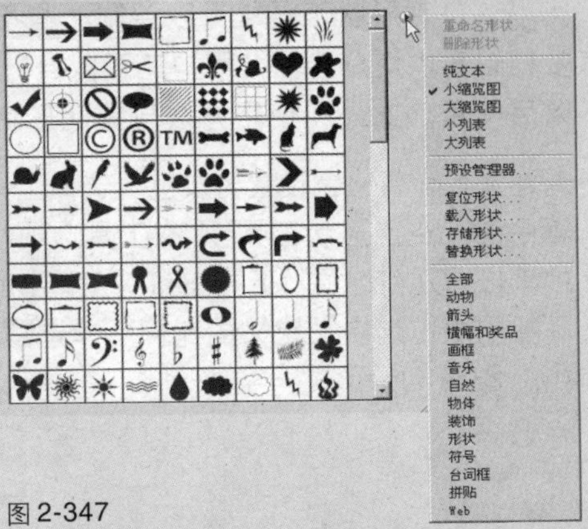

　　选择相应的命令即可弹出提示对话框，询问是否用选择的形状替换当前形状，用户可以根据情况进行选择，如图2-348所示。

　　当用户选择下拉菜单中的"全部"命令时，可将所有的自带形状载入，供用户挑选使用。

　　当用户选择下拉菜单中的"复位形状"命令时，可将列表框中的形状恢复为系统默认设置，如图2-349所示。

图2-347

　　另外，用户还可以将自己制作好的矢量图形保持为自定形状，供以后使用。方法是绘制好图形后，执行菜单栏中的"编辑 / 定义自定形状"命令，在打开的"形状名称"对话框中单击"确定"按钮，如图2-350所示。随后，在"形状"列表框中即可出现添加的新形状。

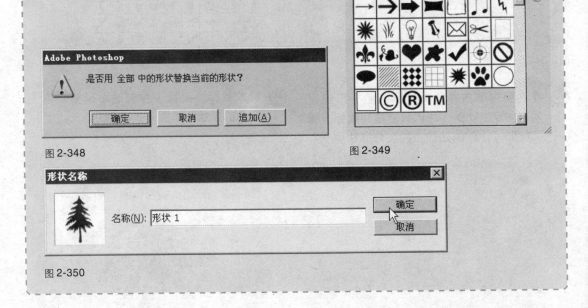

图2-348

图2-349

图2-350

Chapter 03

精确修整品质与色彩

　　本章将具体讲解修整图像色彩的工具，从了解图像模式开始，继而处理模糊的图像，以及用色阶命令调整图像的清晰度等，同时也讲解了调整图像色调的多种方法，具体的操作方法及技巧请参照相关的章节学习。

3.1 图像有哪几种颜色模式

一张图片，最突出的特点就是颜色，使人能够清楚地了解图像传达的信息。Photoshop 中的图片都具有某种颜色格式，具有不同的特点，我们称之为颜色模式。这些不同颜色模式的图片分别适用于不同的情况，有用于印刷排版的，也有用于电脑显示的，表现出来的彩色效果也不相同。

在 Photoshop 中，颜色模式可以决定显示和打印 Photoshop 文件的颜色，以描述和重现颜色的模型为基础。那么到底都有哪些颜色模式，又怎样使用颜色模式呢？下面我们具体讲解各种颜色模式，尤其是常用颜色模式的使用方法和特点。

3.1.1 RGB 颜色模式——显示器色彩

RGB 颜色模式是大部分图像软件的基本颜色模式，Photoshop 当然也不例外。RGB 颜色模式通过混合包含所有中间色调的红(R)、绿(G)、蓝(B)三原色，来表现肉眼所能感受的所有色彩，是通常所说的显示器色彩，我们平常看的电视电脑，都是这个颜色模式。

01 打开附书光盘"CD/第3章/3-1.jpg"文件，在图像窗口上部的标题栏中的文件名称后面，括号里显示的就是该图像文件的颜色模式，如图 3-1 所示。

02 另外，执行菜单栏中的"图像/模式"命令，在弹出的子菜单中列出了所有的颜色模式命令，其中当前图像的颜色模式前面有一个对钩，表示是当前的颜色模式，如图 3-2 所示。

图 3-1

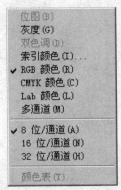

图 3-2

Tip 技巧提示

RGB 颜色模式的图像只使用三种基本颜色，但能在屏幕上显示多达 1670 万种颜色。电脑中默认的显示设置也是 RGB 颜色模式的，它也是 Photoshop 默认的显示颜色。RGB 图像为三通道图像，Photoshop 中的所有命令和滤镜都能够使用该图像。

3.1.2 CMYK 颜色模式——印刷模式

CMYK 颜色模式是一种印刷模式，广泛应用于印刷排版行业。CMYK 图像由印刷分色的青(C)、洋红（M）、黄（Y）和黑（K）四种颜色组成，在 Photoshop 中也经常会用到此颜色模式，不过，由于是印刷模式，在颜色显示上不如 RGB 颜色模式表现广泛，而且在软件中有些命令和滤镜不能使用 CMYK 颜色模式的图像，所以一般先使用 RGB 颜色模式进行图像处理，然后再转换为 CMYK 颜色模式。

01 打开附书光盘"CD/第 3 章/3-2.jpg"文件，在图像窗口上部的标题栏中的文件名称后面，括号里显示的就是该图像文件的颜色模式，如图 3-3 所示。

图 3-3

03 如果想转换颜色模式，只有执行菜单栏中的"图像/模式"命令，在弹出的子菜单中选择想要转换的模式，即可转换颜色模式，如图 3-5 所示。

图 3-5

02 执行菜单栏中的"图像/模式"命令，在弹出的子菜单中列出了所有的颜色模式命令，其中本图像的颜色模式前面有一个对钩，代表当前的颜色模式，如图 3-4 所示。

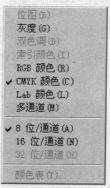

图 3-4

Tip 技巧提示

　　CMYK 颜色模式使用四种颜色，为四通道颜色。无论是 RGB 颜色模式还是 CMYK 颜色模式，都可以在"通道"面板中显示图像的颜色通道，如图 3-6 所示。

图 3-6

3.2 了解图像的调整命令

　　在 Photoshop 中提供了多个图像色彩调整命令，可以方便地对图像的色相、饱和度、亮度和对比度等进行调节，从而修改色彩失衡和曝光度不足等缺陷，也可以根据色彩的控制来制作特殊的视觉效果。

　　在控制色彩时可以执行"图像/调整"命令，在其子菜单中为用户提供了一系列的调整命令，为了更加方便快捷地进行调整，在 Photoshop CS4 版本中新增加了一个"调整"面板，可以在其中更方便地进行设置。

　　"调整"面板以图标按钮的形式集成了色彩和色调调整的主要命令，当单击某个调整按钮后，会在"图层"面板中自动添加对应的调整图层，并可以利用实时和动态的"调整"面板进行参数选项的设置。另外，"调整"面板还增加了新的调整命令和很多图像调整预设选项，用户可以轻松使用这些图标按钮和预设选项快速调整出需要的图像效果，大大地简化了图像调整的过程。执行"窗口/调整"命令，就可以打开"调整"面板，如图 3-7 所示。其中，面板的上半部分为各种调整图标按钮，下半部分为预设的调整设置选项，"调整"面板中的具体功能详解如下。

图 3-7

　　"亮度/对比度"按钮：可以对图像的色调范围进行简单的调整。

　　"色阶"按钮：通过为单个颜色通道设置像素分布来调整色彩平衡。

　　"曲线"按钮：针对单个通道，对高光、中间调和阴影的调整最多可提供 14 个控制点。

　　"曝光度"按钮：通过在线性颜色空间中进行计算来调整色调，曝光度主要用于 HDR 图像。

　　"自然饱和度"按钮：调整颜色饱和度，以使颜色接近最大饱和度时最大限度地减少颜色修剪。

　　"色相/饱和度"按钮：可调整整个图像或单个颜色分量的色相、饱和度和亮度值。

　　"色彩平衡"按钮：可更改图像中所有的颜色混合。

　　"黑白"按钮：可将彩色图像转换为灰度图像，同时保持对各颜色的转换方式的完全控制。

　　"照片滤镜"按钮：通过模拟在相机镜头前使用 Kodak Wratten 或 Fuji 滤镜时所达到的摄影效果，来调整颜色。

　　"通道混合器"按钮：可修改颜色通道并使用其他颜色调整工具不易实现的色彩进行调整。

　　"反相"按钮：可反转图像中的颜色。

　　"色调分离"按钮：可以指定图像中每个通道的色调级数目，然后将像素映射到最接近的匹配级别。

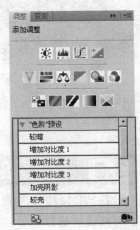

图 3-8

　　"阈值"按钮：可将灰度或彩色图像转换为高对比度的黑白图像，可以指定某个色阶作为阈值。所有比阈值亮的像素转换为白色，而所有比阈值暗的像素转换为黑色。

　　"渐变映射"按钮：可将相等的图像灰度范围映射到指定的渐变填充颜色。

　　"可选颜色"按钮：调整单个颜色分量的印刷色数量。

　　预设列表：在"调整"面板中，为用户提供了各种预设的调整设置选项。在 Photoshop CS4 版本中，这些预设选项被集合到"调整"面板中，可以在其中选择相应的选项，如图 3-8 所示。

3.3 制作黑白图像的不同方式

在照相馆或图片社洗照片时，我们可以要求洗成黑白照片，在 Photoshop 软件里，也有能够将彩色图片转换为黑白图片的方法，而且方法不只一种，如灰度模式、位图模式或者去色等，都可以很容易地去掉图片的颜色，不过这几种方法的效果却不尽相同，要想知道哪种是我们需要的效果，学习一下就知道了。

3.3.1 轻松制作黑白照片——灰度模式

灰度模式是通过 256 种无彩色来表现黑白图像效果的，即使用各种灰色表现图像画面的层次效果，整体由黑白及中间的灰色组成，转换起来也非常简单。

01 打开附书光盘"CD/第3章/3-3.jpg"文件，如图 3-9 所示。

02 执行菜单栏中的"图像/模式/灰度"命令，如图 3-10 所示。

图 3-9

图 3-10

03 弹出提示对话框，询问是否扔掉颜色信息，单击"扔掉"按钮，如图 3-11 所示。

04 得到转换为灰度的图像效果，如图 3-12 所示。

图 3-11

图 3-12

Tip 技巧提示

当图像转换为灰度模式后，图像标题栏中的文件名称后面会自动更改颜色模式，如图 3-13 所示，而"图像"菜单中的"模式"子菜单下，也会在"灰度"命令前出现对钩，代表当前图像的颜色模式。

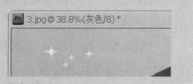

图 3-13

3.3.2 转换为粗糙的黑白照片——位图模式

位图模式与灰度模式并不一样。位图模式是通过黑白两种颜色以点状表示的图像效果，所以就效果来说要比灰度图像粗糙许多，不过虽然不能完全再现图像的细腻程度，却可以制造出别具一格的图像效果。

执行菜单栏中的"图像/模式/位图"命令，可以打开"位图"对话框，如图3-19所示，对话框中的部分选项详解如下。

"使用"下拉列表框中的选项，可以制作不同效果的黑白图像，选择"50%阈值"、"图案仿色"、"扩散仿色"和"自定图案"选项的图像效果如图3-14所示。

50%阈值　　　　　　图案仿色　　　　　　扩散仿色　　　　　　自定图案

图3-14

而在"使用"下拉列表框中选择"半调网屏"选项时，会打开"半调网屏"对话框，在其中可以设置网屏的频率、角度和形状等，如图3-15所示。

在"频率"文本框中可以设置半调网屏的频率，数值越高，图像越细腻，如图3-16所示，还可在其后的下拉列表框中设置频率的单位，有"线/英寸"和"像素/厘米"两个选项。

图3-15　　　　　　　　　　　　　　　　图3-16

在"角度"文本框中可输入数值设置网屏的角度。

"形状"下拉列表框中有"圆形"、"菱形"、"椭圆"、"直线"、"方形"和"十字线"六种模式，选择不同的模式可以得到不同的图案效果。

位图模式不能由彩色模式直接转换，需要先转换为灰度模式，然后才能转换为位图模式，可以自行设置转换位图时的分辨率及方式，制作各种效果。

现在就来简单地介绍如何将图像转换为位图的方法。

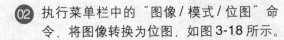

① 打开上一页转换为灰度模式的图像，如图3-17所示。

② 执行菜单栏中的"图像/模式/位图"命令，将图像转换为位图，如图3-18所示。

图 3-17

图 3-18

03 打开"位图"对话框，设置输出分辨率，并且单击"使用"下拉列表框右侧的下拉按钮，在弹出的下拉列表中选择"图案仿色"选项，单击"确定"按钮，如图 3-19 所示。

04 图像已经变为黑白两色的了，为"图案仿色"模式，如图 3-20 所示。

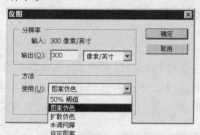

图 3-19

图 3-20

3.3.3 只将所需的区域转换为黑白——去色

将图像转换为灰度或者位图模式，固然可以得到黑白图像，不过这两种颜色模式下的图像很多功能不能使用，很有局限性。如果图像还要进行其他编辑操作，那么这两种方式都是不适合的。Photoshop 提供了另一种色彩转换方式——去色。"去色"方式可以在 RGB 颜色模式下只将图像转换为黑白，而不影响其他功能的使用，另外，还可以设置选区，进行特定区域内的图像去色操作。

01 打开附书光盘"CD/ 第 3 章 /3-4.jpg"文件，如图 3-21 所示。

02 选择工具箱中的"魔棒工具"，在工具选项栏中设置容差为"32"，勾选"连续"复选框，如图 3-22 所示。

图 3-21

图 3-22

03 单击图片的背景部分，将背景载入选区，如图 3-23 所示。

04 执行菜单栏中的"选择/反向"命令，反向选区，选区变为图像主题轮廓，如图 3-24 所示。

图 3-23

图 3-24

05 执行菜单栏中的"图像/调整/去色"命令，将去掉图像选区部分的彩色，此时图像选区变为灰度图像，如图 3-25 所示。

06 执行菜单栏中的"选择/取消选择"命令，或者按【Ctrl+D】组合键取消选区，得到部分去色的图像效果，如图 3-26 所示。

图 3-25

图 3-26

3.3.4　制作双色调照片——双色调模式

　　双色调模式，顾名思义，是可以将图像转换为两种色调的图像效果，使用的颜色可以自行设定，从而制作出各种色调的图像效果，改变照片风格。事实上，双色调模式不只可以制作两种色调模式的图片，还可以制作出三种色调甚至四种色调的图像效果。下面我们就来使用双色调模式改变照片风格。

01 打开附书光盘"CD/第 3 章 /3-5.jpg"文件，如图 3-27 所示。

02 执行菜单栏中的"图像/模式/灰度"命令，在弹出的提示对话框中单击"扔掉"按钮，得到灰度图像，如图 3-28 所示。

图 3-27

图 3-28

03 执行菜单栏中的"图像／模式／双色调"命令，此时"双色调"命令为激活状态，如图 3-29 所示。

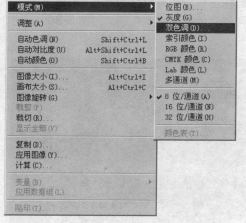

图 3-29

04 在打开的"双色调选项"对话框中，在"类型"下拉列表框中选择"双色调"选项，如图 3-30 所示。

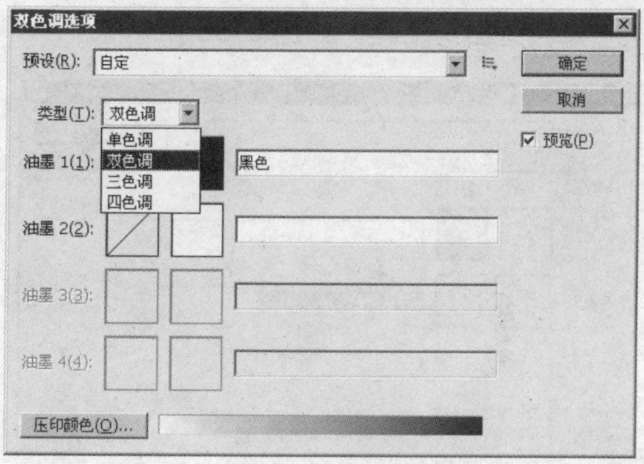

图 3-30

05 此时，对话框中的"油墨 1"和"油墨 2"栏都被激活，单击"油墨 2"的颜色按钮，如图 3-31 所示。

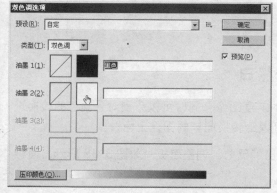

图 3-31

06 在打开的"颜色库"对话框中，单击或者拖动颜色条，选择颜色范围，在左侧的色库中选择需要的颜色，然后单击"确定"按钮退出对话框，如图 3-32 所示。

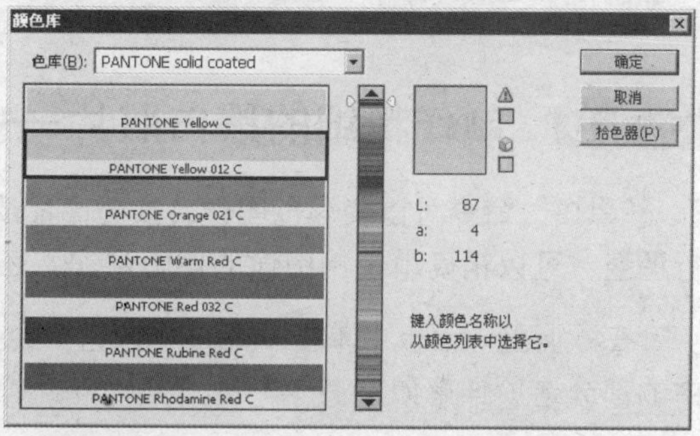

图 3-32

07 此时, "油墨2"已经出现选取的颜色, 单击颜色按钮前面的画有对角线的方框按钮, 如图 3-33 所示。

08 打开"双色调曲线"对话框, 使用鼠标单击并拖动左侧的曲线, 调整图像, 完成后单击"确定"按钮, 如图 3-34 所示。

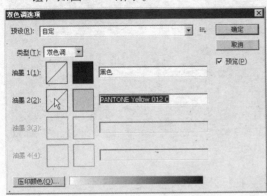

图 3-33

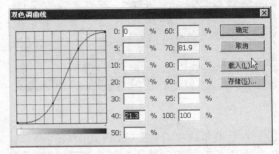

图 3-34

09 回到"双色调选项"对话框, 此时"油墨2"的对角线方框已经改变, 单击"确定"按钮退出对话框, 如图 3-35 所示。

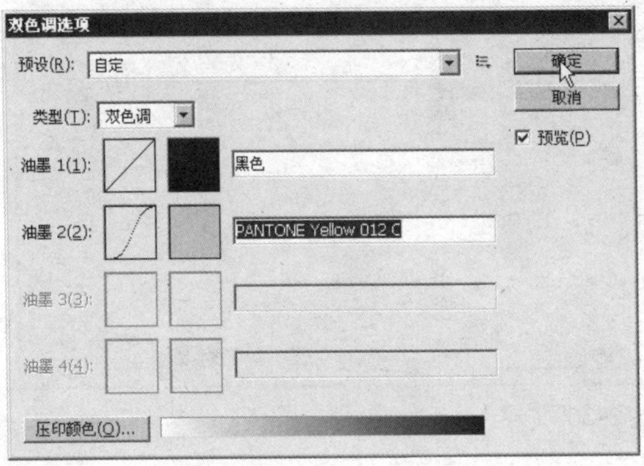

10 图像已经转换为双色调模式, 应用选取的两种颜色作为图像色调, 如图 3-36 所示。

图 3-35

图 3-36

Tip 技巧提示

同位图模式一样, 彩色图片不能直接转换为双色调模式, 需要先转换为灰度模式, 然后从灰度模式再转换为双色调模式。

3.3.5 制作精细的黑白照片——黑白

"黑白"命令可以使彩色图像转换为高品质的灰度图像, 同时可以分别对各颜色的转换进行调整, 可以精确地控制图像的明暗层次, 还可以给转换完毕的图像上色。

在"调整"面板中单击"黑白"按钮, 会弹出"黑白"调整面板, 如图 3-39 所示, 面板中的部分选项详解如下。

"黑白"下拉列表框: 单击"默认值"右侧的下拉按钮, 弹出"黑白"下拉列表, 在该下拉列表中包含了"黑白"的预设列表，可以根据需要进行选择。

颜色调整选项区域：在该选项区域中有"红色"、"黄色"、"绿色"、"青色"、"蓝色"和"洋红"六个颜色调整选项，每个颜色调整选项对应着图像转换前彩色部分的颜色，调整某个颜色的数值，图像中对应部分的亮度会随之改变。

"色调"复选框：勾选此复选框可以为转换的灰度图像添加颜色。单击右边的颜色按钮，将打开"拾色器"对话框，在其中选取要添加的颜色即可。

下面我们来讲解使用"黑白"命令调整图像的方法。

01 打开附书光盘"CD/第3章/3-6.jpg"文件，如图3-37所示。

02 在"调整"面板中单击"黑白"按钮或在"'黑白'预设"列表中选择一个选项，也可以从面板菜单中选择"黑白"命令，如图3-38所示。

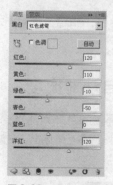

图3-37

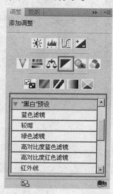

图3-38

03 弹出"黑白"调整面板，在其中移动下方的各颜色滑块设置参数，如图3-39所示。

04 勾选"色调"复选框，图像颜色变成棕褐色，效果如图3-40所示。

图3-39

图3-40

Tip 技巧提示

"图像/调整/黑白"命令与"调整"面板中的"黑白"按钮的功能基本相同，执行"图像/调整/黑白"命令将打开"黑白"对话框。"黑白"对话框比"调整"面板的"黑白"调整面板在色调调整上多了"色相"和"饱和度"选项。另外，执行"调整"面板菜单中的"黑白"命令时将自动创建图层，而执行"图像/调整/黑白"命令时将在原图上变化，"图像/调整/黑白"命令的快捷键是【Alt+Shift+Ctrl+B】。

3.3.6 制作带有两个值的黑白图像——阈值

"阈值"命令将灰度或彩色图像转换为只有黑白两种颜色的黑白图像，可以指定某个色阶作为阈值，所有比阈值亮的像素转换为白色，而所有比阈值暗的像素转换为黑色。

01 打开附书光盘"CD/第3章/3-7.jpg"文件，单击"调整"面板中的"阈值"按钮，如图3-41所示。

02 弹出"阈值"调整面板，通过调整"阈值"选项的数值，可以调整转换后图像中的白色区域和黑色区域的比例，可以看到图像中所有亮度值小于"阈值"数值的像素都变成了黑色，而所有亮度值大于"阈值"数值的像素都变成了白色，如图3-42所示。

图 3-41

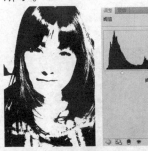

图 3-42

3.4 不让照片再模糊下去

Photoshop可以将模糊不清的照片调整清晰，这是很常见的调整操作。作为强大的图像处理软件，可以调整各种图片的属性，修改图片质量，本节我们将学习色调的调整工具，初级的图片处理方法——亮度/对比度与自动对比度，中级的处理方法——色阶和自动色调，以及高级的处理方法——曲线和曝光度。

这些方法都可以调整图像的清晰程度，操作难度不同，只要认真学习，相信大家都能够掌握这些工具的使用时机和作用，提高图像的质量，改善图像的效果。

3.4.1 初级制作清晰的照片——亮度/对比度与自动对比度

"亮度/对比度"命令是调整图像常用的方法之一，可以调整图像的亮度和色彩对比度，但是其调整范围较大，效果明显，不适用于细节或者中间色调的调整。对于颜色较暗或者较亮的图像，可以调整亮度；对于颜色反差不大的图像，可以调整对比度。

01 打开附书光盘"CD/第3章/3-8.jpg"文件，如图3-43所示。

图 3-43

02 在"调整"面板中单击"亮度/对比度"按钮，也可以从面板菜单中选择"亮度/对比度"命令，如图 3-44 所示。

03 弹出"亮度/对比度"调整面板，在其中移动滑块设置参数，也可以直接输入数值，参数设置如图 3-45 所示。

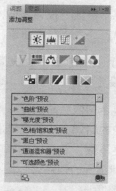

图 3-44

图 3-45

04 设置完毕，可以看到调整后的图像效果，比原图更加清晰，效果如图 3-46 所示。

对于调整图像不太自信的用户，可以使用 Photoshop 提供的"自动对比度"命令，自动调整图像的对比度，这样既快捷又方便。不过，这种效果并非完全理想，所以用户应根据情况使用。

图 3-46

05 执行菜单栏中的"编辑/还原修改亮度/对比度图层"命令，或者按【Ctrl+Z】组合键，还原图像。执行菜单栏中的"图像/自动对比度"命令，如图 3-47 所示。

图 3-47

06 得到自动调整后的图像效果，如图 3-48 所示。

图 3-48

3.4.2　强力推荐制作清晰照片的方法——色阶与自动色调

"色阶"命令是调整图像色调的主要手段之一，可以调整图像整体的黑白灰色调，从而调整图像整体的清晰程度，这种方法需要一定的技术水平，往往水平越高，调整出来的图片效果就越好。

在"调整"面板中单击"色阶"按钮，会弹出"色阶"调整面板，如图 3-49 所示，面板中的部分选项详解如下。

"色阶"下拉列表框：单击"默认值"右侧的下拉按钮，弹出"色阶"下拉列表，在该下拉列表中包含了"色阶"的预设列表，可以根据需要进行选择，使操作更加方便快捷。

　　颜色通道下拉列表框：单击该下拉列表框，选择需要应用调整的颜色通道，默认状态下为 RGB 通道。

　　输入色阶文本框：显示图表中三个滑块指示的相对数值，也可以手动输入数值设定色阶。

　　柱状图：以图表方式显示图像色阶的分布情况，图表下方的三个滑块分别对应图像的暗调、中间色调和亮调，中间的滑块用于调整图像的灰度系数，它可以调整中间色调（色阶 128）并更改灰色调中间范围的强度值，但不会明显改变高光和阴影，拖动即可调整色阶。

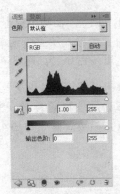

图 3-49

　　输出色阶：通过滑块可调整图像整体的亮度，也可以在下方手动输入数值设定色阶。

　　"自动"按钮：单击该按钮，可通过自动调整对比度来设置图像。另外，在面板菜单中选择"自动选项"命令，将打开"自动颜色校正选项"对话框，从中可设置校色选项参数，如图 3-50 所示。

　　"设置黑场"、"设置白场"和"设置灰场"吸管工具：可设置图像的黑场、白场和灰场。当选择"设置黑场"吸管工具时，单击画面中的一点，会将指定位置的颜色设置为黑色；当选择"设置白场"吸管工具时，单击画面中的一点，会将

图 3-50

指定位置的颜色设置为白色；当选择"设置灰场"吸管工具时，在图像中单击，即可将指定位置的颜色设置为灰色。双击各个按钮，都可以打开"拾色器"对话框，输入要指定的值后单击"确定"按钮，然后单击图像中相应的部分即可。使用"吸管工具"将取消以前进行的任何色阶调整。 如果打算使用各吸管工具，则最好先使用它们，然后再用"色阶"滑块进行微调。

　　"自动色调"命令在 Photoshop CS4 版本中与"自动对比度"、"自动颜色"命令一起被放置在"图像"菜单下，如图 3-51 所示。"自动色调"与"色阶"调整面板中的"自动"按钮的功能相同，效果如图 3-52 所示，"自动色调"命令的快捷键是【Shift+Ctrl+L】。

图 3-51

图 3-52

下面我们来讲解使用"色阶"命令调整图像的方法。

01 打开附书光盘"CD/第3章/3-9.jpg"文件，如图3-53所示。

02 在"调整"面板中单击"色阶"按钮或在"'色阶'预设"列表中选择一个选项，也可以从面板菜单中选择"色阶"命令，如图3-54所示。

图 3-53

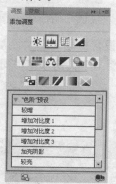

图 3-54

03 弹出"色阶"调整面板，在其中使用鼠标拖动白色滑块，向左移动。拖动的同时查看图像效果，如图3-55所示。

04 最后，拖动中间的灰色滑块，向左移动少许，调整图像的中间色调，完成后的图像效果如图3-56所示。

图 3-55

图 3-56

3.4.3 专家级制作清晰的照片——曲线

可以通过设置颜色曲线来调整图像的亮度和对比度，并且可以按住需要选择的通道进行调整。它可以调整出图像细微的变化，在调整图像时会经常用到。下面，我们结合实例学习这种高级的图像调整技巧。

在"调整"面板中单击"曲线"按钮，会弹出"曲线"调整面板，如图3-57所示，面板中的部分选项详解如下。

颜色通道下拉列表框：单击该下拉列表框，选择需要应用调整的颜色通道，默认状态下为RGB通道。

"曲线"方框：根据左侧的和下部的两个显示条调整曲线，从左下角到右上角为从黑色到白色，以此为依据单击方框内的直线创建调整点，将其调整为曲线，从而改变图像的对比度效果。

"输入" / "输出" 文本框: 光标在方框中移动时, 此处会显示光标所在位置的参数。单击直线创建调整点后, 此处变为输入文本框, 显示当前调整点的位置参数, 并可以手动输入数值以定位调整点。

"曲线" / "铅笔" 按钮: 单击相应的按钮可变换调整方式, 单击"铅笔"按钮可以直接绘制曲线, 根据所绘曲线调整图像。

"设置黑场"、"设置白场"和"设置灰场"吸管工具: 与"色阶"调整面板中相同工具的作用相同, 这里不再重复叙述。

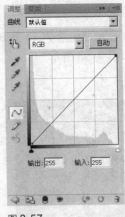

图 3-57

Tip 技巧提示

曲线设置得不同, 图像效果也不相同, 调整时应该根据图像的情况, 仔细比较反复调整, 得到图像的最佳效果。

最多可以为曲线添加 14 个调整点。要删除一个调整点, 可将其拖出方框, 或选中后按【Delete】键, 或按住【Ctrl】键单击该调整点即可, 但不能删除曲线的端点。

下面我们来讲解使用"曲线"命令调整图像的方法。

01 打开附书光盘"CD/ 第 3 章 /3-10.jpg"文件, 如图 3-58 所示。

02 在"调整"面板中单击"曲线"按钮, 也可以从面板菜单中选择"曲线"命令, 如图 3-59 所示。

图 3-58

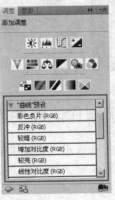

图 3-59

03 在弹出的"曲线"调整面板中, 在方框中的直线上单击, 创建调整点, 然后拖曳直线变为曲线, 如图 3-60 所示。

04 再次单击曲线, 新建调整点, 边拖动边查看图像效果, 效果满意后单击"确定"按钮。随着曲线的变化, 图像的对比度增强, 图像更加清晰了, 如图 3-61 所示。

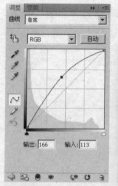

图 3-60

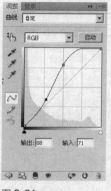

图 3-61

3.4.4 调整光照制作清晰的照片——曝光度

调整曝光度的过程是在线性颜色空间中进行计算，而不是在图像颜色空间中进行计算的，所以可以快速修补照片上的缺陷，或为图像模拟出不同曝光度的效果。

在"调整"面板中单击"曝光度"按钮，会弹出"曝光度"调整面板，如图 3-62 所示，面板中的部分选项详解如下。

"曝光度"下拉列表框：单击"默认值"右侧的下拉按钮，弹出其下拉列表，在该下拉列表中包含了"曝光度"的预设列表，可以根据需要进行选择，使操作更加方便快捷。

图 3-62

"曝光度"栏：用于调整图像色调范围中的高光部分，对极限阴影部分影响很微弱。

"位移"栏：拖动滑块可使阴影和中间调变暗，对高光影响很微弱。

"灰度系数"栏：拖动滑块可设置图像中以颜色中点为分界的亮部和暗部的比例系数。数值越小暗部像素所占图像色阶区域越大，反之亮部像素所占图像色阶区域越大。

下面我们来讲解使用"曝光度"命令调整图像的方法。

01 打开附书光盘"CD/ 第 3 章 /3-11.jpg"文件，如图 3-63 所示。

02 在"调整"面板中单击"曝光度"按钮或在"'曝光度'预设"列表中选择一个选项，也可以从面板菜单中选择"曝光度"命令，如图 3-64 所示，将弹出"曝光度"调整面板。

图 3-63

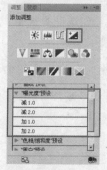

图 3-64

03 在"曝光度"调整面板中设置参数，这里使用曝光度默认的参数，如图 3-65 所示。

04 "曝光度"调整面板的调整效果如图 3-66 所示。

图 3-65

图 3-66

3.5 对图像进行颜色调整

调整图像颜色，除了前面所讲的几种方法外，还有针对图像色相进行调整的命令，可以有效地调整图像中的偏色、缺色等现象，或者一次性调整部分颜色。这些命令都是非常有效的调整色彩的工具，在图像处理中经常使用，下面我们就来分别介绍。

3.5.1 校正突出的颜色——色彩平衡

"色彩平衡"命令是通过调整色相的补色对图像中的突出色彩进行调整的，广泛应用于各种图片的处理。通过对六种互为补色的色相进行区分，拖动滑块进行调整，不仅可以调整中间色调，还可以根据需要对图像的亮部和暗部分别进行调整，非常实用。

在"调整"面板中单击"色彩平衡"按钮，会弹出"色彩平衡"调整面板，如图 3-67 所示，面板中的部分选项详解如下。

"色调"栏：用于设置色彩调整所作用的图像色调范围，包括"阴影"、"中间调"和"高光"三个单选项，默认情况下选中"中间调"单选项。选择的范围不同，图像调整后的效果也就不同。

色彩平衡调整选项区域：在该选项区域中有三对互补色，分别是"青色"和"红色"，"洋红"和"绿色"，"黄色"和"蓝色"，可以通过拖动滑块或在文本框中输入数值来进行调节，输入数值的范围是 -100~100 之间。

"保留明度"复选框：勾选此复选框，在调节色彩平衡的过程中，可以保持图像的亮度值不变。

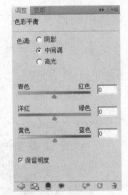

图 3-67

下面我们来讲解使用"色彩平衡"命令调整图像的方法。

01 打开附书光盘"CD/ 第 3 章 /3-12.jpg"文件，如图 3-68 所示。

02 在"调整"面板中，单击"色彩平衡"按钮，或从面板菜单中选择"色彩平衡"命令，如图 3-69 所示，将弹出"色彩平衡"调整面板。

图 3-68

图 3-69

03 在"色彩平衡"调整面板中设置参数，如图 3-70 所示。

04 "色彩平衡"调整面板的调整效果如图 3-71 所示。

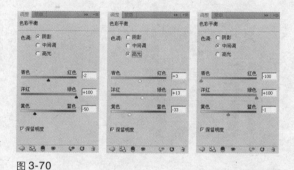

图 3-70

图 3-71

3.5.2 替换颜色——色相/饱和度

使用"色相/饱和度"命令可以调整图像中色彩的色相、饱和度和亮度，可以快速对图像的整体颜色进行色相的修改，还可以控制图像的色彩饱和度，制作鲜艳或者接近灰度的图像效果。另外，通过"着色"复选框可以轻松地为图像上色。

在"调整"面板中单击"色相/饱和度"按钮，会弹出"色相/饱和度"调整面板，如图 3-72 所示，对话框中的部分选项详解如下。

调整色彩范围下拉列表框：该下拉列表框的默认选项为"全图"，在其下拉列表中包含了六种颜色，选择某种颜色时，调整只对当前选中的颜色起作用。

"色相"栏：可拖动滑块或在文本框中输入数值来调整图像的色相。

"饱和度"栏：可拖动滑块或在文本框中输入数值来调整图像的饱和度。

"明度"栏：可拖动滑块或在文本框中输入数值来调整图像的亮度。

吸管工具：选择普通吸管工具后，在普通图像中单击可以设置选择调整的范围，选择带"+"符号的吸管工具可以增加所调整的范围，选择带"-"符号的吸管工具则减少所调整的范围。

图 3-72

颜色控制条：对话框的下部有两个颜色控制条，上面显示的是调整前的颜色，下面显示的是调整后的颜色。滑块中间的颜色区域为当前选择的颜色调整范围，其中中间深灰色部分代表要调整的色彩范围，可以用鼠标拖动它在色谱间的位置，两边的滑块则用来控制颜色变化时颜色过渡的范围。

"着色"复选框：勾选该复选框，图像自动转换为单色状态，并添加前景色的单色调颜色。

下面我们来讲解使用"色相/饱和度"命令来调整图像的方法。

01 打开附书光盘"CD/第3章/3-13.jpg"文件，如图3-73所示。

02 在"调整"面板中单击"色相/饱和度"按钮，也可以从面板菜单中选择"色相/饱和度"命令，如图3-74所示。

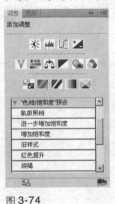

图3-74

图3-73

03 在弹出的"色相/饱和度"调整面板中，拖动"色相"滑块变换颜色，拖动"饱和度"滑块调整饱和度，再拖动"明度"滑块调整亮度，如图3-75所示。

04 图像颜色已经改变，如图3-76所示。

图3-75

图3-76

3.5.3 调整色彩——自然饱和度

在Photoshop CS4版本中，新增了一个自然饱和度色彩调整功能，可在"调整"面板和"图层"面板中创建相应的调整图层来使用，也可以通过"图像/调整/自然饱和度"命令来使用。

"自然饱和度"命令在调整图像饱和度时，会适当地减少和增加饱和度，也就是说饱和度达到一定的程度便不再增加或者减少。用"自然饱和度"命令调整图像时可以防止颜色过饱和。

01 打开附书光盘"CD/第3章/3-14.jpg"文件，如图3-77所示。

02 在"调整"面板中单击"自然饱和度"按钮，也可以从面板菜单中选择"自然饱和度"命令，如图3-78所示。

图 3-77

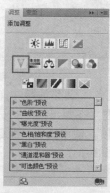

图 3-78

03 弹出"自然饱和度"调整面板，在其中拖动滑块设置参数即可，也可以直接输入数值，参数设置如图3-79所示。

04 设置完毕，可以看到调整后的图像效果，比原图更加亮丽，效果如图3-80所示。

图 3-79

图 3-80

3.5.4 校正打印效果——可选颜色

"可选颜色"命令可以有选择地修改任何主要颜色中的印刷色数量，而不会影响其他主要颜色。选择相应的颜色，然后通过调整该颜色内的各个色相参数，达到调整图像色彩的效果。

01 打开附书光盘"CD/第3章/3-15.jpg"文件，如图3-81所示。

02 在"调整"面板中单击"可选颜色"按钮，也可以从面板菜单中选择"可选颜色"命令，也可执行菜单栏中的"图像/调整/可选颜色"命令，如图3-82所示。

图 3-81

图 3-82

03 在弹出的"可选颜色"调整面板中单击 "颜色"下拉列表框,在弹出的下拉列表 中选择"黄色"选项。使用鼠标拖曳各个 色相滑块,如图 **3-83** 所示。

04 此时,图像中的黄色已经改变了,整体图 像的色调也随之改变,如图 **3-84** 所示。

图 3-84

图 3-83

3.5.5 按通道调整颜色——通道混合器

使用"通道混合器"命令可以通过从每个颜色通道中选取它所占的百分比来创建高品质 的灰度图像, 还可以创建高品质的棕褐色调或其他彩色色调图像,通过图像中现有颜色通道 的混合来修改目标颜色通道。 颜色通道是代表图像(RGB 或 CMYK)中颜色分量的色调值的 灰度图像。

01 打开附书光盘"CD/ 第 3 章 /3-16.jpg"文 件,如图 **3-85** 所示。

02 在"调整"面板中单击"通道混合器"按 钮,也可以从面板菜单中选择"通道混合 器"命令,如图 **3-86** 所示。

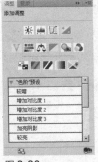

图 3-86

图 3-85

03 单击"输出通道"下拉列表框，选择"绿"选项，拖动"红色"滑块向右移动，然后拖动"绿色"滑块移动，如图 3-87 所示。

04 调整后图像中通道的红色和绿色值增加，图像色调如图 3-88 所示。

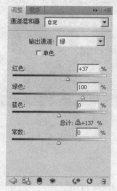

图 3-87

图 3-88

3.5.6 调整图像的色温——照片滤镜

"照片滤镜"命令是用来调整胶片曝光光线的色彩平衡和色温的，就像在相机镜头前面加上了彩色滤镜。"照片滤镜"命令可以选取颜色预设方案，快捷方便地将色相调整应用到图像。自定义颜色调整时，则可以使用"拾色器"对话框来指定颜色。

01 打开附书光盘"CD/ 第 3 章 /3-17.jpg"文件，如图 3-89 所示。

02 在"调整"面板中单击"照片滤镜"按钮，或从面板菜单中选择"照片滤镜"命令，如图 3-90 所示。

图 3-89

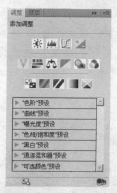

图 3-90

03 弹出"照片滤镜"调整面板，在其中设置参数，如图 3-91 所示。

04 "照片滤镜"调整面板的调整效果如图 3-92 所示。

图 3-91

图 3-92

3.5.7 移去色偏——自动颜色

"图像 / 自动颜色"命令可以自动调整图像的色相、饱和度、亮度和对比度等，自动调整的依据是"自动颜色校正选项"对话框中的参数，调整后的图像可能会丢失一些颜色信息。当图像有偏色或是色彩的饱和度过高时，均可以使用该命令进行自动调整。

> **Tip 技巧提示**
>
> 需要注意的是，当图像为 CMYK 颜色模式时，"自动颜色"命令将不可用。"自动颜色"命令的快捷键是【Shift+Ctrl+B】。

3.5.8 重新分布亮度值——色调均化

"图像 / 调整 / 色调均化"命令会重新分布图像中像素的亮度值，以便统一亮度级，"色调均化"命令将重新把像素值复合到图像中。Photoshop 会查找图像中最亮和最暗的像素，使最亮的像素呈现为白色，最暗的像素呈现为黑色，而中间的像素则均匀地分布在整个灰度中。图像对比效果如图 3-93 所示。

图 3-93

3.6 轻松更换颜色

比起选取颜色载入选区然后填充这种老办法来说，对于那些较为复杂的图像，现在有更适合的更换颜色的方法。这些方法与其说是更换颜色，不如说是几种新的图像处理手段，它们可以适合于不同的场合，可制作不同的图像效果。

掌握好这些方法，可以说就掌握好了 Photoshop 里具有技巧性的工具了。

3.6.1　相近的颜色，可一次性替换——替换颜色

"替换颜色"命令可以通过创建蒙版一次性地将图像中特定的颜色选取，然后替换为其他颜色。替换的颜色由设置的选定区域的色相、饱和度和亮度来决定，或者使用"拾色器"对话框来选取。

01　打开附书光盘"CD/ 第 3 章 /3-20.jpg"文件，如图 3-94 所示。

02　执行菜单栏中的"图像 / 调整 / 替换颜色"命令，如图 3-95 所示。在打开的"替换颜色"对话框中单击"吸管工具"按钮，在图像的背景部分选取颜色，然后设置颜色容差为"100"，此时可以查看图像的选区范围。

图 3-94

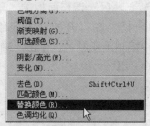

图 3-95

03　选中"图像"单选项，恢复图像状态。拖动"色相"和"饱和度"滑块，设置替换颜色，如图 3-96 所示。

04　此时，可以看到图像中选取选区内的颜色都已经被替换了，如图 3-97 所示。

图 3-96

图 3-97

3.6.2　将图像替换为渐变效果——渐变映射

"渐变映射"命令将相等的图像灰度范围映射到指定的渐变填充颜色。图像中的阴影部分映射到渐变填充的一个端点颜色，高光部分映射到另一个端点颜色，而中间调映射到两个端点颜色之间的渐变过渡颜色，整体图像不失细节地被转换为所选的渐变颜色。

01 打开附书光盘"CD/第3章/3-21.jpg"文件，如图3-98所示。

图 3-98

02 在"调整"面板中单击"渐变映射"按钮，也可以从面板菜单中选择"渐变映射"命令，如图3-99所示。

图 3-99

03 在弹出的"渐变映射"调整面板中，单击渐变下拉列表框，在打开的"渐变编辑器"对话框中编辑渐变颜色，单击"确定"按钮，如图3-100所示。

图 3-100

04 图像已经被替换为所选颜色设置的渐变效果了，如图3-101所示。

图 3-101

3.6.3 随意改变嘴唇颜色——变化

"图像/调整/变化"命令可以直观地改变图像的色相和色调，通过缩览图一边预览效果一边调整，非常方便。

01 打开附书光盘"CD/第3章/3-22.jpg"文件，如图3-102所示。

02 执行"图像/调整/变化"命令，打开"变化"对话框，其中包含"阴影"、"中间色调"、"高光"和"饱和度"四种变化，如图3-103所示。

图 3-102

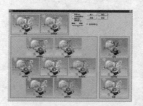

图 3-103

03 选中"中间色调"单选项，在对话框中选择"加深洋红"选项，对话框中可供选择的缩览图改变，可继续选择下一变化，如图 3-104 所示。

04 继续选择"加深洋红"选项，单击"确定"按钮，效果如图 3-105 所示。

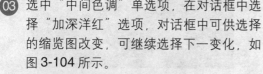

图 3-104

图 3-105

3.6.4　替换为纯朴的颜色——色调分离

"色调分离"命令可以指定图像中每个通道的色调或亮度，将像素映射到最接近的匹配级别，从而达到某种海报效果。灰度图像处理后的效果将同样非常有趣。

01 打开附书光盘"CD/ 第 3 章 /3-23.jpg"文件，如图 3-106 所示。

02 在"调整"面板中单击"色调分离"按钮，也可以从面板菜单中选择"色调分离"命令，如图 3-107 所示。

图 3-106

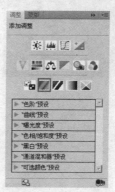

图 3-107

03 弹出"色调分离"调整面板，在其中设置参数如图 3-108 所示。

04 图像通过色阶表现了色调的分离效果，图像变得有趣了，如图 3-109 所示。

图 3-108

图 3-109

3.6.5 制作底片图片——反相

"反相"命令可以反转图像中的颜色。在对图像进行反相操作时，通道中每个像素的亮度值都会被转换为 256 级颜色值刻度上相反的值，得到完全相反的效果，就像我们洗照片时的底片效果。

打开附书光盘"CD/ 第 3 章 /3-24.jpg"文件，在"调整"面板中单击"反相"按钮，此时图像的色彩完全反转，全部以补色显示，对比效果如图 3-110 所示。

图 3-110

Chapter 04

轻而易举搞懂图层

　　如果没有图层，Photoshop 就不会像今天这样受人欢迎。图层的出现使图像处理更加方便有序，变不可能为可能就是图层的最大魅力。什么是图层？图层又有什么作用呢？本章将详细地讲解图层的概念，以及图层的使用和图层带给图像的神奇效果。

4.1 了解图层

　　图层，就是将图像分层显示的工具。作为绘制图像或者进行操作的载体，图层可以进行几乎所有的工作，而且为用户提供了无限的便利，就像一张张透明的纸，在上面添加各种图像之后，得到的重叠的视觉效果。

　　图层可以进行各种常规操作，如复制、新建和删除图层等，也可以进行特殊操作，如添加图层蒙版、样式，以及设置图层的混合模式等。这些都使图层成为 Photoshop 不可或缺的重要部分，使我们可以随心所欲地控制图像，制作各种神奇的图像效果。

4.1.1 什么是图层——图层的概念

　　图层可以在不影响图像中其他图像元素的情况下处理某一图像元素，用户可以透过图层的透明区域看到下面的图层，可以更改图层的顺序和属性，可以改变图像的合成效果。图层中的对象可以任意移动编辑，下面我们通过编辑图层对象来讲解图层的概念。

01 打开附书光盘"CD/第4章/4-1.psd"文件，如图 4-1 所示。观察"图层"面板可以发现，图像是由人物和"背景"图层重叠表现出来的。

02 单击"图层"面板中的"图层 1"图层前面的眼睛图标，隐藏"图层 1"图层，可以看到"背景"图层，如图 4-2 所示。

图 4-1

图 4-2

03 而单击"图层"面板中的"背景"图层前面的眼睛图标，隐藏"背景"图层，可以看到"图层 1"图层，如图 4-3 所示。

图 4-3

Tip 技巧提示

　　"背景"图层是每个图像所必有的图层，即使只有一个图层的图像，也会显示一个"背景"图层。"背景"图层在默认情况下是锁定的。在"背景"图层以上的其他图层，除了图层中的对象，其余部分为透明，且图层中的对象可以使用"移动工具"任意移动。

4.1.2 怎样管理图层——"图层"面板

要想熟练使用图层，就必须掌握"图层"面板。"图层"面板中显示的图层可视性强，汇集了编辑管理图层所需要的多种功能，而且比菜单命令更加方便快捷，在平常操作时使用最为频繁，所以一定要仔细学习。掌握了图层的各种用法，才有可能成为图像处理的高手。

"图层"面板

"图层"面板如图 4-4 所示。

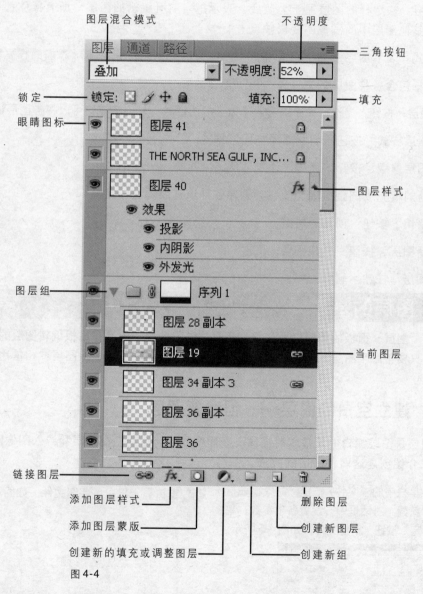

图 4-4

"图层混合模式"下拉列表框：单击右侧的下拉按钮将弹出其下拉列表，在其中可选择图层的混合模式（图层各个混合模式的特点在后面具体介绍）。

"不透明度"下拉列表框：设置图层的不透明度，数值越小，图像越透明。

"锁定"栏：锁定图层的一部分属性，从左到右的按钮依次是"锁定透明像素"、"锁定图像像素"、"锁定位置"和"锁定全部"按钮。

"填充"下拉列表框：可设置图层的填充度。

三角按钮：单击该按钮将弹出其下拉菜单，在其中可设置图层参数，如编辑图层、设置图层属性和合并图层等。

眼睛图标：指示图层的可视性，单击即可显示或者隐藏该图层中的对象。

当前图层：被选择的图层显示为蓝底，表示是当前可编辑的图层。所有操作都在当前图层上进行，其他图层中的图像不受影响。

图层样式：表示图层添加了图层样式，单击旁边的下拉按钮将显示添加的样式名称。

图层组：包含各种图层的文件夹，用于管理图层。

"链接图层"按钮：当选择两个或者两个以上的图层时，单击该按钮可以将各图层链接起来。

"添加图层样式"按钮：为图层添加图层样式。

"添加图层蒙版"按钮：为图层添加蒙版。

"创建新的填充或调整图层"按钮：创建各种填充或调整图层。

"创建新组"按钮：创建图层组。

"创建新图层"按钮：新建图层。

"删除图层"按钮：删除图层。

4.2 图层的基本操作

讲解了"图层"面板的构成之后，我们来具体学习使用"图层"面板编辑图层的方法。方法很简单，只要了解了图层的概念，无论新建图层、复制图层还是删除图层，相信用户都能很快掌握。

4.2.1 建立空白的图层——创建新图层

新建图层是图层编辑中最基本的操作。新建图层分为新建空白图层和导入图像图层两种，下面我们来介绍创建这两种图层的方法。

01 执行菜单栏中的"文件/新建"命令，在打开的"新建"对话框中，设置各项参数，单击"确定"按钮，新建文件，如图4-5所示。

02 窗口显示出白色底图文件，如图4-6所示。

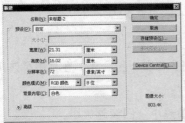

图4-5

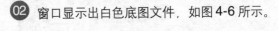

图4-6

03 此时的"图层"面板中，有一个名为"背景"的白色图层。单击面板底部的"创建新图层"按钮，如图 4-7 所示。

图 4-7

04 此时在"图层"面板中，在"背景"图层的上方出现了一个新图层"图层1"，如图 4-8 所示。

图 4-8

Tip 技巧提示

创建的新图层位于当前图层的上方，系统会自动为图层命名"图层1"、"图层2"……为方便操作，用户可以自行改变图层的名称和顺序。新建的图层中没有任何对象，在"图层"面板的缩览图中呈现出透明网格状态，所以又称为空白图层或者透明图层。

如果要将某个图像添加到新建文件的图像中，就相当于添加了图像图层。添加图像图层的方法也不只一种，下面我们来介绍常用的方法。

01 打开附书光盘"CD/第4章/4-2.jpg"文件，如图 4-9 所示。

图 4-9

02 执行菜单栏中的"选择/全部"命令，全选图像。图像周围出现选框，如图 4-10 所示。

图 4-10

03 切换到新建的空白文件窗口，执行菜单栏中的"编辑/粘贴"命令，如图 4-11 所示。

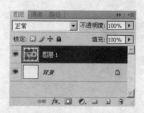

图 4-11

04 此时，被选中的图像出现在空白窗口的正中央。查看"图层"面板，在"背景"图层的上方出现了一个新图层"图层1"，如图 4-12 所示。

图 4-12

Tip 技巧提示

通过"复制"/"粘贴"命令载入的图像，粘贴后处于窗口正中位置，且可以使用"移动工具"拖动改变其位置，也可以直接使用"移动工具"将图像整个拖曳过来，不过置入后图像的位置不能确定，如图4-13所示。

图4-13

4.2.2 制作多个一模一样的图层——复制图层

新建空白图层的方法已经讲过了，那么，新建已有图层可不可以呢？当然可以，我们可以轻松地在"图层"面板中复制图层，进行编辑或修改。下面还以上个文件为例，复制图层。

01 在"图层"面板中选择"图层1"图层，并单击鼠标右键，如图4-14所示。

图4-14

02 在弹出的快捷菜单中选择"复制图层"命令，如图4-15所示。

图4-15

03 在打开的"复制图层"对话框中，可以设置图层名称，也可以选择默认名称，单击"确定"按钮，如图4-16所示。

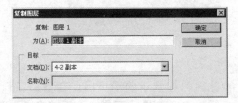

图4-16

04 在"图层"面板中的"图层1"图层之上出现了新图层"图层1副本"。复制的图层与"图层1"图层完全一样，如图4-17所示。

图4-17

Tip 技巧提示

还有一种更加快捷的复制图层的方法，就是在需要复制的图层上单击，将其拖曳到面板底部的"创建新图层"按钮上，这样同样可以复制图层，并且更加简便，如图4-18所示。熟练的用户往往采用此方法复制图层。

图4-18

4.2.3 大胆删除没有必要的图层——删除图层

多余的图层可以隐藏，不要的图层需要删除。删除图层的方法与新建图层的一样简单。

01 在"图层"面板中选择"图层1副本"图层，如图4-19所示。

图4-19

02 在面板底部的"删除图层"按钮上单击鼠标右键，如图4-20所示。

图4-20

03 在打开的对话框中单击"是"按钮，删除所选图层，如图4-21所示。

图4-21

04 选中的"图层1副本"图层被删除了，如图4-22所示。

图4-22

Tip | 技巧提示

和复制图层一样，还有一种更加快捷的删除图层的方法，就是在需要删除的图层上单击，然后将其拖曳到面板底部的"删除图层"按钮上，即可快速删除图层，如图4-23所示。

不论何种操作，都可以通过【Ctrl+Z】组合键取消，恢复上一步的操作。

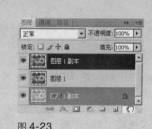

图4-23

4.3 多图层操作也轻松

学习了图层最基本的操作，我们来学习具体的图层编辑方法，图层的移动排列、图层的链接、合并图层及图层组的编辑操作。这些操作在我们具体制作图像时都会用到，是用户必须掌握的图层操作方法。

4.3.1 选择要编辑的图层——选择图层

在拥有多图层的图像文件中，我们所做的各种编辑都是针对一个或者多个图层进行的。不选择图层就不能进行操作，所以我们应该确定所要编辑的是哪一个图层，然后再进行操作。

01 打开附书光盘 "CD/ 第 4 章 /4-3.psd" 文件，如图 4-24 所示。

图 4-24

02 在 "图层" 面板中找到需要编辑的图层 "图层 12"，单击则该图层变为蓝底，处于激活状态，如图 4-25 所示。

图 4-25

03 然后按住键盘中的【Ctrl】键，选择 "图层 18" 图层，可以看到两个图层都被选中了，如图 4-26 所示。

图 4-26

04 选择工具箱中的 "移动工具"，在画面中单击并拖动鼠标，选择的图层中的图像也会随之移动，如图 4-27 所示。

图 4-27

Tip 技巧提示

　　Photoshop CS4 可以同时选择两个或者两个以上的图层，大大方便了图像的选取。方法同选择其他对象一样，在已经选择了一个图层的情况下，按【Ctrl】键单击另外的图层，可以将其一起选中；按【Shift】单击两个不相邻的图层，则两个图层及之间的所有图层都被选择。当 "图层" 面板中有两个以上的图层被选择时，"图层" 面板中针对单一图层的功能，如图层混合模式、不透明度等，都处于不可用的非激活状态，如图 4-28 所示。

　　当前选择的单一图层的名称将出现在文档窗口的标题栏中。

图 4-28

　　当图像中有很多图层的时候，如果一个一个地查看，就太麻烦了，怎样才能快捷地确定要编辑的图层并选择呢？ Photoshop 还有另一种方法。

01 选择工具箱中的 "移动工具"，按住【Ctrl】键并在画面中需要选择的部分单击，如图 4-29 所示。

02 此时，"图层" 面板中有所变化，鼠标所单击部分所在的图层变为当前图层，如图 4-30 所示。

图 4-29

图 4-30

4.3.2 链接并排列图层——图层链接与图层排列

图层在"图层"面板中可以随意移动位置，并且可以对图层中的图像进行对齐排列以得到图像中的对象等高、间隔一致等效果。另外，图层与图层之间可以进行链接，在"图层"面板中更改所选项目时，链接的图层将保持链接状态。

01 打开附书光盘"CD/第4章/4-4.psd"文件，如图4-31所示。

02 在"图层"面板中选择需要排列的图层"图层1副本2"，如图4-32所示。

图 4-31

图 4-32

03 按住【Shift】键选择"图层1"图层，可以看到"图层"面板中"图层1"图层及两个副本图层都被选中了，如图4-33所示。

04 单击"图层"面板底部的"链接图层"按钮，面板中所选择的三个图层后面出现了链接图标，表示图层已经链接，如图4-34所示。

图 4-33

图 4-34

05 选择工具箱中的"移动工具"，在画面中单击鼠标移动图像，此时三个羽毛笔一起移动，且相互之间的位置不变，如图4-35所示。

06 按【Ctrl+Z】组合键撤销移动。执行菜单栏中的"图层/对齐/垂直居中"命令，如图4-36所示。

图 4-35

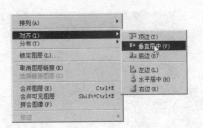

图 4-36

07 此时画面中的三个羽毛笔已经处于同一水平位置上了，图层已经初步对齐，如图 4-37 所示。

图 4-37

08 然后执行菜单栏中的"图层 / 分布 / 水平居中"命令，如图 4-38 所示。

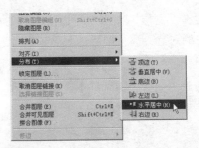

图 4-38

09 此时，画面中的三个羽毛笔的位置已经变得间隔一致了，且仍然处于同一水平位置上，图层的对齐操作完成了，如图 4-39 所示。

图 4-39

10 选择"移动工具"，将链接的三个羽毛笔移动到画面中央，如图 4-40 所示。

图 4-40

Tip 技巧提示

　　当选择单个图层时，链接图标不可用，而再次单击链接图标，则可以解除已链接图层的链接。链接图层与多选图层的作用一致，但在链接了图层后，选择其中一个图层，可以进行整个链接图层的操作，而不必一一选择。

　　当排列图层时，可以使用快捷按钮，作用与相应的菜单命令相同。选择工具箱中的"移动工具"，工具选项栏中的对齐和分布按钮会被激活，此时单击相应的对齐或分布按钮即可，如图 4-41 所示。

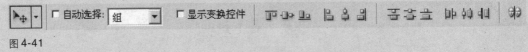

图 4-41

4.3.3 全景图制作——自动对齐图层与自动混合图层

Photoshop CS4 版本中新增了"自动对齐图层"命令，可以根据图像图层中相似的内容自动对齐图层，可以自动选择参考图层或者指定参考图层，其他图层将与参考图层对齐，以便匹配的内容能够自行叠加。

Photoshop CS4 版本中使用"自动混合图层"命令缝合或组合图像，获得平滑的过渡效果，"自动混合图层"命令可根据需要对每个图层应用图层蒙版，以遮盖过度曝光或曝光不足的区域或内容之间的差异。"自动混合图层"命令仅适用于 RGB 或灰度图像，不适用于智能对象、视频图层、3D 图层或"背景"图层。

01 执行"文件 / 脚本 / 将文件载入堆栈"命令，在打开的对话框中单击"浏览"按钮，将附书光盘"CD/ 第 4 章 /4-5.jpg、4-6.jpg、4-7.jpg"文件导入，如图 4-42 所示。

02 单击"确定"按钮，在一个文件中打开多个文件并将它们转换为堆栈图层，如图 4-43 所示。

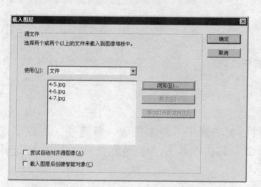

图 4-42

图 4-43

03 选择所有图层，执行"编辑 / 自动对齐图层"命令，打开"自动对齐图层"对话框，在其中进行设置，如图 4-44 所示。

04 单击"确定"按钮，生成自动对齐图层后的效果，如图 4-45 所示。

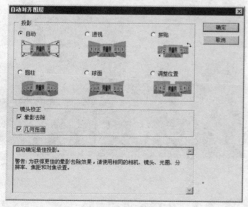

图 4-44

图 4-45

05 执行"编辑 / 自动混合图层"命令，打开"自动混合图层"对话框，如图 4-46 所示。

06 勾选"无缝色调和颜色"复选框，单击"确定"按钮，生成全景图，效果如图 4-47 所示。

图 4-46

图 4-47

Tip 技巧提示

使用"自动混合图层"命令还可以采用类似方法，通过混合同一场景中具有不同照明条件的多幅图像来创建复合图像。

选择要对齐的图层时，需要注意的是，不要选择调整图层、矢量图层或智能对象，它们不包含对齐操作所需的信息。

使用"自动混合图层"命令时，在打开的对话框中选中"堆叠图像"单选项，可以根据焦点不同的一系列照片，轻松创建一个图像，该命令可以顺畅混合颜色和底纹，现在又延伸到景深，可以自动校正晕影和镜头扭曲。

01 执行"文件 / 脚本 / 将文件载入堆栈"命令，在打开的对话框中单击"浏览"按钮，将附书光盘"CD/ 第 4 章 /4-8.jpg、4-9.jpg、4-10.jpg"文件导入，如图 4-48 所示。

02 单击"确定"按钮，在一个文件中打开多个文件并将它们转换为堆栈图层，选择所有图层，如图 4-49 所示。

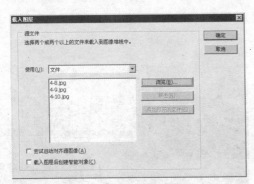

图 4-48

图 4-49

03 执行"编辑 / 自动混合图层"命令，打开"自动混合图层"对话框，选中"堆叠图像"单选项，如图 4-50 所示。

04 勾选"无缝色调和颜色"复选框，单击"确定"按钮，生成的景深效果如图 4-51 所示。

图 4-50

图 4-51

4.3.4 整理可以合并的图层——合并图层

虽然在 Photoshop 中可以创建无数图层，不过电脑的内存始终是有限的，所以在不必要的情况下，减少图层的使用会使电脑运行得更快，我们使用起来也就便捷多了。

减少图层的方法，除了删除图层外，还有保留图层内容的合并图层操作。将多个图层的内容保存到一个图层上，不仅编辑时省力，而且有时在保存文件时这也是必需的，因为有一些文件格式在保存时需要合并图层，我们在后面会详细讲解。

01 单击"图层"面板右上角的三角按钮，在弹出的下拉菜单中选择"拼合图像"命令，如图 4-52 所示。

02 所有的图层全部合并为一个"背景"图层，这种单一图层的文件，可以保存为任意需要的格式，如图 4-53 所示。

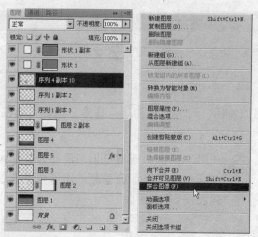

图 4-52

图 4-53

Tip 技巧提示

在合并图层之前，应该先确认"图层"面板中是否有隐藏的图层，即图层前面的眼睛图标是否全部显示。如存在隐藏图层，在执行"拼合图像"命令时，会弹出提示对话框，如图 4-54 所示，询问是否扔掉隐藏图层，单击"确定"按钮可以删除隐藏图层然后合并图层，单击"取消"按钮可以退出拼合图像操作，可继续编辑图层。

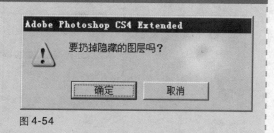

图 4-54

在大多数时候，我们还需要对图像进行修改，不想合并全部图层，那么就需要合并指定的图层。在这种情况下，我们就要使用"向下合并"命令。"向下合并"命令可以将选择的当前图层与下面相邻的图层进行合并，其他图层保持不变。

03 按【Ctrl+Z】组合键取消合并操作，恢复图层。单击"图层"面板右上角的三角按钮，在弹出的下拉菜单中选择"向下合并"命令，如图 4-55 所示。

04 此时"图层"面板中的"图层 5"图层已经不见了，查看图像效果，发现"图层 5"图层已经合并到下面的"图层 4"图层里了，如图 4-56 所示。

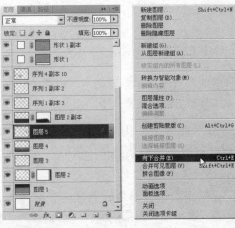

图 4-55

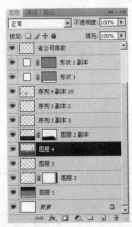

图 4-56

Tip 技巧提示

当图层中存在链接图层时，选择链接的一个或者多个图层，可以执行"合并链接图层"命令，此命令可以将链接图层合并，而其余图层保持不变。

当"图层"面板中含有隐藏图层的时候，可以使用"合并可见图层"命令。这样可以在保留部分图层的情况下，合并其余图层。

05 按【Ctrl+Z】组合键取消合并操作，然后单击图层的眼睛图标，隐藏数个图层。单击"图层"面板右上角的三角按钮，在弹出的下拉菜单中选择"合并可见图层"命令，如图 4-57 所示。

06 此时，图像中所有可见图层都合并起来，成为一个图层，而隐藏的图层依然存在，如图 4-58 所示。

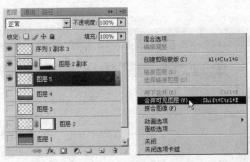

图 4-57

图 4-58

　　当同时选择了两个或两个以上的图层时，"图层"面板菜单中的"向下合并"命令变为"合并图层"命令，此时执行该命令可以将选择的图层合并为一，如图4-59所示，合并图层的快捷键为【Ctrl+E】。

图 4-59

4.3.5 暂时隐藏图层——隐藏与显示图层

　　在制作图像的过程中，有时我们需要隐藏一些图像，以便查看其他图像的效果。这时，可以非常快捷地隐藏图层，然后再恢复图层，方法非常简单。

01 打开附书光盘"CD/第4章/4-11.psd"文件，如图4-60所示。

02 打开"图层"面板，可以看到若干图层，所有的图层前面都有眼睛图标，表明所有图层都是显示状态，如图4-61所示。

图 4-60

图 4-61

03 将鼠标移动到"图层"面板中的"图层8"图层前面的眼睛图标上单击，眼睛图标消失，如图4-62所示。

04 此时，相应图层中的图像也消失了。"图层8"图层被隐藏起来，只显示保留图层的图像效果，再次单击眼睛图标所在位置可再次显示图像，如图4-63所示。

图 4-62

图 4-63

4.3.6 干净利落归类图层——图层组

当图像中的图层较多时，我们可以分类整理图层，将图层分组归纳。这样，使繁复的图层布局变得简单明了，也节省了面板中的空间。下面我们通过创建图层组来整理图层。

01 在"图层"面板中选择想要创建图层组的图层，单击面板底部的"创建新组"按钮，如图 4-64 所示。

图 4-64

02 此时，在所选图层的上方，出现了一个图层组，系统自动将其命名为"组 1"，如图 4-65 所示。

图 4-65

03 将"图层 8"图层拖曳到"组 1"图层组上，释放鼠标，"图层 8"图层出现在"组 1"图层组的下方，可以看到"图层 8"图层已经放到"组 1"图层组里了，如图 4-66 所示。

图 4-66

04 同样的方法，将"图层 6"和"图层 7"图层拖曳到"组 1"图层组中，依次排列在"图层 8"图层的下方，如图 4-67 所示。

图 4-67

05 在"组 1"图层组上双击鼠标，在打开的"组属性"对话框中设置组的名称和颜色，单击"确定"按钮。"图层"面板中"组 1"图层组的颜色和名称都改变了，如图 4-68 所示。

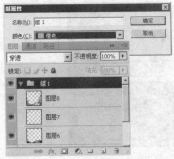

图 4-68

06 图层组可以打开或者折叠，折叠起来可以节省面板空间。单击"组 1"图层组前面的三角图标，即可将图层组折叠起来，再次单击可以打开图层组，如图 4-69 所示。

图 4-69

07 在图层组中选择"图层8"图层，单击并将其拖曳到图层组与下面图层的缝隙处，释放鼠标，即可将图层移出图层组，如图4-70所示。

08 选择图层组后，单击面板底部的"删除图层"按钮，将弹出提示对话框，询问是删除组还是包含图层内容，用户根据需要选择即可。单击"仅组"按钮，则删除组保留图层，组中图层恢复原位，如图4-71所示。

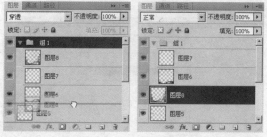

图4-70

图4-71

Tip 技巧提示

和图层一样，图层组也可以快捷重命名，单击需要重命名的图层组名称，激活图层名称文本框，在其中输入更改的名称即可，如图4-72所示。

Photoshop CS4版本允许在"图层"面板中选择多个图层，这样就可以将需要创建图层组的图层一次性选中，然后拖曳到面板底部的"创建新组"按钮上，即可将所选的数个图层创建为图层组，十分方便。

图层组可以重复创建，在已有图层组的基础上，可以将其再次拖曳到"创建新组"按钮上，以创建包含该图层组的图层组，如图4-73所示。

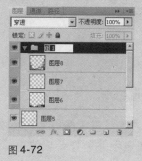

图4-72

图4-73

4.4 图层的高级设置

"图层"面板中的图层不是不可改变的，在Photoshop中可以更改编辑图层的属性，更改的方法和前面我们讲过的图层组的属性的更改方法一样。另外，图层蒙版可以通过选定图像、图层样式和图层混合模式来制作各种图像效果，它们属于图层的高级功能，会在本章节具体讲解，这些都是图层的精华部分，掌握了这些，就可以运用图层自由创作了。

4.4.1 为图层更改名称与颜色——图层属性

我们在制作图像的过程中，为了便于编辑、快速查找需要的图层，除了分组外，还可以为图层打上"标签"——更改图层的名称和颜色。怎样更改呢？使用相应的命令即可进行设置。

01 在"图层"面板中选择需要更改属性的图层"图层 3"，在其上单击鼠标右键，在弹出的快捷菜单中选择"图层属性"命令，如图 4-74 所示。

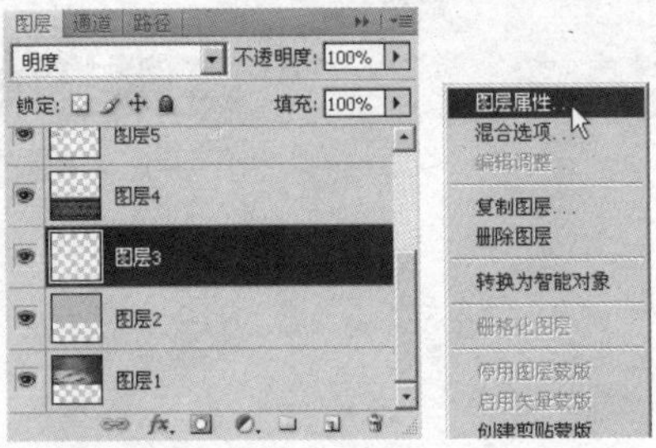

02 在打开的"图层属性"对话框中，在"名称"文本框中输入要更改的图层名称，单击"颜色"下拉列表框，选择图层的显示颜色，然后单击"确定"按钮，如图 4-75 所示。

图 4-74

图 4-75

03 此时"图层"面板中的"图层 3"图层的名称已经更改，并且变为橙色标记，如图 4-76 所示。

图 4-76

> **Tip 技巧提示**
>
> 单击面板右上角的三角按钮，在弹出的下拉菜单中也可以选择"图层属性"命令，更改图层属性。
>
> 还可以执行菜单栏中的"图层/图层属性"命令，在打开的"图层属性"对话框中进行设置。

4.4.2 盖住不需要的部分——图层蒙版

Photoshop 可以使用蒙版来显示或隐藏图层的部分内容，或者保护某些区域免被修改。简单来说图层蒙版具有图层遮挡功能，用于多个图层叠加显示并制作合成效果。

图层蒙版是一种灰度图像，黑色区域将被隐藏，而白色区域是可见的，如图 4-77 所示。

图层蒙版分为两种，一种是位图图像蒙版，它们是由绘画或选择工具创建的，与图像分辨率有关；另一种是矢量蒙版，由钢笔或形状工具创建，与分辨率无关，可以自由缩放。

图层蒙版的内容很多，但万变不离其宗，只要了解了蒙版的存在形式和用法，就能很快掌握蒙版的各种操作技巧，下面我们具体地讲解图层蒙版的制作和编辑方法。

图 4-77

创建图层蒙版

01 打开附书光盘"CD/第4章/4-13.psd"文件，如图4-78所示。

图 4-78

02 "图层"面板中已有"图层1"图层，如图4-79所示。

图 4-79

03 选择工具箱中的"椭圆选框工具"，在画面中绘制椭圆选区，如图4-80所示。

图 4-80

04 执行菜单栏中的"选择/修改/羽化"命令，在打开的对话框中设置羽化半径为"200"，单击"确定"按钮，羽化选区，如图4-81所示。

图 4-81

05 选择"图层1"图层，单击面板底部的"添加图层蒙版"按钮，如图4-82所示。

06 释放鼠标，可以看到"图层1"图层缩览图后面出现了一个黑色蒙版图标。观察图像，蒙版中的白色区域中图像显示正常，而黑色区域中图像被遮挡了，如图4-83所示。

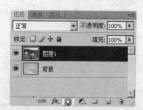

图 4-82

图 4-83

　　由于蒙版具有修饰图层中的图像的功能，因此也可以在已有对象上创建空白蒙版，然后使用绘图工具制作需要遮盖的部分，修整图像。这种方法适用于不规则的或者小面积的图像修整。下面我们还以此例介绍添加蒙版的方法。

07 选择"图层1"图层的蒙版图标，单击鼠标右键，在弹出的快捷菜单中选择"删除图层蒙版"命令，如图4-84所示。

08 "图层1"图层的蒙版被删除了，画面又恢复到初始时的样子，如图4-85所示。

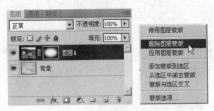

图 4-84

图 4-85

09 单击"图层"面板底部的"添加图层蒙版"按钮，可以看到"图层 1"图层的缩览图后面出现了一个白色蒙版图标，如图 4-86 所示。

图 4-86

10 在工具箱中设置前景色为黑色，选择工具箱中的"画笔工具"，在工具选项栏中设置画笔大小和不透明度，如图 4-87 所示。

图 4-87

11 选择"图层 1"图层蒙版，在画面中使用画笔涂抹"图层 1"图层图像周围的部分，可以看到，被涂抹的部分消失了，如图 4-88 所示。

图 4-88

12 继续涂抹，直到图像四周全部涂抹清除，保留中间部分，并于边缘柔和过渡。可看到"图层 1"图层的图层蒙版中，涂抹部分变为黑色，如图 4-89 所示。

图 4-89

Tip 技巧提示

　　图层蒙版本来就是用于修饰图层的，图层蒙版的修改更是简便容易，用户在修改图层蒙版时，只要记住一点：黑的不要白的要，也就是黑色的代表没有图像，白色的代表有图像，这样就可以掌握蒙版修改的窍门了。

删除／应用图层蒙版

　　在不需要图层蒙版的时候，可以删除蒙版。创建完图层蒙版后，可以应用蒙版并使这些更改永久生效，也可以删除蒙版不应用更改。删除蒙版与删除图层的步骤相似，需要注意的是，图层蒙版删除时可以使设置应用到图层上，这是蒙版特有的功能。

01 在"图层"面板中选择"图层1"图层的图层蒙版,将其拖曳到面板底部的"删除图层"按钮上(单击该按钮也可以),如图 4-90 所示。

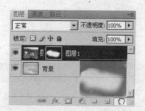

图 4-90

02 此时会弹出提示对话框,询问在删除蒙版之前是否应用图层蒙版,如图 4-91 所示。

图 4-91

03 单击"应用"按钮,则删除图层蒙版并使蒙版的更改永久生效,如图 4-92 所示。

图 4-92

04 单击"删除"按钮,则删除图层蒙版而不应用更改,图像还原为初始图像,如图 4-93 所示。

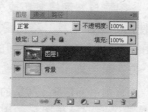

图 4-93

停用图层蒙版

当我们查看图像效果时,有时为了比较效果,需要暂时隐藏图层蒙版,可以进行如下操作。

01 在"图层"面板中选择"图层1"图层的图层蒙版,在其上单击鼠标右键,在弹出的快捷菜单中选择"停用图层蒙版"命令,如图 4-94 所示。

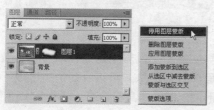

图 4-94

02 此时,图层蒙版中显示出红色的"X"符号,表示此时蒙版为不可用状态,图像恢复正常,显示不带蒙版的图像效果,如图 4-95 所示。

图 4-95

03 再次在图层蒙版上单击鼠标右键,在弹出的快捷菜单中可以看到"停用图层蒙版"命令变为"启用图层蒙版"命令了,选择该命令,如图 4-96 所示。

04 "图层"面板中的图层蒙版恢复正常,图像也恢复为蒙版状态,如图 4-97 所示。

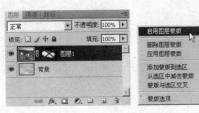

图 4-96

图 4-97

> **Tip 技巧提示**
>
> 要想查看或者载入图层蒙版，按【Ctrl】键单击图层蒙版即可，将蒙版轮廓载入选区，供用户调用。按住【Alt】键单击图层蒙版，则显示为蒙版的黑白图像；按住【Shift+Alt】组合键单击图层蒙版，则显示为红色蒙版图像，用户可以根据情况选择合适的方式对蒙版进行查看。

解除图层与蒙版的链接

在默认情况下，图层与其图层蒙版或矢量蒙版呈链接状态，如"图层"面板中缩览图之间有链接图标。使用"移动工具"移动图层或其蒙版时，蒙版将和图像一起移动。通过单击它们之间的链接图标，可以取消它们之间的链接关系，可以单独移动蒙版或者图层对象，或者修改其中之一，再次单击即可恢复链接。

01 单击"图层"面板中"图层 1"图层的缩览图与图层蒙版之间的链接图标，图层缩览图与蒙版之间的链接图标消失，如图 4-98 所示。

02 选择工具箱中的"移动工具"，在"图层"面板中选择"图层蒙版"缩览图，在画面中移动图像，可以看到消失区域也随之移动，而图层图像本身不动，如图 4-99 所示。

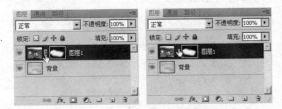

图 4-98

图 4-99

03 按【Ctrl+Z】组合键取消移动。然后选择"图层"面板中的"图层 1"图层的缩览图，此时移动的对象不再是蒙版，而是图层图像，如图 4-100 所示。

04 再次选择工具箱中的"移动工具"，在画面中移动图像，可以看到消失区域不动，而图层图像本身在移动，如图 4-101 所示。

图 4-100

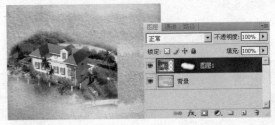

图 4-101

剪贴蒙版

剪贴蒙版可以使用某一图层的内容来蒙盖它上面的图层。底部图层或基底图层的透明像素蒙盖其上方图层的内容，底部图层或基底图层的内容将在剪贴蒙版中裁剪（显示）它上方图层的内容。下面我们讲解创建和清除剪贴蒙版的方法。

01 打开附书光盘"CD/第4章/4-14.psd"文件，"图层"面板中已有两个图层，如图4-102所示。

02 再打开附书光盘"CD/第4章/4-15.jpg"文件，如图4-103所示。

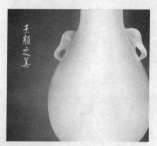

图4-102

图4-103

03 选择工具箱中的"移动工具"，将素材图片移动到"4-14.psd"文件中，按【Ctrl+T】组合键调出自由变换控制框，按【Shift】键拖动自由变换控制框，等比例缩小图像，如图4-104所示。

04 按【Enter】键确定变换。"图层"面板中已经自动生成新图层"图层2"，如图4-105所示。

图4-104

图4-105

05 执行菜单栏中的"图层/创建剪贴蒙版"命令，为"图层2"图层创建剪贴蒙版，如图4-106所示。

06 可以看到，图像中最上面的"图层2"图层中的图像被下面的"图层1"图层中图像的轮廓剪贴起来。只保留"图层1"图层中图像的轮廓内的部分，图层剪贴蒙版制作完成了，如图4-107所示。

图4-106

图4-107

07 在"图层"面板中将图层混合模式改为 "正片叠底",效果如图4-108所示。

08 执行菜单栏中的"图层/释放剪贴蒙版"命令,即可恢复图层的原始状态,如图4-109所示。

图 4-108

图 4-109

Tip 技巧提示

　　制作剪贴蒙版,有两种快捷方法。一种是在需要制作剪贴蒙版的图层上单击鼠标右键,在弹出的快捷菜单中选择"创建剪贴蒙版"命令,此方法与菜单命令相似;另一种方法是按住【Alt】键,将光标放在"图层"面板中分隔两个图层的缝隙上,此时光标变为两个交迭的圆,然后单击鼠标创建剪贴蒙版,再次按【Alt】键单击缝隙,则可释放剪贴蒙版。

4.4.3　让图层变得不再简单——图层样式

　　学习了图层蒙版,我们再来学习图层的另一个重要的知识点——图层样式。利用图层样式可以制作很多漂亮的图像效果,可不要小看它。

　　Photoshop提供了各种各样的图层样式,如阴影、发光、斜面、叠加和描边等,这些样式非常强大,可以快速更改图层图像的外观,制作各种特效。

　　"图层样式"对话框如图4-110所示,对话框中的具体参数详解如下。

　　"样式"列表框:勾选各个样式前面的复选框来添加或者解除选择的样式。

　　"常规混合"栏:设置图层的混合模式和不透明度等常规选项。

　　"填充不透明度"栏:不同于图层不透明度,此参数只调整原图层像素的不透明度,而不影响应用在图层上的样式,如图4-111所示。

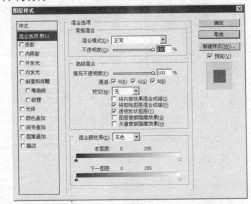

图 4-110

　　"通道"栏:设置应用样式的通道,默认设置为选择全部通道。

　　"挖空"下拉列表框:单击右侧的下拉按钮,可以设置是否进行图层的挖空处理,选项有"无"、"深"和"浅"三个,选择相应的选项,可以减少图层填充不透明度或者更改图层的混合模式。"无"选项:选择此选项将正常显示图像效果;"浅"选项:选择此选项图像将挖空到图层组下面的图层为止;"深"选项:选择此选项图像将向下挖空到所有图层。

100% 透明度100% 填充　　　　100% 透明度30% 填充　　　　30% 透明度100% 填充

图 4-111

"混合颜色带"下拉列表框：可指定各个通道的混合区域，并通过指定当前图层及临近的下一图层的亮度区域来调整两个图层之间的混合程度，如图4-112所示。

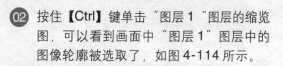

图 4-112

"新建样式"按钮：将当前制作的样式保存到"样式"面板，供用户以后使用。

"预览"框：预览当前编辑的图层效果。

下面我们通过设置图层样式来制作仿制木刻效果的文字。

01 打开附书光盘"CD/ 第 4 章 /4-16.psd"文件，如图 4-113 所示。

02 按住【Ctrl】键单击"图层 1"图层的缩览图，可以看到画面中"图层 1"图层中的图像轮廓被选取了，如图 4-114 所示。

图 4-113

图 4-114

03 用鼠标依次单击"图层 1"和"图层 2"图层前面的眼睛图标，隐藏"图层 1"和"图层 2"图层，同时选中"背景"图层，效果如图 4-115 所示。

04 执行菜单栏中的"图层 / 新建 / 通过拷贝的图层"命令，将选区复制为新图层。"图层"面板中出现"图层 3"图层，然后将除"背景"图层以外的图层都隐藏起来，如图 4-116 所示。

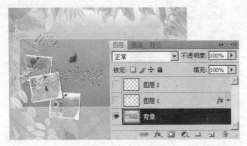

图 4-115

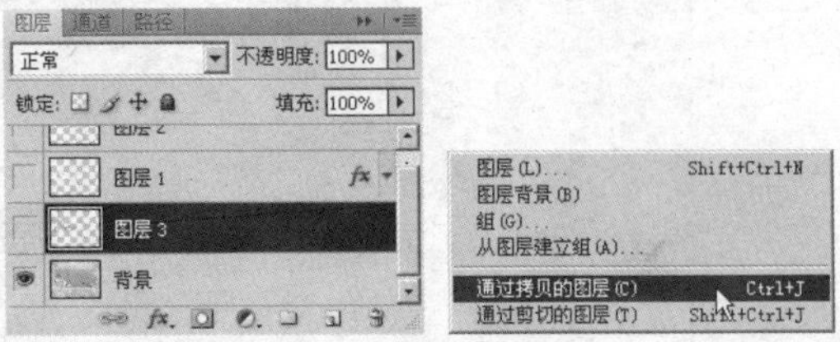

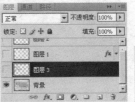

图 4-116

Tip 技巧提示

按【Ctrl】键单击图层缩览图可以载入图层选区。按【Shift+Ctrl】组合键单击图层缩览图可以在原有选区的基础上添加其他图层的选区，按【Ctrl+Alt】组合键可以减去其他图层的轮廓选区。

05 单击“图层”面板底部的“添加图层样式”按钮，在弹出的下拉菜单中选择“内阴影”命令，如图 4-117 所示。

图 4-117

06 在打开的“图层样式”对话框中，此时出现的是“内阴影”选项的对话框，设置各项参数，查看图像效果，如图 4-118 所示。

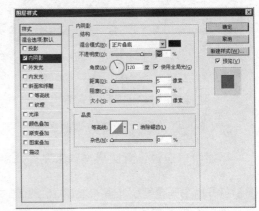

图 4-118

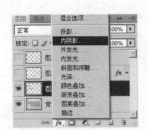

07 勾选对话框左侧“样式”列表框中的“斜面和浮雕”复选框，在右侧设置各项参数，单击“确定”按钮，退出对话框，如图 4-119 所示。

图 4-119

08 得到仿佛凹陷的背景效果的图像，如图 4-120 所示。

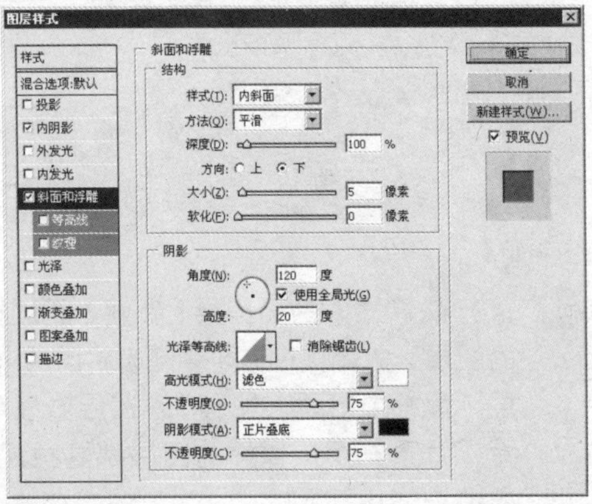

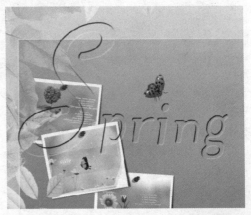

图 4-120

图层样式与图层内容相链接，移动或编辑图层内容时，图层效果也会相应改变。

应用于图层的样式将变为图层自定样式的一部分，如果图层具有样式，"图层"面板中该图层的名称右侧将出现一个"f"图标和一个下拉按钮，单击可以展开样式列表，查看组成样式的名称。图层样式可以反复修改，单击样式名称即可打开"图层样式"对话框，在其中查看并更改参数，编辑图层样式，如图4-121所示。

图 4-121

复制/删除图层样式

如果需要对多个图层设置相同的复杂的图层样式，如果一一设置，就太麻烦了，Photoshop提供了复制图层样式的简便操作。另外，清除图层样式也是轻而易举的，用户可以选择清除某个图层样式或者全部图层样式，无论怎样操作都非常容易掌握。

01 在"图层"面板中选择已有图层样式的图层，在其上单击鼠标右键，在弹出的快捷菜单中选择"拷贝图层样式"命令，如图4-122所示。

图 4-122

02 选择需要复制样式的图层"蝴蝶2"，在其上单击鼠标右键，在弹出的快捷菜单中选择"粘贴图层样式"命令，如图4-123所示。

图 4-123

03 此时，"蝴蝶2"图层后面出现了图层样式图标和下拉按钮，表示图层已经添加样式。单击该下拉按钮，展开样式列表，可以看到其中的图层样式名称与"蝴蝶"图层的样式名称相同，如图4-124所示。单击打开"图层样式"对话框，里面的参数设置也完全相同。

图 4-124

04 在"图层"面板中选择"蝴蝶2"图层，在其上单击鼠标右键，在弹出的快捷菜单中选择"清除图层样式"命令，即可清除该图层上的所有图层样式，如图4-125所示。

图 4-125

如果想要清除图层的部分样式，只要在该样式名称上单击并将其拖曳到面板底部的"删除图层"按钮上即可，如图4-126所示。

单击样式名称前面的眼睛图标，可以隐藏图层样式的效果，如图4-127所示。

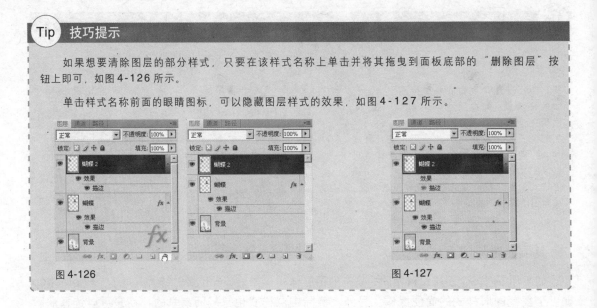

图4-126　　　　　　　　　　　　　　　　　　　　　　　图4-127

图层样式效果

Photoshop提供了共11种图层样式，这些图层样式都有什么样的效果呢？下面我们来简单浏览一下利用这些图层样式制作的图像效果。

投影：为图像添加立体投影效果。投影的不透明度、角度、大小和距离等都可以通过设置参数进行调整，如图4-128所示。

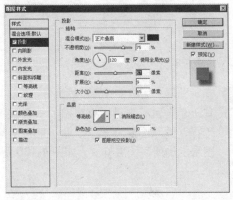

图4-128

内阴影：为图像边缘添加内部阴影效果，使图像向内凹陷进去。阴影的不透明度、角度、距离和大小等都可以通过设置参数进行调整，如图4-129所示。

外发光：为图像边缘添加发光效果。外发光的颜色、模式、不透明度及扩散的大小等都可以通过设置参数进行调整，如图4-130所示。

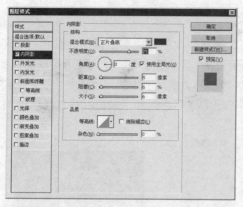 

图 4-129

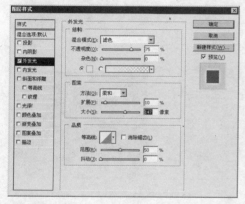 

图 4-130

内发光：图像内部沿轮廓产生发光效果。内发光的设置与外发光的一致。单击颜色按钮可以打开"拾色器"对话框，在其中可设置发光颜色，如图 4-131 所示。

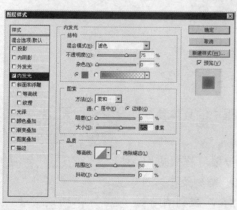 

图 4-131

斜面和浮雕：为图像添加"斜面和浮雕"样式，制作立体效果。在"样式"列表框中可以选择需要的样式，可以根据所选样式的不同制作不同的凸起或者凹陷的效果，如图 4-132 所示。立体效果的方向、深度、大小，以及阴影的角度和高度等都可以通过设置参数进行调整。

斜面和浮雕的模式又分为五种。

"外斜面"样式，可通过添加图像边缘外侧的立体感制作图像的突出斜面效果；"内斜面"样式，可通过凸起图像边缘内部制作图像的立体斜面效果；"浮雕效果"样式，可制作图像的立体斜面浮雕效果；"枕状浮雕"样式，可制作图像边缘凹陷，中间突出的浮雕效果；"描边浮雕"样式，可在图像轮廓上制作浮雕效果，单独使用看不出效果，必须和"描边"样式结合使用。

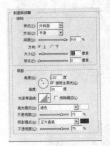

外斜面　　　　　　　　　　　　　　　　　　　　　内斜面

浮雕效果　　　　　　　　　　　　　　　　　　　　枕状浮雕

图4-132　　　　　　　　　　描边浮雕

"斜面和浮雕"对话框如图4-133所示，对话框中的具体参数详解如下。

"方法"下拉列表框：在其中可设置"斜面和浮雕"样式应用的方法。其下拉列表框中有"平滑"、"雕刻清晰"和"雕刻柔和"三个选项。"平滑"选项：选择此选项，可使边缘平滑；"雕刻清晰"选项：选择此选项，可使边缘清晰，线条较硬；"雕刻柔和"选项：选择此选项，可使边缘柔化，在清晰的程度上柔化图像效果。

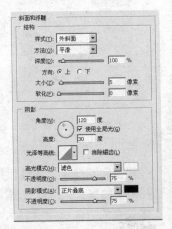

图4-133

"深度"栏：拖动滑块，设置浮雕凸起或者凹陷的程度，默认参数为100%。

"方向"栏：设置斜面和浮雕的立体方向。

"大小"栏：拖动滑块，设置斜面和浮雕的大小。

"软化"栏：拖动滑块，设置斜面和浮雕边缘的柔和程度。

"角度"和"高度"文本框：设置光源的照射角度和高度。

"光泽等高线"栏：设置图像光泽的等高线效果，单击其图标或者下拉按钮可以选择或者编辑等高线的样式，如图4-134所示。

"高光模式"和"阴影模式"栏：单击其下拉列表框，可设置高光和阴影的显示模式；单击颜色按钮，可设置高光和阴影颜色；拖动滑块，可设置效果的不透明度。

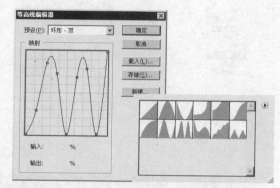

图 4-134

Tip 技巧提示

　　"斜面和浮雕"样式附带了两个辅助样式："等高线"和"纹理"样式，可以为图像添加内部效果。"等高线"样式依据选取的等高线缩览图，制作出立体对比强烈的各种浮雕效果，如图4-135所示；"纹理"样式可以为立体的图像效果添加纹理，制作凹凸的各种材质效果，如图4-136所示。

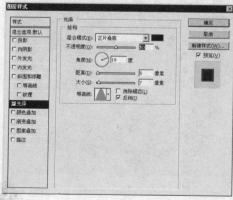

图 4-135　　　　　　　图 4-136

　　光泽：为图像内部添加材质效果，并因此制作图像的光感。光泽的混合模式、不透明度、角度、距离和大小等都可以通过设置参数进行调整，并可以选择或者自行设置等高线样式，决定光泽的效果，效果如图4-137所示。

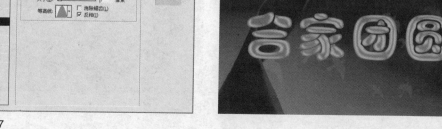

图 4-137

颜色叠加：可以为图像添加一种颜色样式。叠加的颜色可以自行设置，混合模式和不透明度可以调整叠加的效果，效果如图 4-138 所示。

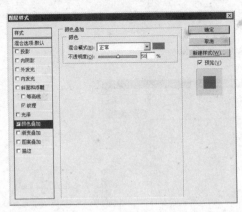 

图 4-138

渐变叠加：为图像添加渐变效果。渐变的混合模式、不透明度、渐变颜色、样式和角度等都可以通过设置参数进行调整，效果如图 4-139 所示。

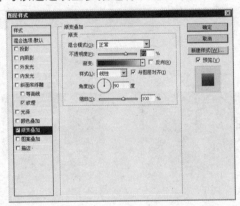 

图 4-139

图案叠加：为图像添加图案样式。图像的图案、混合模式和不透明度等参数都可以通过设置参数进行调整，效果如图 4-140 所示。

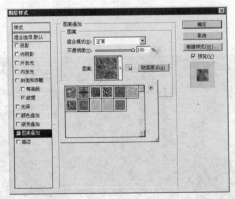 

图 4-140

描边：为图像轮廓添加"描边"样式。描边的大小、位置、混合模式、不透明度及颜色等都可以通过设置参数进行调整，效果如图4-141所示。

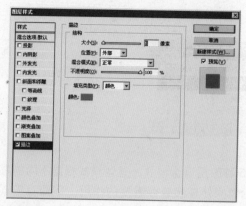

图4-141

4.4.4　为图层增加魔幻色彩——图层混合模式

　　在进行图层之间的操作时，尤其在进行图像的合成时，Photoshop有一个重要的图层功能是不可忽视的，那就是图层混合模式。

　　什么是图层混合模式呢？简单来说就是当前图层与下面图层的颜色进行混合的方式。图层的混合模式确定了其像素如何与图像中下面图层的像素进行混合，使用图层混合模式可以创建各种特殊效果。

　　下面我们讲解图层混合模式的设置。

01 打开附书光盘"CD/ 第4章 /4-19.psd"文件，如图4-142所示。

02 在"图层"面板中选择"图层1"图层，单击面板左上角的下拉按钮，在其下拉列表中选择"叠加"模式，如图4-143所示。

图4-142

图4-143

03 面板中的图层混合模式变为"叠加"模式，图像效果也随之发生变化，如图 4-144 所示。

图 4-144

Photoshop 提供了包含"正常"在内的共 25 种图层混合模式，这些模式根据不同的颜色混合方式，制作出不同的图层叠加效果，对于图像的处理起着很重要的作用，下面我们逐一进行讲解，请读者认真学习。

01 "正常"模式：正常表现图层上的图像，图层上面的图像遮挡背景图像，如图 4-145 所示。

图 4-145

02 "溶解"模式：将图像边缘表现为粗糙的颗粒效果，图层的不透明度越低，图层越透明，溶解程度越强烈，如图 4-146 所示。

图 4-146

03 "变暗"模式：当前图像的亮部变为透明色，通过图层之间的暗调混合，使图像加深变暗，如图 4-147 所示。

图 4-147

04 "正片叠底"模式：当前图层的高光颜色变为透明色，显示下层图层的颜色，暗调颜色同背景颜色进行混合变得更暗，如图 4-148 所示。

图 4-148

05 "颜色加深"模式：除了图层中的黑色图像外，其余颜色的图像的对比度降低，使当前图层的整体对比度下降，如图4-149所示。

图 4-149

07 "深色"模式：如果图层像素的颜色比下层图层像素的颜色深，则最终显示效果为该图层像素的颜色，如果下层图层像素的颜色深则保留下层图层像素的颜色，如图4-151所示。

图 4-151

09 "滤色"模式：当前图层的暗调变得透明，显示下层图层的颜色，亮调颜色同背景颜色进行混合变得更亮，如图4-153所示。

图 4-153

06 "线性加深"模式：将当前图层的图像按照下层图层图像的灰阶数值进行变暗处理，图像效果与下层图层融合，如图4-150所示。

图 4-150

08 "变亮"模式：当前图层的暗调变为透明色，通过与下层图层亮部混合，使图像变亮，如图4-152所示。

图 4-152

10 "颜色减淡"模式：当前图层依据下层图层的灰阶数值提高亮度，并与下层图像相融合，如图4-154所示。

图 4-154

11 "线性减淡"模式：将当前图层的图像按照下面图层图像的灰阶数值进行变亮处理，图像效果与下层图层融合，如图4-155所示。

图 4-155

13 "叠加"模式：运用"正片叠底"和"滤色"模式增强图像对比度，图层的高光颜色和暗调颜色保持不变，混合图层的中间色调，如图4-157所示。

图 4-157

15 "强光"模式：与"柔光"模式的处理方式一样，不过是使用强光照射的效果，图像的对比度变得非常强，如图4-159所示。

图 4-159

12 "浅色"模式：如果图层像素的颜色比下层图层像素的颜色浅，则最终显示效果为该图层像素的颜色，如果下层图层像素的颜色浅则保留下层图层像素的颜色，如图4-156所示。

图 4-156

14 "柔光"模式：当前图层的图像变淡，并且色调十分柔和。图层颜色亮于灰色（50% Gray）的部分变亮，暗于灰色的部分变暗，如图4-158所示。

图 4-158

16 "亮光"模式：根据图层融合颜色的灰度，调节当前图层的对比度，达到图像增亮或者减暗的效果，如图4-160所示。

图 4-160

⑰ "线性光"模式：当前图层的颜色亮于灰色（50% Gray）则增加亮度，低于则减淡亮度，达到加深或者减淡颜色的效果，如图 4-161 所示。

图 4-161

⑱ "点光"模式：当前图层颜色根据亮度替换下层图层的颜色，当前图层中高于灰色（50% Gray）的颜色被替换，其余保持不变，如图 4-162 所示。

图 4-162

⑲ "实色混合"模式：将当前图层的颜色与下层图层的颜色进行强制混合，得到强烈的色彩效果，如图 4-163 所示。

图 4-163

⑳ "差值"模式：把当前图层的颜色与下层图层的底色进行比较，用较亮的颜色像素值减去较暗的颜色像素值，得到差值效果。白色部分可以使底色反相显示，黑色部分不变，如图 4-164 所示。

图 4-164

㉑ "排除"模式：效果与"差值"模式相似，但是颜色对比度小，更加柔和。白色部分反相底色，黑色部分发生变化，如图 4-165 所示。

图 4-165

㉒ "色相"模式：采用下层图层颜色的亮度和饱和度，结合当前图像的色相构成图像效果，如图 4-166 所示。

图 4-166

㉓ "饱和度"模式：采用下层图层颜色的亮度和色相，结合当前图像的饱和度构成图像效果，如图 4-167 所示。

㉔ "颜色"模式：采用下层图层颜色的亮度，结合当前图层的色相和饱和度构成图像效果。可以保护图像的灰阶层次，混合后颜色由当前图层的颜色决定，如图 4-168 所示。

图 4-167

图 4-168

㉕ "明度"模式：采用下层图层颜色的色相、饱和度及绘图色的亮度显示图像。色相和饱和度由底色决定，如图 4-169 所示。

图 4-169

4.4.5 让图层灵活多变——填充和调整图层

在我们填充或者调整图像的过程中，除了在原图像上操作之外，还可以在图层中实现调整，这就是"填充或者调整图层"。在所选图层上面新增一个用于填充颜色或者调整图像色彩的图层，调整图像的同时对原图层没有任何影响，这样做的好处在于可以在修改之后随时保留撤销的权利，非常便于制作图像。

填充图层的方式包括"纯色"、"渐变"和"图案"三种。调整图层则提供了"色阶"、"曲线"、"色彩平衡"和"亮度/对比度"等多个图像调整命令，使用这些命令可以快速添加调整图层，调整图像。

① 打开附书光盘"CD/第4章/4-21.jpg"文件，如图 4-170 所示。

图 4-170

② 切换到"图层"面板，图像为单一图层，单击面板底部的"创建新的填充或调整图层"按钮，在弹出的下拉菜单中选择"渐变映射"命令，如图 4-171 所示。

图 4-171

03 在弹出的"渐变映射"调整面板中，单击 编辑渐变颜色选择框，可打开"渐变编辑器"对话框，在其中设置渐变颜色，完成后单击"确定"按钮，如图 4-172 所示。

04 此时，"图层"面板中出现了新的调整图层"渐变映射 1"，图像效果也随之改变，如图 4-173 所示。

图 4-172

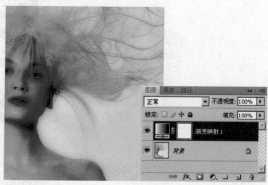

图 4-173

Tip 技巧提示

可以看到，填充或者调整图层是以单独图层存在的，并不改变下层图层的图像，因此可以反复修改，隐藏或者删除都不会对原图像产生影响。

填充和调整图层同其他图层一样，可设置不透明度和图层混合模式。在默认情况下，创建的填充或调整图层都会自带一个图层蒙版，如果在创建时选择了路径，则创建的蒙版为图层剪贴路径蒙版；如果在创建时图像中存在选区，则该选区会自动成为新建的填充或者调整图层的蒙版。

4.5 智能对象图层

智能对象可以将位图或者矢量图像的数据输入到 Photoshop 中，在智能对象中可以嵌入栅格或矢量图像数据并保持其原有的特性，还可以进行编辑，这样就避免了矢量图形在多次变换后出现的模糊问题。

用户可以在 Photoshop 中通过转换一个或多个图层来创建智能对象。掌握好这个功能，就可以使用户在设计时如虎添翼。

4.5.1 了解智能对象图层——智能对象图层的作用

智能对象实际上是一个嵌入到另一个文件中的文件。智能对象非常有用，它可以以非破坏性方式缩放、旋转图层和变形图层，而不会丢失原始的图像数据，还可以保留 Photoshop 不会以本地方式处理的数据，如 Illustrator 中的复杂矢量图片。另外，编辑一个图层即可更新多个智能对象。

对智能对象还可以进行导出和替换等操作，还可以编辑源对象并更新内容，这些功能使 Photoshop 同其他矢量编辑软件如 Illustrator 的联系更加紧密，也使用户的设计过程更加快捷方便，如图 4-174 所示为智能对象图层。

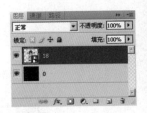

图 4-174

4.5.2 轻松图像编辑——操作智能对象图层

智能对象的编辑是在智能对象图层上进行的，所以要想编辑智能对象，先要创建智能对象图层。所有操作都是在智能对象图层上进行的，当然这只限于置入的图像。

可以将一个或者数个图层转换为一个编组的智能对象图层，所有的编辑都可以在该图层上进行，当然也可以在适当的时候将其转换恢复为普通图层，这些都是较容易的操作。

01 打开附书光盘"CD/ 第 4 章 /4-22.psd"文件，在"图层"面板中选择"图层 1"图层，如图 4-175 所示。

02 执行菜单栏中的"图层 / 智能对象 / 转换为智能对象"命令，如图 4-176 所示。

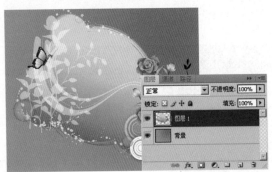

图 4-175

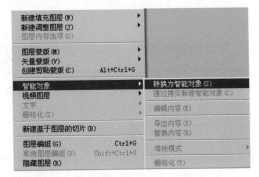

图 4-176

03 释放鼠标，"图层"面板中"图层 1"图层的缩览图已经改变，在右下角出现了一个图标，表明此图层已经创建智能对象了，如图 4-177 所示。

04 执行菜单栏中的"图层 / 智能对象 / 通过拷贝新建智能对象"命令，在"图层"面板中复制智能对象图层，得到"图层 1 副本"图层，如图 4-178 所示。

图 4-177

图 4-178

05　执行菜单栏中的"编辑/自由变换"命令，调出自由变换控制框，此时的自由变换控制框与以往不同，按【Shift】键等比例拖曳缩小图像，按【Enter】键确定变换，如图 4-179 所示。

图 4-179

06　执行菜单栏中的"图层/智能对象/编辑内容"命令，系统自动弹出提示对话框，提示编辑的图层需要保存修改，单击"确定"按钮即可，如图 4-180 所示。

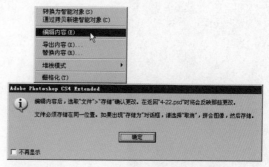

图 4-180

07　在打开的文件中，显示出所选图层的图像，背景为透明，如图 4-181 所示。

图 4-181

08　在工具箱中设置前景色，选择工具箱中的"油漆桶工具"，在图像内部单击填充颜色，如图 4-182 所示。

图 4-182

09　保存图像并关闭文件。此时回到范例文件，"图层 1 副本"图层反映出所做的改动。此时，图像也随之变化，如图 4-183 所示。

图 4-183

10　执行菜单栏中的"图层/栅格化/智能对象"命令，将"图层 1 副本"图层转换为普通图层，如图 4-184 所示。

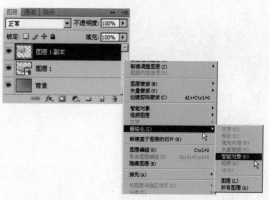

图 4-184

Chapter 05

明明白白学通道

　　本章介绍了通道的基本概念及功能，继而讲解了新建通道、通道的分离与合并、利用通道获得选区等内容。利用通道获得背景比较复杂的图像的选区是个很好的方法，其中的奥妙就让本章来具体揭晓吧！

5.1 通道概念

　　了解了图层的知识，下面我们来学习通道。通道是存储不同类型信息的灰度图像，分为颜色信息通道、Alpha 通道和专色通道。这些通道的作用各不相同，有的用来存储颜色信息，有的用来存储蒙版，还有的用来指定用于专色油墨印刷的附加印版。

　　本章我们着重学习的是 Alpha 通道，因为它在我们平时的操作中经常会用到，我们一般所说的通道，指的就是 Alpha 通道。Alpha 通道的作用在于，保存所需的部分——可以方便地将选区保存为通道，便于随时拿来使用。另外，还可以结合这些通道应用各种滤镜效果，因此通道是 Photoshop 很重要的功能和组成部分。

5.1.1 什么是通道——了解通道

　　下面我们就来由浅入深地讲解 Alpha 及其他通道。

　　所有的通道都可在"通道"面板里查看，其中颜色信息通道位于面板的最上面，显示了文件的图像颜色信息，这些通道是打开新图像时自动创建的，图像的颜色模式决定了所创建的颜色通道的数目，每种颜色都有一个通道。打开一张图片，Photoshop 会自动创建颜色信息通道，RGB 颜色模式包含了三个通道，CMYK 颜色模式拥有四个通道，并且都还有一个用于编辑图像的复合通道，而位图、灰度图像等只有一个通道。

　　Alpha 通道的作用与工具箱中的"以快速蒙版模式编辑"按钮的功能类似，它的功能简单地说就是保存并选取所选的部分。它可以将选区存储为灰度图像，可以添加 Alpha 通道来创建和存储蒙版，这些蒙版用于处理或保护图像的某些部分。

　　专色是特殊的预混油墨，用于替代或补充印刷色 (CMYK) 油墨，在印刷时每种专色都要求专用的印版。如果要印刷带有专色的图像，则需要创建存储这些颜色的专色通道。

　　执行菜单栏中的"窗口 / 通道"命令，会弹出"通道"面板，如图 5-1 所示，面板中的具体参数详解如下。

　　RGB 复合通道：显示颜色通道的综合信息。

　　"红"、"绿"、"蓝"通道：基本颜色通道，按颜色模式分别显示颜色信息。

　　"Alpha 1"通道：Alpha 通道，以蒙版形式存储添加的选区。

　　"专色 1"通道：专色通道，存储添加的专色。

　　通道面板菜单：单击右上角的三角按钮即可弹出通道面板菜单，在其中可进行通道的相关操作。

图 5-1

　　眼睛图标：单击即可显示或者隐藏通道图像的效果。

　　"将通道作为选区载入"按钮：单击该按钮，即可将当前通道载入选区。

　　"将选区存储为通道"按钮：单击该按钮，将已有选区保存为通道。

　　"创建新通道"按钮：单击该按钮，创建空白通道或者依据选区添加通道。

"删除当前通道"按钮：单击该按钮，删除所选通道。

5.1.2 什么是专色通道——了解专色通道

专色通道是一种特殊用途的通道。在印刷时每种专色都要求有专用的印版。印刷带有专色的图像，创建的存储这些颜色信息的通道就是专色通道。 在"通道"面板中创建专色通道可以为图像添加通道存储专色信息。在印刷出片时，专色会单独输出到胶片上。

专色是印刷过程中除了常用的CMKY以外的混合油墨，如印刷品中的烫金、烫银及一些特殊色，这样为了准确地印刷这些颜色，就准备了保存这些颜色信息的通道。专色通道可以自由地创建、编辑和合并，还可以将Alpha通道转换为专色通道。

创建专色通道

创建专色通道同创建Alpha通道差不多，选取所需的专色通过通道进行保存即可。

01 打开附书光盘"CD/第5章/5-1.jpg"文件。选择工具箱中的"矩形选框工具"，在画面中绘制选区，如图5-2所示。

图 5-2

02 切换到"通道"面板，单击面板右上角的三角按钮，在弹出的下拉菜单中选择"新建专色通道"命令，如图5-3所示。

图 5-3

03 在打开的"新建专色通道"对话框中，单击"颜色"旁边的按钮，在打开的"拾色器"对话框中选取颜色，"新建专色通道"对话框的参数如图5-4所示。

图 5-4

04 单击"确定"按钮。此时"通道"面板中出现了一个以所选专色名称命名的专色通道。同时在画面中，矩形选区内也被填充为所选专色，如图5-5所示。

图 5-5

编辑修改专色

专色可以单独进行编辑修改，方法与通道蒙版类似，在操作中可以应用蒙版编辑的技巧。

01 在"通道"面板中选择专色通道。选择工具箱中的"椭圆选框工具"，在工具箱中设置前景色为白色，在画面中绘制椭圆选区，如图5-6所示。

图5-6

02 按【Alt+Delete】组合键填充选区，可以看到填充的部分变为底图，专色消失了。"通道"面板中的专色通道也随之改变了，如图5-7所示。

图5-7

03 在"通道"面板中双击专色通道的缩览图，在打开的"专色通道选项"对话框中单击颜色按钮改变专色，设置密度为"100%"，单击"确定"按钮，如图5-8所示。

图5-8

04 此时，画面中的图像已经改变，专色的颜色和密度都改变了，如图5-9所示。

图5-9

将Alpha通道转换为专色通道

我们也可以将一个Alpha通道转换为专色通道，方法也很简单。

01 选择需要转换的Alpha通道，单击"通道"面板右上角的三角按钮，在弹出的下拉菜单中选择"通道选项"命令，如图5-10所示。

图5-10

02 在打开的"通道选项"对话框中，选中"专色"单选项，并设置专色的颜色和密度，完成后单击"确定"按钮。"通道"面板中原来的Alpha通道变为专色通道，如图5-11所示。

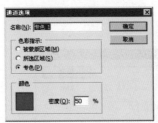

图5-11

5.1.3 什么是蒙版——了解蒙版

蒙版是以通道的形式存在的，概念与图层中的蒙版类似，它可以保护图像中的特定区域，使其方便地进行编辑修改。与图层蒙版不同的是，通道蒙版实在地存在于通道中，是一个灰度图像，可以使用多种绘图工具修改，并且可以结合滤镜进行特殊效果的处理。

我们可以将一个需要多次使用的选区保存为通道，这就是使用蒙版的形式。从通道中调出蒙版选区，会大大方便编辑工作。

蒙版是一个由黑白颜色组成的图像，在"通道"面板中，选择的部分显示为白色，不要的部分显示为黑色，即选区为白色，选区以外为黑色，以此在通道中显示保留的蒙版，供用户反复使用。同图层蒙版一样，通道蒙版默认的显示状态为半透明的红色图像，用户也可以自行设置蒙版颜色。

在"通道"面板中可以进行各种通道操作，如通道的创建、将通道载入选区、复制通道和删除通道等，还可以进行通道的分离与合并操作。

"蒙版"面板

"蒙版"面板是 Photoshop CS4 版本中为了方便用户新增的功能，提供用于调整蒙版的附加控件。可以像处理选区一样，更改蒙版的不透明度以增加或减少可显示的蒙版内容、反相蒙版或调整蒙版边界。"蒙版"面板的组成如图 5-12 所示，面板各选项和按钮的功能如下。

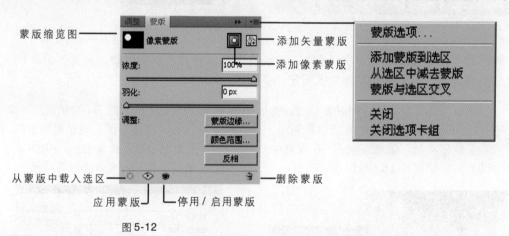

图 5-12

5.2 通道的基本操作

在"通道"面板中，可以新建空白通道，也可以将选区保存为通道，以此创建新通道。在创建好新通道后，可以在通道的缩览图上双击，调出"通道选项"对话框，如图 5-13 所示，可以通过"通道选项"对话框调整通道的显示状态，对话框中的具体参数详解如下。

"名称"文本框：在文本框中可以输入文字，设置通道名称。

"被蒙版区域" / "所选区域"单选项：设置通道的显示模式，"被蒙版区域"单选项表示通道中黑色为蒙版区域，白色为保留区域；"所选区域"单选项则与之相反，白色为蒙版区域，黑色为保留区域。

"专色"单选项：选中此单选项，则将通道设置为专色通道。

颜色按钮：设置蒙版的显示颜色，单击可打开"拾色器"对话框，用户可以自行选择颜色，默认设置为红色。

"不透明度"文本框：设置蒙版显示的不透明度，设置数值越大，蒙版颜色越不透明；数值越小，蒙版颜色越透明。

图 5-13

5.2.1 让我们来创建新通道——新建通道

01 打开附书光盘"CD/第5章/5-2.jpg"文件，如图5-14所示。

02 切换到"通道"面板，此时面板中已有四个颜色信息通道。单击面板底部的"创建新通道"按钮，面板中出现了一个名为"Alpha1"的新通道，如图5-15所示。

图 5-14

图 5-15

除了可以创建空白通道，我们还可以将现有选区保存为通道，供以后使用。方法同样非常灵活，具体操作可以根据实际情况而定。

03 在"通道"面板中隐藏"Alpha1"通道，选择"RGB"通道及各个颜色信息通道，选择工具箱中的"套索工具"，在画面中绘制选区，如图5-16所示。

04 执行菜单栏中的"选择/存储选区"命令。在打开的"存储选区"对话框中，在"名称"文本框中输入通道名称"Alpha2"，单击"确定"按钮，如图5-17所示。

图 5-16

图 5-17

05 在"通道"面板的最下面出现了新建的通道"Alpha2"，通道蒙版与画面中绘制的选区一致，如图5-18所示。

06 在"通道"面板中单击"Alpha2"通道前面的眼睛图标，显示通道，画面中出现了以该选区轮廓显示的半透明红色蒙版效果，如图5-19所示。

图 5-18

图 5-19

5.2.2 制作双胞胎通道——复制通道

复制通道有几种方法，下面讲解最常用的，同时也是较简单的方法。

01 在"通道"面板中选择任意通道，将其拖曳到面板底部的"创建新通道"按钮上，如图 5-20 所示。

图 5-20

02 释放鼠标，面板中出现了名称中有"副本"二字的新通道。图像也随之变成了复制的通道图像效果，如图 5-21 所示。

图 5-21

5.2.3 不要无意义的通道——删除通道

同图层一样，通道也可以进行删除操作。删除不必要的通道，可以节省空间，加快文件编辑的速度。

01 在"通道"面板中选择需要删除的通道"绿 副本"，单击并将其拖曳到面板底部的"删除当前通道"按钮上，释放鼠标，通道被删除，如图 5-22 所示。

图 5-22

02 再次选择"绿"通道，单击面板右上角的三角按钮，在弹出的下拉菜单中选择"删除通道"命令，如图 5-23 所示。

图 5-23

5.3 深入了解通道

除了常规的编辑操作，通道还可进行一些具体的操作，如查看通道、分离或合并通道和使用通道建立选区等，都是编辑时常用的操作。了解了这些操作，用户就会对通道这个概念有一个比较全面的了解了。

5.3.1 让通道分离再合并——分离与合并通道

"通道"面板中的通道存在于一个图像文件中，不过 Photoshop 可以将它们分离，创建单独的图像文件，还可以将拆开的通道文件合并为一个图像文件。

分离通道

分离通道依据的是图像现有的通道，"通道"面板中有多少个通道，分离通道后就有多少个图像文件。每个图像按照各个通道所显示的颜色进行转换，将得到不同的颜色效果。

01 打开附书光盘"CD/第5章/5-3.jpg"文件，如图 5-24 所示。

02 在"通道"面板中单击面板右上角的三角按钮，在弹出的下拉菜单中选择"分离通道"命令，如图 5-25 所示。

图 5-24

图 5-25

03 通道分离为三个单色文件，每个文件均为灰度图像，如图 5-26 所示。

图 5-26

> Tip 技巧提示
>
> 分离的通道图像均为灰度图像效果，与分离之前通道中的图像一致。分离的文件系统自动将其命名为"原文件名_R"、"原文件名_G"和"原文件名_B"。

合并通道

"合并通道"命令可以将分离的通道按照 RGB 或者 CMYK 等颜色模式合并为一个文件。

04 在"通道"面板中单击面板右上角的三角按钮，在弹出的下拉菜单中选择"合并通道"命令，如图 5-27 所示。

05 在打开的"合并通道"对话框中设置通道为"3"，单击"确定"按钮，如图 5-28 所示。

图 5-27

图 5-28

06 在"合并 RGB 通道"对话框中选择刚刚分离的各个通道，单击"确定"按钮，退出对话框，如图 5-29 所示。

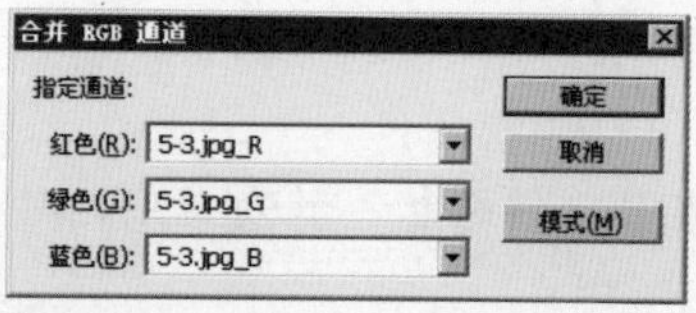

07 分离的图像文件合并为一个彩色图像，查看"通道"面板，可以看到通道恢复为分离之前显示的状态，通道合并完成，如图 5-30 所示。

图 5-29

图 5-30

5.3.2 使用已制作好的选区——载入选区

载入通道的选区，可以有效地利用通道来制作需要的图像效果。载入选区可以说是通道最重要的功能之一，很多特殊效果都是通过通道制作并通过载入通道的选区进行输入的。

01 打开附书光盘"CD/ 第 5 章 /5-4.psd"文件，如图 5-31 所示。

02 切换到"通道"面板，已有"a"通道。执行菜单栏中的"选择 / 载入选区"命令，或者按住【Ctrl】键单击该通道的缩览图，如图 5-32 所示。

图 5-31

图 5-32

03 在打开的"载入选区"对话框中，选择"a"通道，单击"确定"按钮，如图 5-33 所示。

04 在画面中出现了载入的"a"通道的选区，接下来即可进行选区的编辑操作，如图 5-34 所示。

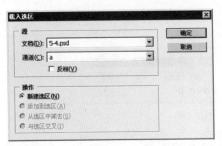

图 5-33

图 5-34

5.3.3 图像通道的混合运算——应用图像和计算

使用通道的混合运算，可以对图像内部或者图像之间的通道进行混合运算操作，制作新图像。Alpha 通道是用来存储选区的，它也可以通过混合得到特殊的复杂效果。在通道的混合操作中，包括"应用图像"和"计算"命令。

应用图像

使用"应用图像"命令，可以将图像的一个或者多个通道进行合并，并混合出特殊的图像效果。

01 打开附书光盘"CD/ 第 5 章 /5-5.psd"文件，如图 5-35 所示。

02 切换到"图层"面板，单击"图层 1"图层前面的眼睛图标，显示"图层 1"图层中的图像，如图 5-36 所示。

图 5-35

图 5-36

03 执行菜单栏中的"图像 / 应用图像"命令，在打开的"应用图像"对话框中设置图层和通道，并设置混合模式为"正片叠底"模式，如图 5-37 所示。

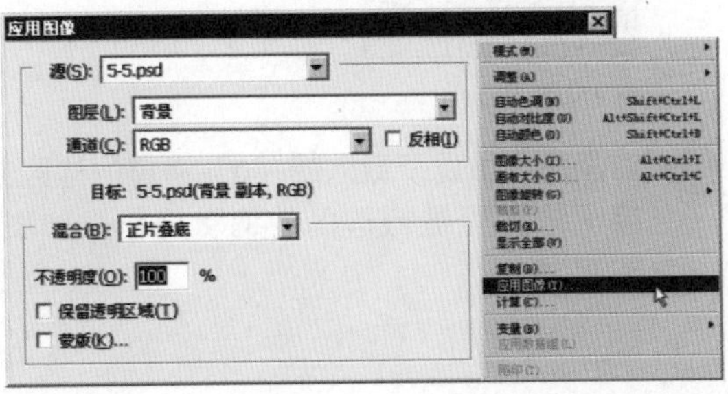

04 勾选对话框中的"蒙版"复选框，对话框底部展开蒙版的扩展选项，可设置蒙版的各项参数。选择"图层 1"图层的图像作为合成用的蒙版，在"通道"下拉列表框中选择"蓝"通道，单击"确定"按钮，如图 5-38 所示。

图 5-37

图 5-38

05 图像中已经变为应用了设置的混合通道的图像效果。在"图层"面板中可以看到"图层 1"图层的图像已经改变，图像应用效果完成，如图 5-39 所示。

图 5-39

计算命令

运用"计算"命令可以混合两个来自一个或多个源图像的单个通道。然后将结果应用到新图像或者新通道中，还可以转换为图像的选区。

01 打开附书光盘"CD/第 5 章/5-6.jpg"文件，如图 5-40 所示。

图 5-40

02 执行菜单栏中的"图像/计算"命令，如图 5-41 所示。

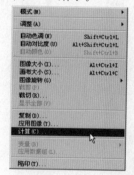

图 5-41

03 在打开的"计算"对话框中，设置"源 1"和"源 2"图像的图层和通道，设置混合模式为"正片叠底"，在"结果"下拉列表框中选择"新建通道"选项，如图 5-42 所示。

图 5-42

04 得到的图像效果为灰度图像，查看"通道"面板，图像已新建通道"Alpha1"，"计算"命令完成，如图 5-43 所示。

图 5-43

Tip 技巧提示

"计算"命令与"应用图像"命令相似，得到的图像效果只能是 256 色的灰度图像。不过，"计算"命令不能对复合通道使用，且"结果"下拉列表框中的选项可以根据需要自由选择："新建文档"选项可以将计算结果保存至新文件，"新建通道"选项则在当前图像中新建通道保存图像，"选区"选项则可以将计算结果载入选区，供用户编辑操作。

Chapter 06
具有魔幻色彩的滤镜

　　滤镜是制作图像特效的主要工具，可以创造各种效果，包括水纹、雾状等效果，也可以制作各种艺术效果，如素描、版画和壁画等效果，如果各种滤镜搭配合理的话，还可以得到意想不到的意境，总之滤镜是最大化合成图像的命令，自由发挥的空间比较大。

6.1   滤镜介绍

熟悉 Photoshop 的用户大都对"滤镜"这个词并不陌生。它是 Photoshop 所拥有的特殊功能，是简单而有趣的特效处理手段。

本章我们学习使用滤镜为图像添加各种有趣的独特效果，操作相对简单，可以说是很好用的功能。不过，根据情况的不同，需要的滤镜也不同，这就要看用户的操作水平了。

下面我们就来由浅入深地讲解滤镜的知识及其操作方法。

6.1.1   Photoshop 自带的滤镜——了解滤镜

"滤镜"一词来源于摄影，原指为拍摄多种效果而附加在镜头上的镜片。Photoshop 拿来作为图像制作各种效果的工具名称，其强大的功能早已超出了摄影领域。

Photoshop 的滤镜包括安装软件自带的内部滤镜和另外安装的外部滤镜，我们主要学习的是内部滤镜。内部滤镜所有用户都能够使用，不必再另外安装，操作起来更为方便。内部滤镜包括"液化"、"消失点"等特殊滤镜，以及"模糊"、"扭曲"、"纹理"和"渲染"等多个滤镜组滤镜。所有的滤镜都放置在"滤镜"菜单中，使用时只需执行这些命令就可以为图像制作各种效果，不过要想真正地用好滤镜，用户除了具有良好的操作水平外，还需要具有一定的美术修养和创造力。用户需要不断地学习实践，才能掌握滤镜这个强大的工具，制作出各种随心所欲的图像效果。

6.1.2   制作特殊图像——滤镜的基本用法

滤镜的操作方法，除了特殊滤镜外，都是通过调节滤镜对话框中的各项滤镜参数进行设置的，设置完成的效果即是所得图像的结果，下面我们讲解一般滤镜的操作方法。

01 打开附书光盘"CD/第6章/6-1.jpg"文件，如图 6-1 所示。

02 执行菜单栏中的"滤镜/艺术效果/木刻"命令。在打开的"木刻"对话框中，设置"木刻"滤镜的各项参数，单击"确定"按钮，得到的图像效果同对话框中的预览效果一致，滤镜制作完成，如图 6-2 所示。

图 6-1

图 6-2

> **Tip 技巧提示**
>
> 当添加一个滤镜后,在"滤镜"下拉菜单中会自动出现该滤镜命令,选择即可快速重复制作此滤镜效果,快捷键为【Ctrl+F】。若需要重新设置该滤镜的参数,则按【Ctrl+Alt+F】组合键,即可打开相应的对话框,供用户修改数值。
>
> 在任何滤镜的对话框中,按【Alt】键即可将对话框中的"撤销"按钮变为"复位"按钮,可恢复初始设置。
>
> 在使用了滤镜效果之后,可以执行菜单栏中的"编辑/还原"命令,撤销滤镜效果。(还原操作的名称,由于滤镜操作的不同,也会有所改变。)
>
> 在位图和索引颜色模式下,不能使用滤镜,在CMYK和Lab颜色模式下,分别有若干滤镜不可使用,因此用户在操作图像时,最好先使用RGB颜色模式,然后再转换为其他需要的颜色模式。

6.2 特效滤镜

Photoshop中的特效滤镜,包括"液化"和"消失点"等滤镜,它们的共同特点是比一般滤镜设置更为复杂,具有工具栏、属性栏和状态栏,用户可以根据需要进行有选择的编辑操作。这些滤镜有的用于为图像去底,有的可以制作柔化效果,有的可以生成图案,各种用途的滤镜令用户在图像处理时得心应手。

6.2.1 自然变形图像——液化

"液化"滤镜可以将图像进行比较自然的任意变形操作,从而得到扭曲、旋转和位移等特殊效果。

"液化"滤镜的工作原理是,在编辑之前对画笔大小及压力值进行设置,区分开图像的处理区域,保护起来的区域称为冻结区域。"液化"滤镜在操作时对图像的冻结区域不起作用,而经过解冻处理的图像,会受到影响,产生各种变换效果。

01 打开附书光盘"CD/第6章/6-2.jpg"文件,如图6-3所示。

02 执行菜单栏中的"滤镜/液化"命令,打开"液化"对话框,如图6-4所示。

图 6-3

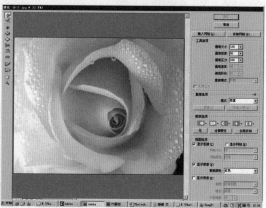

图 6-4

03 选择"顺时针旋转扭曲工具",在图像中央按住鼠标,图像慢慢产生变化,扭曲到合适的位置释放鼠标,效果如图 6-5 所示。

04 绘制完毕后单击"确定"按钮,效果如图 6-6 所示。

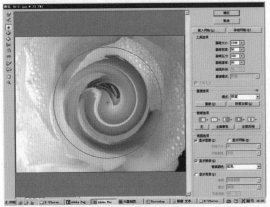

图 6-5

图 6-6

Tip 技巧提示

在"液化"滤镜中,共有 12 种扭曲变形和编辑工具。这些工具分别用于创建扭曲变形、冻结解冻蒙版及查看图像等。其中扭曲变形工具包括"向前变形工具"、"重建工具"、"顺时针旋转扭曲工具"、"褶皱工具"、"膨胀工具"、"左推工具"、"镜像工具"和"湍流工具"。用这些工具制作的图像扭曲效果,如图 6-7 所示,供用户参考。

向前变形工具

顺时针旋转扭曲工具

褶皱工具

膨胀工具

左推工具

镜像工具

湍流工具

图 6-7

其中"重建工具"是专门用于恢复被扭曲的图像,将图像还原为原始状态的工具,只会对使用了扭曲工具变形之后的图像产生作用。对未经过变形的图像不产生作用。

6.2.2 复制带有透视的图像——消失点

"消失点"滤镜可以对含有透视平面的图像进行修整，可以在包含透视平面如建筑物侧面的图像中进行透视校正编辑。通过使用"消失点"滤镜，可以在图像中指定平面，然后应用诸如绘画、仿制、拷贝或粘贴及变换等编辑操作。所有的编辑操作都将采用图像平面的透视进行处理。

01 打开附书光盘"CD/ 第 6 章 /6-3.psd"文件，如图 6-8 所示。

02 按住【Ctrl】键，单击"图层 1"图层的缩览图，按【Ctrl+X】组合键进行剪切操作，选择"背景"图层，执行菜单栏中的"滤镜 / 消失点"命令，打开"消失点"对话框，如图 6-9 所示。

图 6-8

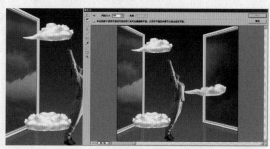

图 6-9

03 选择"创建平面工具"，在画面中檐下的窗户处单击并拖动鼠标，绘制出透视的定界框，如图 6-10 所示。

04 按【Ctrl+V】组合键，将"蓝天"图像粘贴到"消失点"对话框中，用鼠标拖曳其到刚绘制的透视定界框中，重复一次粘贴另一边，如图 6-11 所示，单击"确定"按钮，效果与预览图一样。

图 6-10

图 6-11

Tip 技巧提示

定界框和透视栅格通过颜色指示透视状态，蓝色为正确的透视角度，表示创建的平面有效，而当其显示为黄色或者红色的时候，则透视角度不正确，需要移动角节点进行调整，直到定界框和透视栅格都变为蓝色为止。绘制的平面与图像中的几何要素区域越吻合越精确，得到的图像效果就越逼真。

在使用"消失点"滤镜之前，建议用户创建一个新图层，这样操作结果将出现在新建的图层上，可以使用诸如不透明度、图层样式和图层混合模式等图层功能继续编辑，同时还可保留原始图像的效果。

6.3 各种滤镜——滤镜库

Photoshop 提供了各种特效滤镜，相信看过前面章节的用户对于滤镜这个概念已经有所了解。滤镜的功能很强大，也很有趣，只要掌握了这些有用的技能，才可以制作出各种图像效果。滤镜根据不同的特性被分成若干个滤镜组，其中一部分滤镜可以在滤镜库中进行编辑，下面就根据滤镜库的特点介绍各个滤镜组及其效果。

滤镜库

"滤镜库"对话框如图 6-12 所示。

预览视图：预览画面设置的滤镜效果。使用"抓手工具"可以移动图像，单击预览视图下方的按钮或者输入百分比数值可以进行视图大小的调整。

滤镜组：单击各个滤镜组的名称可以展开其列表，从中可选择所需的滤镜，再次单击名称可以闭合该滤镜组。

单击对话框右侧的下拉列表框，将弹出其下拉列表，可选择所需的滤镜样式。（许多滤镜库滤镜组中没有的滤镜也包含在其中，但并不包含所有滤镜。）

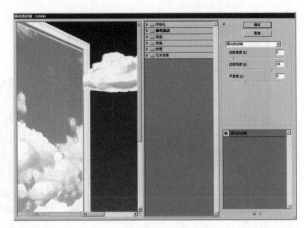

图 6-12

滤镜选项：设置所选滤镜的各参数。

滤镜面板：可以新建或者删除滤镜效果，用户可以选择多个滤镜进行效果叠加。

6.3.1 风格化滤镜组

"风格化"滤镜组通过置换像素或者查找图像对比度，为图像增加绘画或者风格各异的效果。"风格化"滤镜组包括"查找边缘"、"扩散"、"拼贴"和"凸出"等共九个滤镜，如图 6-13 所示，其中"照亮边缘"滤镜在滤镜库中，选择菜单命令，打开各个滤镜对话框，即可制作各种滤镜效果。

"查找边缘"滤镜：在图像中标识有明显过渡的区域并强调边缘，得到在白色背景上使用深色线条勾绘图像的效果。

"等高线"滤镜：通过查找图像主要亮部区域的过渡，对每个颜色通道进行勾绘，得到类似等高线图像的效果。在对话框中可以选取较高或者较低的边缘，并设置色阶数量。

图 6-13

"风"滤镜：在图像中创建细水平线，模拟刮风效果。在对话框中可以选择效果的大小，分为"风"、"大风"和"飓风"三种，并可以选择风的方向。

"浮雕效果"滤镜：将图像的颜色转换为灰色，并使用原填充色勾绘边缘部分，制作选区突出或者凹陷的效果。在对话框中可以设置角度、高度和数量等参数。

"扩散"滤镜：根据所选的选区扰乱图像的像素，使图像变为扩散的效果。对话框中的"正常"单选项为随机移动图像像素的效果，不受颜色色值影响；"变暗优先"单选项使用较暗的像素替换较亮的像素；"变亮优先"单选项使用较亮的像素替换较暗的像素；"各向异性"单选项使暗部像素与亮部像素互相交换。

"拼贴"滤镜：为图像创建拼贴效果。在对话框中可以设置拼贴数和最大位移等参数，还可以选择填充空白区域的对象。

"曝光过度"滤镜：为图像混合正片和负片，得到曝光的、加亮的图像效果。

"凸出"滤镜：为图像制作三维的凸起纹理效果。在对话框中可以设置凸出类型，分为"块"和"金字塔"两种，可以设置凸出立体的大小和深度，勾选"蒙版不完整块"复选框可以隐藏延伸到选区以外的对象。

"照亮边缘"滤镜：对图像的边缘进行标识，并处理为类似霓虹灯的亮光效果。在对话框中可以设置边缘的宽度、亮度和平滑度。

"风格化"滤镜效果

"风格化"滤镜效果如图6-14所示。

| 正常 | 查找边缘 | 等高线 | 风 | 浮雕效果 |

| 扩散 | 拼贴 | 曝光过度 | 凸出 | 照亮边缘 |

图6-14

6.3.2 画笔描边滤镜组

使用各种画笔和油墨笔触可以产生各种绘画效果。"画笔描边"滤镜组主要用来制作各种画笔描边的图像效果，"画笔描边"滤镜组分为"墨水轮廓"、"喷溅"、"喷色描边"和"深色线条"等共八个滤镜，在滤镜库里全部都能找到，单击所需的滤镜图标，即可切换滤镜面板并设置滤镜参数制作各种描边效果，如图6-15所示。

"成角的线条"滤镜：是使用对角线重新绘制图像，使图像产生倾斜线条绘制的效果。

"墨水轮廓"滤镜：是用精细的线条勾画图像轮廓，类似于钢笔的风格。

图6-15

"喷溅"滤镜：可以使图像产生喷溅的效果，使图像中的色彩向四周飞溅。

"喷色描边"滤镜：也可以使图像产生喷溅的效果，与"喷溅"滤镜效果相似，但此滤镜可使图像中的色彩按一定的方向飞溅。

"强化的边缘"滤镜：是通过强化图像的边缘，使图像产生彩笔勾绘边缘的效果。

"深色线条"滤镜：使用较短的、紧绷的线条绘制图像的暗部区域，使用较长的白色线条绘制图像的亮部区域。

"烟灰墨"滤镜：模拟绘画中日本画的风格绘制图像效果。如同使用黑色墨水的湿画笔在宣纸上绘画，得到柔和边缘的图像。

"阴影线"滤镜：保留原图像的细节和特征，添加模拟铅笔的阴影线绘制的纹理，得到图像中彩色部分边缘变得粗糙的效果。

"画笔描边"滤镜效果

"画笔描边"滤镜效果如图 6-16 所示。

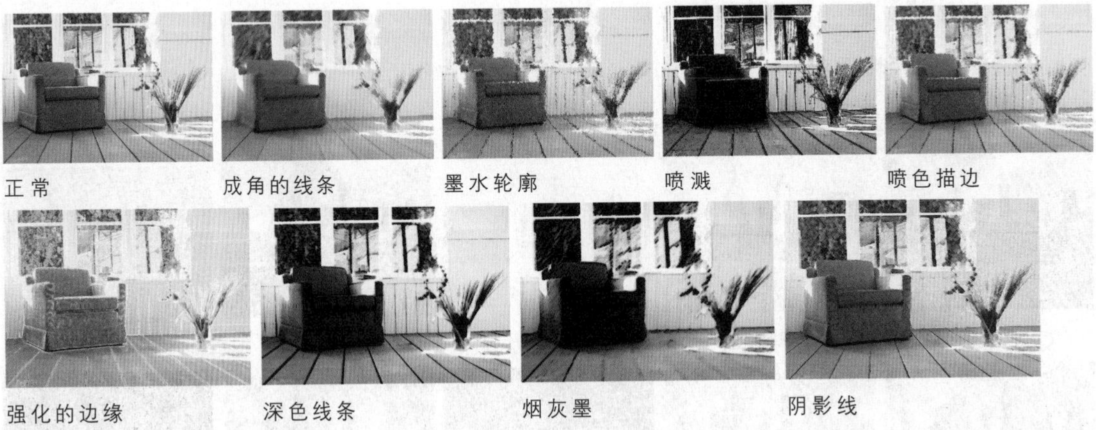

正常　　　　　　成角的线条　　　　墨水轮廓　　　　喷溅　　　　　喷色描边

强化的边缘　　　　深色线条　　　　烟灰墨　　　　阴影线

图 6-16

6.3.3 扭曲滤镜组

"扭曲"滤镜组主要用来制作各种扭曲的图像效果，分为"挤压"、"扩散亮光"、"切变"和"旋转扭曲"等共 13 个滤镜，如图 6-17 所示。其中有三个滤镜出现在滤镜库里，单击所需的滤镜图标，即可切换滤镜面板。

"波浪"滤镜：在图像上创建起伏的波浪效果。通过调整波浪发生器的数目、波长、波浪的高度及类型等，制作波浪效果。

"波纹"滤镜：为图像创建起伏效果，就像水中的波纹，但效果比波浪小，设置的选项包括数量和大小。

"玻璃"滤镜：使图像添加通过不同类型的玻璃形成的效果。用户可以选择一种玻璃类型添加图案效果，也可以

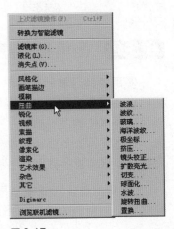

图 6-17

自己创建。在对话框中可以调整缩放、扭曲度和平滑度等参数。

"海洋波纹"滤镜：模拟海洋波纹的扭曲形状，为图像添加随机的波纹效果。

"极坐标"滤镜：根据选项将选区图像从平面坐标转换为极坐标，或者执行相反的操作。使用此滤镜能够把直线变为环形，或者创建圆柱变体。

"挤压"滤镜：将图像制作成被挤压变形的效果。对话框中的正值使选区向其中心位移，负值则使选区向外位移，形成膨胀效果。

"镜头校正"滤镜：校正普通相机的镜头失真问题，修整图像中如桶状变形、枕形失真、晕影等图像缺陷。

"扩散亮光"滤镜：为图像添加白色的半透明杂色，亮光从对象中心渐隐，向外扩散。在其对话框中可以进行粒度、发光量等的设置，发光量越大，从中心向外的白光也就越多。

"切变"滤镜：沿曲线扭曲图像，通过拖动对话框中的直线指定曲线，以此形成扭曲的曲线效果。可以在直线上添加任意点，弯曲直线并同时查看扭曲效果，满意后单击"确定"按钮，得到预览的扭曲效果。

"球面化"滤镜：制作图像的球状效果，通过制造球面体的伸展扭曲图像制作3D效果。

"水波"滤镜：径向扭曲选区，决定于选区中像素的半径，也可以设置扭曲选区的样式，分为"水池波纹"、"从中心向外"和"围绕中心"三种，制作各种扭曲的水波效果。

"旋转扭曲"滤镜：旋转选区，图像中心的旋转程度比边缘的旋转程度大，并可以指定旋转的角度方向，调整旋转的程度。

"置换"滤镜：滤镜使用置换图作为如何扭曲图像的依据，制作扭曲的图像效果。扭曲后的结果由所选的置换图决定。置换图必须为 PSD 格式的。

"扭曲"滤镜效果

"扭曲"滤镜效果如图 6-18 所示。

正常　　　　波浪　　　　波纹　　　　玻璃　　　　海洋波纹

极坐标　　　挤压　　　　镜头校正　　扩散亮光　　切变

球面化　　　　　水波　　　　　　旋转扭曲　　　　置换

图6-18

6.3.4 素描滤镜组

图6-19

与"画笔描边"滤镜组不同，"素描"滤镜组更加强调的是绘画或者素描效果，它可以将如"便条纸"、"撕边"、"图章"和"影印"等各种特殊图像效果添加到图像上。这些滤镜可以制作出各种精美的艺术效果或者个性的图像处理效果，"素描"滤镜组共有14个滤镜，如图6-19所示。在滤镜库里全部都能找到，单击所需的滤镜图标，即可切换滤镜面板，设置滤镜参数制作各种效果。

"半调图案"滤镜：模拟半调网屏的图像效果，并保持连续范围的色调，产生的半调颜色由工具箱中的前景色和背景色构成。在对话框中可以设置图案的类型、大小和对比度等参数。

"便条纸"滤镜：制作带有手工制纸构成的图像效果。滤镜简化了图像的要素，综合了"风格化"的浮雕效果和"纹理"的颗粒效果。

"粉笔和炭笔"滤镜：模拟粗糙粉笔绘制的图像效果。使用工具箱中的前景色来绘制炭笔效果的暗部，使用背景色来绘制粉笔效果的中间调。在对话框中可以设置炭笔区、粉笔区和描边压力等属性。

"铬黄"滤镜：为图像添加擦亮的铬表面的效果，使图像呈现出金属光泽和质感。高光部分在反射表面为高点，暗部为低点。在对话框中可以设置细节和平滑度。

"绘图笔"滤镜：使用精细的、直线的油墨线条模拟绘图笔效果的图像。使用工具箱中的前景色绘制油墨，用背景色表现纸张，替换原图像的颜色。

"基底凸现"滤镜：变换图像，制作出浅浮雕和突出的光照下的表面效果。图像的暗部使用工具箱中的前景色，亮部使用工具箱中的背景色。在对话框中可以设置细节参数，并设定光照的方向。

"水彩画纸"滤镜：为图像添加在潮湿的纤维纸上渗透涂抹的图像效果，使图像中的颜色溢出边界，更加柔和。在对话框中可以设置纤维长度、亮度和对比度等参数。

"撕边"滤镜：使用工具箱中的前景色和背景色绘制图像撕边的效果，对图像边缘起作用。在对话框中可以设置图像平衡、平滑度和对比度等参数。

"塑料效果"滤镜：制作图像的塑料效果，使用立体石膏压模显示图像。使用工具箱中的前景色和背景色为图像上色，暗部升高，亮部下降。在对话框中可以设置图像平衡和平滑度，设定光照的方向。

"炭笔"滤镜：模拟炭笔绘制的海报或者涂抹的效果，图像的边缘使用较粗的线条绘画，中间使用对角线进行素描。在对话框中可以对炭笔的粗细、明暗等属性进行设置。

"炭精笔"滤镜：模拟图像中浓黑和纯白的炭精笔效果，滤镜在暗部使用前景色，在亮部使用背景色。在对话框中可以设置前景和背景色阶，以及纹理和光照效果等。

"图章"滤镜：制作简化的图章效果，就如同使用橡皮或者木质图章盖在纸上的效果。在对话框中可以调整图像的明暗平衡和平滑度。

"网状"滤镜：模拟胶片感光乳剂的受控收缩扭曲，制作图像暗调的结块和亮调的颗粒化效果。在对话框中可以设置浓度、前景色阶和背景色阶。

"影印"滤镜：使用工具箱中的前景色和背景色模拟影印图像的效果。画面中大范围的暗色区域复制边缘的中间调，得到类似于版画的效果。在对话框中可以设置细节和暗度。

"素描"滤镜效果

"素描"滤镜效果如图6-20所示。

正常　　　　　半调图案　　　　　便条纸　　　　　粉笔和炭笔

铬黄　　　　　绘图笔　　　　　基底凸现　　　　　水彩画纸

撕边　　　　　塑料效果　　　　　炭笔　　　　　炭精笔

图章　　　　　网状　　　　　影印
图6-20

6.3.5 纹理滤镜组

"纹理"滤镜组通过制作出来的深度感或材质感为图像创建各种纹理外观，包括"颗粒"、"拼缀图"和"染色玻璃"等共六个滤镜，如图6-21所示。在滤镜库里全部都能找到，单击所需的滤镜图标，即可切换滤镜面板，设置滤镜参数并制作各种纹理效果。

　　"龟裂缝"滤镜：在凹凸的石膏表面绘制图像，沿着图像轮廓产生琐碎的裂纹网格，表现独特的质感。在对话框中可以设置裂缝的间距、深度和亮度。

　　"颗粒"滤镜：为图像添加各种模拟的颗粒效果，来制作纹理，颗粒的种类有"常规"、"柔和"、"喷洒"和"结块"等。在对话框中可以设置颗粒纹理的强度和对比度。

　　"马赛克拼贴"滤镜：为图像添加马赛克效果。通过凹凸不规则的小块，增加之间的缝隙，制作图像的拼贴效果。在对话框中可以调节马赛克的大小和其间缝隙的宽度等。

图 6-21

　　"拼缀图"滤镜：将图像拆分为方形，并使用图像中该区域最明显的颜色进行填充。滤镜随机地减少或者增加拼贴形状的深度，表现高光和暗调。在对话框中可以设置方形的大小和凸现程度。

　　"染色玻璃"滤镜：将图像以不规则单元格的形式重新绘制，以原图像的色相为基准，制作一块块彩色玻璃拼贴的效果。拼贴使用的线框颜色由工具箱中的前景色决定，在对话框中可以设置单元格的大小，边框的粗细和图像的光照强度。

　　"纹理化"滤镜：在图像上应用所选择或者创建的纹理效果。纹理类型有"砖形"、"粗麻布"、"画布"和"砂岩"四种，在对话框中可以设置纹理的缩放和凸现，以及光照的方向。

"纹理"滤镜效果

　　"纹理"滤镜效果如图 6-22 所示。

正常

龟裂缝

颗粒

马赛克拼贴

拼缀图

染色玻璃

纹理化

图 6-22

6.3.6 艺术效果滤镜组

　　"艺术效果"滤镜组可以制作出精美的艺术品或者商业插画等特殊效果，这些滤镜模仿传统和非传统的媒体效果，制作风格各异的图像。它包括"壁画"、"干画笔"、"木刻"和"塑料包装"等共15个滤镜，在滤镜库里都能找到，单击所需的滤镜图标，即可切换滤镜面板，设置滤镜参数并制作各种纹理效果，如图6-23所示。

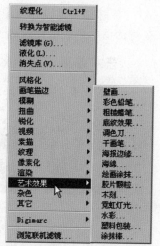

图6-23

"壁画"滤镜：使用短小的颜料色块，绘制粗糙风格的壁画效果。在对话框中可以设置画笔大小、细节和纹理等参数。

"彩色铅笔"：模拟彩色铅笔在纯色背景上绘画的效果，图像主要的边缘被保留，并转换为粗糙的暗调线外观，纯色背景通过光滑的区域显示出来。在对话框中可以设置铅笔的宽度、描边压力及纸张的亮度。

"粗糙蜡笔"滤镜：模拟彩色蜡笔在带有纹理的纸张上描边绘画的效果。亮部的蜡笔效果厚重，暗部的蜡笔效果较薄，纹理显露出来。在对话框中可以设置描边的长度、细节和纹理的类型，以及光照方向等属性。

"底纹效果"滤镜：在带有纹理的背景上绘制图像，制作模糊的纹理效果。在对话框中可以选择纹理类型，设置画笔的大小、纹理覆盖，以及光照方向等属性。

"调色刀"滤镜：减少图像中的细节，制作清淡、朦胧的画布效果。在对话框中可以设置描边的大小、细节和软化程度。

"干画笔"滤镜：使用介于油彩和水彩之间的干画笔技术绘制图像的边缘，得到绘画质感的效果。在对话框中可以调整画笔的大小、细节和纹理。

"海报边缘"滤镜：减少图像中的颜色数量，查找图像边缘并绘制黑色线条，制作简单色调的海报效果。在对话框中可以设置边缘的厚度和强度，还可以根据需要设定海报化的程度。

"海绵"滤镜：使用颜色对比强烈、纹理较重的方式处理图像色调，使图像呈现出被海绵打湿的效果。在对话框中可以调整画笔大小、清晰度和平滑度。

"绘画涂抹"滤镜：使用各种大小和类型的画笔来绘制图像，创建绘画效果。在对话框中可以设置画笔类型和大小，还有锐化的程度。

"胶片颗粒"滤镜：在图像中为暗部和中间调应用较为均匀的杂色颗粒效果，为图像的亮部添加平滑饱满的效果。在对话框中可以设置颗粒、高光区域和强度等参数。

"木刻"滤镜：将图像制作成用彩纸拼贴而成的图像效果。图像颜色被块状均分，得到平面化的效果。在对话框中可以设置色阶、边缘简化度和逼真度。

"霓虹灯光"滤镜：将各种类型的发光效果添加到图像上，柔和图像外观。在对话框中可以设置发光颜色、发光的大小和亮度。

"水彩"滤镜：以水彩风格绘制图像，会简化图像的细部并为边缘图像的色调颜色做加色处理。在对话框中可以设置画笔细节、阴影强度和纹理。

"塑料包装"滤镜：为图像涂上一层发光的塑料效果，滤镜强调画面细节，根据图像起伏轮廓添加塑料薄膜的效果。在对话框中可以设置细节、平滑度和高光强度。

"涂抹棒"滤镜：使用较短的对角线涂抹图像暗部以制作柔化效果，亮部亮度得到提高。在对话框中可以设置描边长度、高光区域和强度。

"艺术效果"滤镜效果

"艺术效果"滤镜效果如图 6-24 所示。

正常

壁画

彩色铅笔

粗糙蜡笔

底纹效果

调色刀

干画笔

海报边缘

海绵

绘画涂抹

胶片颗粒

木刻

霓虹灯光

水彩

塑料包装

涂抹棒

图 6-24

6.4 其他滤镜

Photoshop 自带的滤镜功能十分强大，涵盖了图像处理的许多方面，不仅包括前面所讲的几种滤镜库滤镜，还有很多各有特色的滤镜。这些滤镜有的可以制作模糊效果，有的可以制作杂色，有的可以渲染图像……它们为图像带来了生机勃勃的色彩，为设计创造了许多的可能性。下面我们将对这些滤镜的效果和特色进行介绍。

6.4.1 模糊滤镜组

"模糊"滤镜组是 Photoshop 常用的一组滤镜，它可以按照不同功能柔化图像，经常用于图像的修整，或者结合其他滤镜一起使用。"模糊"滤镜组包括"动态模糊"、"高斯模糊"和"平均"等共 11 个滤镜，如图 6-25 所示。执行菜单命令，即可调出滤镜对话框，调整各项参数，制作模糊效果。

图 6-25

"表面模糊"滤镜：对图像进行模糊处理的同时，使图像的边缘保持清晰，可以用来清除图像中的杂色和颗粒。在对话框中可以设置半径和阈值。

"动感模糊"滤镜：以特定的方向模糊图像，得到类似物体运动的效果。在对话框中可以设置模糊角度和距离。

"方框模糊"滤镜：滤镜使用临近像素颜色的平均值作为模糊图像的依据，可以创作特殊模糊效果。在对话框中可以设置模糊半径。

"高斯模糊"滤镜：按照一定的数量快速地模糊图像，可以添加低频细节并产生一种朦胧效果。在对话框中可以通过设置半径来设置模糊的程度。

"进一步模糊"滤镜："进一步模糊"滤镜的作用与"模糊"滤镜相同，但模糊效果比"模糊"滤镜强三至四倍。

"径向模糊"滤镜：模拟相机移动或者旋转产生的模糊，制作出较为柔和的模糊效果。在对话框中可以选择模糊类型为"旋转"或者"缩放"，并设置模糊的数量及模糊的程度和品质。

"镜头模糊"滤镜：模拟相机镜头，为图像添加带有较窄景深的模糊，得到画面中的主要物体仍然清晰，而其余区域模糊的效果。在对话框中可以精确定位模糊对象。

"模糊"滤镜：可以消除图像中明显变化的杂色，通过将图像中定义的线条和暗部区域的边缘另加临近像素进行平均计算，得到平滑的过渡效果。

"平均"滤镜：该滤镜自动查找图像中的平均颜色，并使用该颜色填充图像或者选区。

"特殊模糊"滤镜：特殊模糊可以精确模糊图像。在对话框中通过指定半径、阈值和模糊品质调整模糊效果。半径值确定在图像中搜索不同像素的区域的大小，阈值确定像素具有多大差异后才会受到影响。另外，可以选择模糊模式，"正常"模式为整个选区设置模式，在对比度显著的地方，"仅限边缘"模式应用黑白混合的边缘，而"叠加边缘"模式应用白色的边缘。

"形状模糊"滤镜：使用特定的形状来模糊图像。在对话框中可以选择形状并设置半径来调整形状大小，制作模糊效果。

"模糊"滤镜效果

"模糊"滤镜效果如图 6-26 所示。

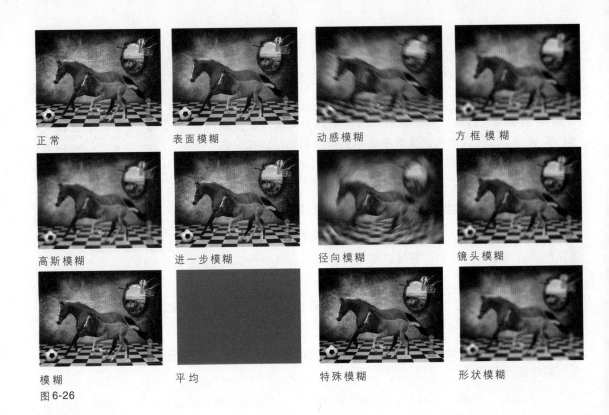

正常　　　表面模糊　　　动感模糊　　　方框模糊

高斯模糊　　　进一步模糊　　　径向模糊　　　镜头模糊

模糊　　　平均　　　特殊模糊　　　形状模糊

图 6-26

6.4.2 锐化滤镜组

　　"锐化"滤镜组在功能上与"模糊"滤镜组相反，使用加强相邻像素的对比度的方法来聚焦模糊的像素，使图像更加清晰。"锐化"滤镜组包括"USM 锐化"、"锐化"和"智能锐化"等五个滤镜，如图 6-27 所示，可用来制作不同的锐化效果。执行菜单命令，即可调出滤镜对话框，可在其中调整各项设置。

　　"USM 锐化"滤镜：USM 是一种在图像中锐化边缘的复合技术，可以校正照相、扫描等过程中产生的图像模糊问题。该滤镜可以调整图像边缘细节的对比度，并加强边缘，产生更加清晰的图像效果。在对话框中可以设置锐化的数量、半径和阈值。

　　"进一步锐化"滤镜：功能与"锐化"滤镜相同，但锐化程度比"锐化"滤镜更加强烈。

NTSC 颜色	Ctrl+F
转换为智能滤镜	
滤镜库 (G)...	
液化 (L)...	
消失点 (V)...	
风格化 ▶	
画笔描边 ▶	
模糊 ▶	
扭曲 ▶	
锐化 ▶	USM 锐化...
视频 ▶	进一步锐化
素描 ▶	锐化
纹理 ▶	锐化边缘
像素化 ▶	智能锐化...
渲染 ▶	
艺术效果 ▶	
杂色 ▶	
其它 ▶	
Digimarc ▶	
浏览联机滤镜...	

图 6-27

　　"锐化"滤镜：该滤镜可以聚焦选区并提高图像的清晰度。

　　"锐化边缘"滤镜：查找并锐化图像中颜色发生显著变化的区域，得到锐化图像的效果。该滤镜只锐化处理图像的边缘，并保留图像整体的平滑度。

　　"智能锐化"滤镜：拥有锐化的智能控制功能，可以采用锐化运算法或者控制暗部和高光区域的锐化量。在对话框中可以设置数量、半径等参数来增加图像清晰度及移去的模糊形式。

"锐化"滤镜效果

"锐化"滤镜效果如图 6-28 所示。

正常

USM 锐化

进一步锐化

锐化

锐化边缘

智能锐化

图 6-28

6.4.3 视频滤镜组

"视频"滤镜组包括"NTSC 颜色"和"逐行"两个滤镜，如图 6-29 所示。

"NTSC 颜色"滤镜：该滤镜可以将颜色色域限制在电视机重现可接受的范围内，以防止过饱和颜色渗到电视扫描行中。

"逐行"滤镜：该滤镜通过移除视频图像中的奇数或偶数隔行线，使在视频上捕捉的运动图像变得平滑清晰。在对话框中可以选中"奇数场"或者"偶数场"单选项，还可以选择通过复制还是插值方式来替换扔掉的线条。

图 6-29

6.4.4 像素化滤镜组

"像素化"滤镜组通过结合单元格中颜色相近的像素来定义一个区域，并以此创建各种效果。"像素化"滤镜组菜单下的滤镜也是各种各样的，有"彩块化"、"彩色半调"和"晶格化"等共七个滤镜。由于"像素化"滤镜组不在滤镜库中，所以必须执行菜单命令，如图 6-30 所示，且各个对话框与滤镜库的对话框不同。

"彩块化"滤镜：使用纯色或者相近颜色的像素结块形成近似的颜色像素块，得到一种较为抽象的图像效果。

"彩色半调"滤镜：模拟在图像的通道中使用半调网屏图案的效果，在各个通道中使用圆点形状替换创建的矩形，制作半调色点的效果，圆点的大小与矩形的亮度成比例。在对话框中可以设置圆点的最大半径，以及各个通道中的网角参数。

图 6-30

"点状化"滤镜：将图像中的色彩分解为随机分布的网点效果，使用工具箱中的背景色作为网点之间的画布区域。在对话框中可以设置单元格的大小。

"晶格化"滤镜：在图像中将相邻的像素颜色进行平均化，创建不规则的多边形，得到彩色色块效果。在对话框中可以设置单元格的大小。

"马赛克"滤镜：使图像中的颜色像素分组并转换为单一颜色的方块，产生马赛克的图像效果，并将各个方块进行拼凑来显示原图像的效果。

"碎片"滤镜：通过为图像中的像素创建多个备份，进行平均，使之相互偏移位置，来制作错乱的图像虚化效果。

"铜版雕刻"滤镜：根据需要在对话框中可选择 4 种网点、3 种直线类型，以及 3 种不规则的线条，来制作图案效果。

"像素化"滤镜效果

"像素化"滤镜效果如图 6-31 所示。

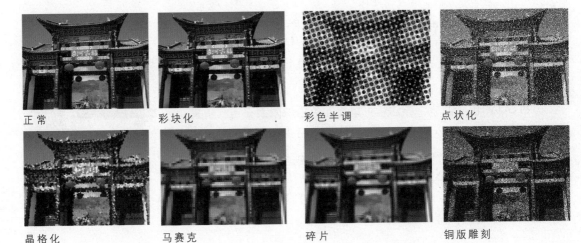

正常　　　　　　　　彩块化　　　　　　　　彩色半调　　　　　　　　点状化

晶格化　　　　　　　　马赛克　　　　　　　　碎片　　　　　　　　铜版雕刻

图 6-31

6.4.5 渲染滤镜组

"渲染"滤镜组可以在图像中创建各种图案，如三维形状、云彩图案、模拟光线照射等效果图案，也可以在三维空间中创建三维对象，或者使用灰度纹理制作光照的写实效果。"渲染"滤镜组分为"光照效果"、"镜头光晕"和"云彩"等五个滤镜，如图 6-32 所示。执行菜单命令，即可调出滤镜对话框，在其中调整各项设置，制作光照或者云彩等效果。

"分层云彩"滤镜：使用工具箱中的前景色和背景色制作随机的云彩图案，混合云彩数据与图像原有数据。与"云彩"滤镜一样，可以多次反复尝试，制作各种纹理效果。

"光照效果"滤镜：制作灯光照射的图像效果，滤镜提供多种

图 6-32

光照风格、光照类型及光照属性，用户可以自行设置光源，在图像上制作各种光照效果。

"镜头光晕"滤镜：模拟亮光照射在相机镜头上产生的折射效果，在对话框中的图像上单击或拖动光晕十字线，可设置光晕的位置，还可以选择光晕的亮度和类型。

"纤维"滤镜：使用工具箱中的前景色和背景色创建机织纤维的图像效果。在对话框中可以设置纤维的差异和强度，改变纤维的颜色变化方式和纤维的外观。"随机化"按钮可以用于制作随机的纤维效果。

"云彩"滤镜：使用工具箱中的前景色和背景色制作随机的、柔和的云彩图案。随机生成的图案每次都不相同，因此可以多次尝试，制作需要的云彩效果。

"渲染"滤镜效果

"渲染"滤镜效果如图 6-33 所示。

正常　　　　　　　　分层云彩　　　　　　　光照效果

镜头光晕　　　　　　纤维　　　　　　　　　云彩

图 6-33

6.4.6 杂色滤镜组

"杂色"滤镜组用于为图像添加或者移去杂色，调整随机分布色阶的像素。使用"杂色"滤镜组可以创建不同的纹理效果，或者将图像中不足的部分（如灰尘和划痕等）进行移除。"杂色"滤镜组包括"减少杂色"、"去斑"和"中间值"等共五个滤镜，如图 6-34 所示。执行菜单命令，即可调出滤镜对话框，调整各项参数，制作杂色效果。

"减少杂色"滤镜：为图像去除不必要的杂色。在对话框中可以设置强度，并保留图像细节。

"蒙尘与划痕"滤镜：通过改变图像中的相邻像素来减少杂色。在对话框中可以调整半径与阈值的设置，在锐化图像的同时隐藏瑕疵。

图 6-34

"去斑"滤镜：探索图像中有明显改变的区域，并用模糊方式去除边缘以外的部分。该滤镜可以对扫描图像进行去斑处理。

"添加杂色"滤镜：在图像中添加杂色效果。该滤镜应用随机像素值模拟胶片效果，可以用来修饰过度失真的图像。

"中间值"滤镜：将图像中像素的亮度进行混合，以此减少图像中的杂色。滤镜会在选区半径中查找相同亮度的像素，自动去除与相邻像素相差较大的像素，并使用查找的亮度值替换不符合的像素的亮度。

"杂色"滤镜效果

"杂色"滤镜效果如图 6-35 所示。

正常

减少杂色

蒙尘与划痕

去斑

添加杂色

中间值

图 6-35

6.4.7 其他滤镜组

"其他"滤镜组允许用户创建自己的滤镜，可以通过滤镜修改蒙版，快速调整图像颜色，移动选区等。"其他"滤镜组包括"位移"、"最大值"和"最小值"等五个滤镜，如图 6-36 所示。执行菜单命令，即可调出滤镜对话框，在其中调整各项设置，制作各种滤镜效果。

"高反差保留"滤镜：该滤镜可移去图像中的低频细节，在有强烈颜色转变发生的地方按指定的半径保留边缘细节，并且不显示图像的其余部分。在对话框中可以设置半径参数。

"位移"滤镜：该滤镜可以将选区以指定的水平量或垂直量移动，选区的原位置变成空白区域，可以使用工具箱中的背景色或者图像的另一部分填充这块空白区域，或者使用所选择的填充内容进行填充。在对话框中可以设置水平或者垂直位移量，以及"未定义区域"的处理方式。

图 6-36

　　"自定"滤镜：通过该滤镜可以设计自己的滤镜效果。"自定"滤镜根据预定义的数学运算（称为卷积），可以更改图像中每个像素的亮度值，根据周围的像素值为每个像素重新指定一个值。

　　"最大值"滤镜：该滤镜用于修改蒙版，有应用阻塞的效果，展开白色区域和收缩黑色区域。在对话框中可以设置半径参数。

　　"最小值"滤镜：该滤镜用于修改蒙版，有应用伸展的效果，展开黑色区域和收缩白色区域。在对话框中可以设置半径参数。

　　"最大值"和"最小值"滤镜针对选区中的单个像素，在指定的半径内，用周围像素的最高或最低亮度值对当前像素的亮度值进行替换。

"其他"滤镜效果

　　"其他"滤镜效果如图 6-37 所示。

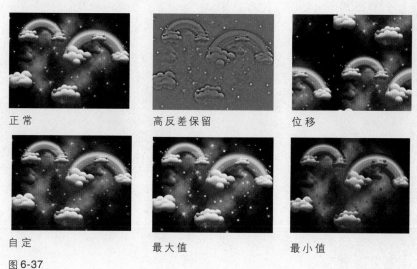

正常	高反差保留	位移
自定	最大值	最小值

图 6-37

Chapter 07

纹理和文字艺术效果

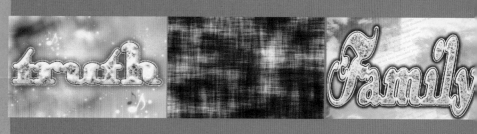

　　本章详细介绍了使用 Photoshop 制作纹理和文字艺术特效的方法，其中详细讲解了爆炸的星球、眩光绽放纹理、蚕丝质感纹理、冰冻肌理文字和青苔肌理字等实例的制作步骤和操作方法。

7.1 爆炸的星球

最终效果图

➡ **实例目标**

星球爆炸是宇宙中常见的自然现象，在爆炸的一瞬间会产生大量的热量和光线四射的效果，通过制作"爆炸的星球"特效，可以掌握星球纹理和爆炸发光效果的制作技巧。

➡ **技术分析**

本例主要使用了大量的滤镜，包括"分层云彩"、"USM 锐化"、"球面化"、"高斯模糊"和"极坐标"等，还使用了图层混合模式和图层样式等功能。

➡ **制作步骤**

01 新建文档。执行菜单栏中的"文件/新建"命令（或按【Ctrl+N】组合键），在打开的"新建"对话框中进行设置，如图 7-1 所示，单击"确定"按钮即可创建一个新的空白文档。

图 7-2

图 7-1

02 设置前景色为黑色，按【Alt+Delete】组合键用前景色填充"背景"图层，得到如图 7-2 所示的效果。

03 单击面板底部的"创建新图层"按钮，新建一个图层，得到"图层 1"图层，选择"椭圆选框工具"，按住【Shift】键在文件中绘制圆形选区，选择"滤镜/渲染/云彩"命令，按【Ctrl+F】组合键多次重复运用"云彩"滤镜，得到类似如图7-3 所示的效果。

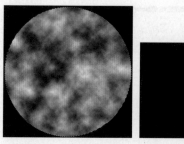

图 7-3

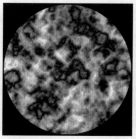

图 7-6

04 选择"滤镜 / 渲染 / 分层云彩"命令，按【Ctrl+F】组合键多次重复运用"分层云彩"滤镜，得到类似如图 7-4 所示的效果。

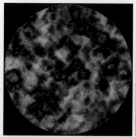

图 7-4

07 选择"图层 1"图层，选择"滤镜 / 锐化 / USM 锐化"命令，在打开的对话框中设置参数后，单击"确定"按钮，得到如图 7-7 所示的效果。

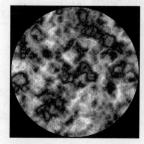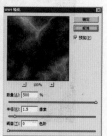

图 7-7

05 单击"创建新的填充或调整图层"按钮，在弹出的下拉菜单中选择"色阶"命令，弹出的"色阶"调整面板如图 7-5 所示。

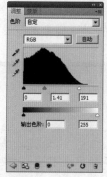

图 7-5

08 选择"图层 1"图层和"色阶 1"图层，按【Ctrl+Alt+E】组合键，执行"盖印"操作，将得到的新图层重命名为"图层 2"，然后隐藏"图层 1"、"色阶 1"图层，此时的图像效果和图层面板如图 7-8 所示。

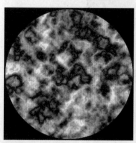

图 7-8

06 设置完"色阶"命令的参数后，得到图层"色阶 1"，此时的效果如图 7-6 所示。

09 选择"图层 2"图层，选择"滤镜 / 扭曲 / 球面化"命令，在打开的对话框中设置参数后，单击"确定"按钮，得到如图 7-9 所示的效果。

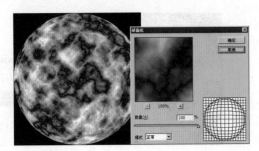

图 7-9

⑩ 选择"滤镜 / 锐化 /USM 锐化"命令，在
打开的对话框中设置参数后，单击"确
定"按钮，得到如图 7-10 所示的效果。

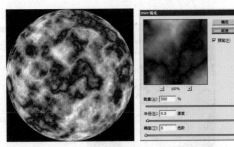

图 7-10

⑪ 按【Ctrl+T】组合键，调出自由变换控制
框，将图像缩小移动到如图 7-11 所示的
状态，按【Enter】键确认操作。

图 7-11

⑫ 选择"图层 2"图层，单击"添加图层样
式"按钮 fx，在弹出的下拉菜单中选择"外
发光"命令，在打开的对话框中进行设
置，然后勾选"内发光"复选框，继续在
右侧进行具体设置，如图 7-12 所示。

⑬ 设置完"图层样式"对话框后，单击"确
定"按钮，即可得到如图 7-13 所示的效果。

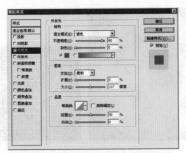

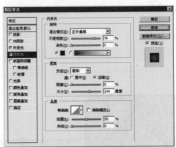

图 7-12

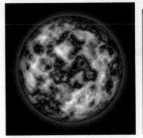

图 7-13

⑭ 单击"创建新的填充或调整图层"按钮
，在弹出的下拉菜单中选择"色彩平
衡"命令，在打开的对话框中进行设置，
如图 7-14 所示。

图 7-14

⑮ 设置完"色彩平衡"参数后，得到图层"色
彩平衡 1"，此时的效果如图 7-15 所示。

图 7-15

16 选择"图层 2"和"色彩平衡 1"图层,按
【Ctrl+Alt+E】组合键,执行"盖印"操作,
将得到的新图层重命名为"图层 3",选
择"滤镜/模糊/高斯模糊"命令,在打
开的对话框中设置参数后,单击"确定"
按钮,得到如图 7-16 所示的效果。

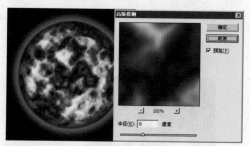

图 7-16

17 设置"图层 3"图层的混合模式为"变亮",
得到如图 7-17 所示的效果。

图 7-17

18 单击"创建新的填充或调整图层"按钮,
在弹出的下拉菜单中选择"渐变映射"命
令,在弹出的"渐变映射"调整面板中进
行设置,如图 7-18 所示。在面板中的编辑
渐变颜色选择框中单击,可以弹出"渐变
编辑器"对话框,在该对话框中可以编辑
渐变映射的颜色。

图 7-18

19 设置完对话框后,单击"确定"按钮,
得到图层"渐变映射 1",此时的效果如
图 7-19 所示。

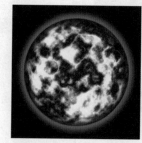

图 7-19

20 新建一个图层,得到"图层 4"图层,按
住【Ctrl】键单击"图层 2"图层的缩览图,
载入其选区,设置前景色为白色,按
【Alt+Delete】组合键用前景色填充选区,
按【Ctrl+D】组合键取消选区,得到如图
7-20 所示的效果。

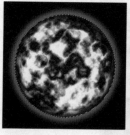

图 7-20

21 选择"图层 2"图层,单击"添加图层样
式"按钮,在弹出的下拉菜单中选择"外
发光"命令,在打开的对话框中勾选"内
发光"复选框,然后在右侧进行具体设
置,如图 7-21 所示。

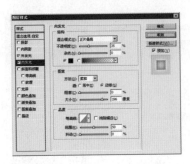

图 7-21

22 选择"图层 4"图层，设置其填充值为"0%"，此时的效果如图 7-22 所示。

图 7-22

23 按住【Ctrl】键单击"图层 2"图层的缩览图，载入其选区，选择"选择/修改/收缩"命令，调出"收缩选区"对话框，设置对话框中的参数后，按【Shift+F6】组合键调出"羽化选区"对话框，设置对话框中的参数，得到如图 7-23 所示的选区效果。

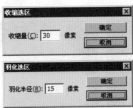

图 7-23

24 新建"图层 5"图层，按【Shift+Ctrl+I】组合键，执行"反向"操作，选择"滤镜/渲染/云彩"命令，按【Ctrl+F】组合键多次重复运用"云彩"滤镜，得到类似如图 7-24 所示的效果。

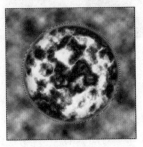

图 7-24

25 选择"滤镜/渲染/分层云彩"命令，按【Ctrl+F】组合键多次重复运用"分层云彩"滤镜，得到类似如图 7-25 所示的效果，按【Ctrl+D】组合键取消选区。

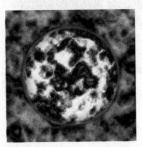

图 7-25

26 设置"图层 5"图层的混合模式为"颜色减淡"，得到如图 7-26 所示的效果。

图 7-26

27 设置前景色为蓝色，按【Alt+Delete】组合键用前景色填充"背景"图层，得到如图 7-27 所示的效果。

图 7-27

28 在最上方新建"图层6"图层,设置前景色为黑色,选择"滤镜/渲染/云彩"命令,按【Ctrl+F】组合键多次重复运用"云彩"滤镜,得到类似如图7-28所示的效果。

图 7-28

29 选择"滤镜/渲染/纤维"命令,在打开的对话框中设置参数后,单击"确定"按钮,得到如图7-29所示的效果。

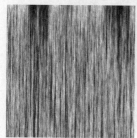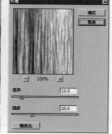

图 7-29

30 选择"滤镜/扭曲/极坐标"命令,在打开的对话框中设置参数后,单击"确定"按钮,得到如图7-30所示的效果。

图 7-30

31 选择"图像/调整/色阶"命令或按【Ctrl+L】组合键,打开"色阶"对话框,设置完对话框后,即可得到如图7-31所示的效果。

图 7-31

32 设置"图层6"图层的混合模式为"颜色减淡",得到如图7-32所示的效果。

图 7-32

33 按住【Ctrl】键单击"图层3"图层的缩览图,载入其选区,按住【Alt】键单击"添加图层蒙版"按钮,为"图层6"图层添加图层蒙版,此时选区部分的图像就被隐藏起来了,如图7-33所示。

34 单击"图层6"图层的蒙版缩览图,设置前景色为黑色,使用"画笔工具"设置适当的画笔大小和透明度后,在图层蒙版中涂抹,其涂抹状态和"图层"面板如图7-34所示。

图 7-33

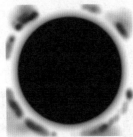

图 7-34

㉟ 在"图层 6"图层的图层蒙版中涂抹后，得到如图 7-35 所示的效果。

图 7-35

㊱ 打开附书光盘中的"第 7 章\爆炸的星球\素材 1.jpg"文件，此时的图像效果和"图层"面板如图 7-36 所示。

图 7-36

㊲ 使用"移动工具" 将素材图像拖曳到第 1 步新建的文件中，得到"图层 7"图层，将"图层 7"图层中的图像调整到如图 7-37 所示的位置。

图 7-37

㊳ 单击"添加图层蒙版"按钮 ，为"图层 7"图层添加图层蒙版，设置前景色为黑色，使用"画笔工具" 设置适当的画笔大小和透明度后，在图层蒙版中涂抹，其涂抹状态和"图层"面板如图 7-38 所示。

图 7-38

㊴ 在"图层 7"图层的图层蒙版中涂抹后，得到如图 7-39 所示的效果。

图 7-39

㊵ 设置"图层 7"图层的混合模式为"叠加"，得到如图 7-40 所示的效果。

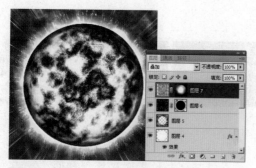

图 7-40

④ 单击"创建新的填充或调整图层"按钮 ◯，在弹出的下拉菜单中选择"通道混合器"命令，在弹出的"通道混合器"调整面板中进行设置，如图 7-41 所示。

图 7-41

④ 设置完"通道混合器"参数后，得到图层"通道混合器 1"，按【Ctrl+Alt+G】组合键，执行"创建剪贴蒙版"操作，此时的效果如图 7-42 所示。

图 7-42

7.2 眩光绽放纹理

最终效果图

➜ 实例目标

光线的复合叠加可以产生很好看的炫目效果，本例将制作"眩光绽放纹理"特效，通过学习读者可以使用本例介绍的方法，发挥自己的想象力制作不同效果的眩光特效纹理。

➜ 技术分析

本例主要使用了"高斯模糊"、"波浪"等滤镜，还重点讲解了自由变换、变换并复制、渐变映射等的使用方法。

→ **制作步骤**

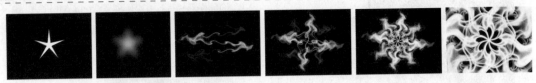

01 新建文档。执行菜单栏中的"文件/新建"命令（或按【Ctrl+N】组合键），在打开的"新建"对话框中进行设置，如图7-43所示，单击"确定"按钮即可创建一个新的空白文档。

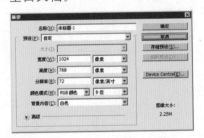

图7-43

02 设置前景色为黑色，按【Alt+Delete】组合键用前景色填充"背景"图层，得到如图7-44所示的效果。

图7-44

03 切换到"通道"面板，单击面板底部的"创建新通道"按钮 ▣，新建一个通道"Alpha 1"，设置前景色为白色，选择"多边形工具"，设置完工具选项栏后，在图像中间绘制一个五角星形状，如图7-45所示。

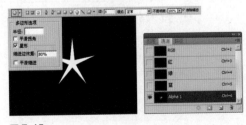

图7-45

04 选择"滤镜/模糊/高斯模糊"命令，在打开的对话框中设置参数后，单击"确定"按钮，得到如图7-46所示的效果。

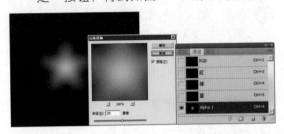

图7-46

05 选择"滤镜/扭曲/波浪"命令，在打开的对话框中设置参数后，单击"确定"按钮，得到如图7-47所示的效果。

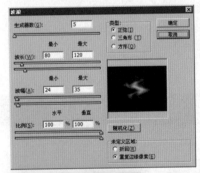

图7-47

06 按【Ctrl+F】组合键两次重复运用"波浪"滤镜，得到类似如图7-48所示的效果。

图 7-48

07 按住【Ctrl】键单击通道"Alpha1"，载入其选区，切换到"图层"面板，新建一个图层，得到"图层 1"图层，如图 7-49 所示。

图 7-49

08 设置前景色为白色，按【Alt+Delete】组合键用前景色填充选区，按【Ctrl+D】组合键取消选区，得到如图 7-50 所示的效果。

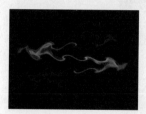

图 7-50

09 选择"图层 1"图层为当前图层，按【Ctrl+J】组合键，复制"图层 1"图层得到"图层 1 副本"图层，如图 7-51 所示。

图 7-51

10 按【Ctrl+T】组合键，调出自由变换控制框，将图像变换到如图 7-52 所示的状态，按【Enter】键确认操作。

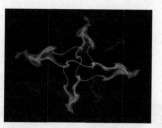

图 7-52

11 按【Ctrl+Alt+T】组合键，调出自由变换控制框，变换旋转图像，调整好图像后，按【Enter】键确认操作，得到"图层 1 副本 2"图层，如图 7-53 所示。

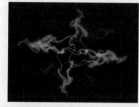

图 7-53

12 按【Ctrl+Shift+Alt+T】组合键四次，复制并变换图像，得到相应的图层，此时的图像效果和"图层"面板如图 7-54 所示。

图 7-54

13 按【Ctrl+Alt+T】组合键，调出自由变换控制框，变换旋转图像，调整好图像后，按【Enter】键确认操作，得到"图层 1 副本 7"图层，如图 7-55 所示。

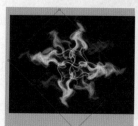

图 7-55

14 按【Ctrl+Shift+Alt+T】组合键十二次，复制并变换图像，得到相应的图层，此时的图像效果和"图层"面板如图 7-56 所示。

图 7-56

15 选择"图层1"图层及其副本，按【Ctrl+Alt+E】组合键，执行"盖印"操作，将得到的新图层重命名为"图层 2"，然后隐藏"图层 1"图层及其副本，此时的图像效果和"图层"面板如图 7-57 所示。

图 7-57

16 按【Ctrl+T】组合键，调出自由变换控制框，将图像放大变换到如图 7-58 所示的状态，按【Enter】键确认操作。

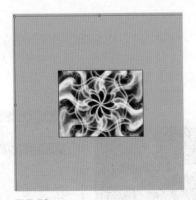

图 7-58

17 单击"创建新的填充或调整图层"按钮，在弹出的下拉菜单中选择"渐变映射"命令，在弹出的"渐变映射"调整面板中进行设置，如图 7-59 所示。在面板中的编辑渐变颜色选择框中单击，可以打开"渐变编辑器"对话框，在该对话框中可以编辑渐变映射的颜色。

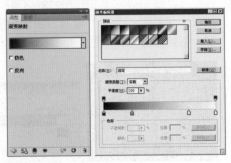

图 7-59

18 设置完对话框后，单击"确定"按钮，得到图层"渐变映射 1"，此时的效果如图 7-60 所示。

图 7-60

7.3 蚕丝质感纹理

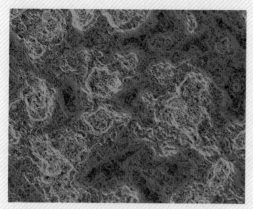

最终效果图

➡ 实例目标

蚕丝质感是蚕吐出的丝的质地在自然条件下产生的纹理和光泽的整体效果，通过制作蚕丝质感纹理，可以掌握各种丝质特效纹理的制作技巧。

➡ 技术分析

本例主要使用了"云彩"和"特殊模糊"滤镜、还重点介绍了"叠加"混合模式和"色调分离"调色命令的使用方法。

➡ 制作步骤

 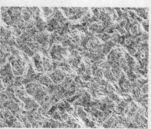 

01 新建文档。执行菜单栏中的"文件 / 新建"命令（或按【Ctrl+N】组合键），在打开的"新建"对话框中进行设置，如图 7-61 所示，单击"确定"按钮即可创建一个新的空白文档。

02 设置前景色的颜色值为 R: 139，G: 89，B: 57，设置背景色的颜色值为 R: 70，G: 38，B: 13，选择"滤镜 / 渲染 / 云彩"命令，按【Ctrl+F】组合键多次重复运用"云彩"滤镜，得到类似如图 7-62 所示的效果。

图 7-61

图 7-62

03 复制"背景"图层，得到"背景 副本"图层，选择"滤镜 / 模糊 / 特殊模糊"命令，在打开的对话框中设置参数后，单击"确定"按钮，得到如图 7-63 所示的效果。

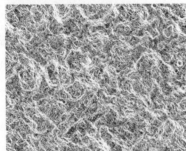

图 7-63

04 设置"背景 副本"图层的混合模式为"叠加"，得到如图 7-64 所示的效果。

图 7-64

05 单击"创建新的填充或调整图层"按钮 ，在弹出的下拉菜单中选择"色调分离"命令，在弹出的"色调分离"调整面板中进行设置，得到图层"色调分离 1"，如图 7-65 所示。

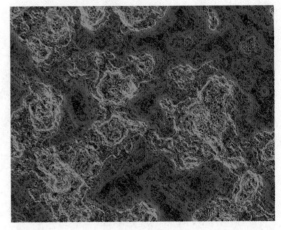

图 7-65

7.4 冰冻肌理文字

最终效果图

→ 实例目标

本实例通过模仿冰冻效果，制作冰冻肌理特效文字，最后再结合飘雪效果的背景图像丰富画面，通过本例的制作可以掌握冰冻纹理的制作技巧。

→ 技术分析

这一实例使用了 Photoshop 软件中的强大滤镜功能，如"云彩"、"中间值"、"查找边缘"、和"扩散亮光"等滤镜，还重点介绍了图层样式的使用方法。

→ 制作步骤

01 新建文档。执行菜单栏中的"文件/新建"命令（或按【Ctrl+N】组合键），在打开的"新建"对话框中进行设置，如图 7-66 所示，单击"确定"按钮即可创建一个新的空白文档。

图 7-67

03 按住【Ctrl】键单击文字图层的缩览图，载入其选区，切换到"通道"面板，单击面板底部的"创建新通道"按钮 ，新建一个通道"Alpha1"，设置前景色为白色，按【Alt+Delete】组合键用前景色填充选区，得到如图 7-68 所示的效果。

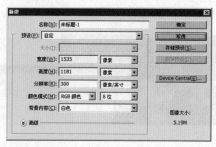

图 7-66

02 设置前景色为黑色，使用"横排文字工具" 设置适当的字体和字号，在文件中输入文字，得到相应的文字图层，如图 7-67 所示。

图 7-68

图 7-71

04 设置前景色为白色，背景色为黑色，选择"滤镜/渲染/云彩"命令，按【Ctrl+F】组合键多次重复运用"云彩"滤镜，得到类似如图 7-69 所示的效果。

图 7-69

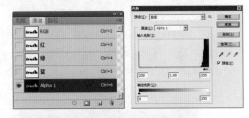

图 7-72

05 选择"滤镜/杂色/中间值"命令，在打开的对话框中设置参数后，单击"确定"按钮，得到如图 7-70 所示的效果。

08 按【Ctrl+I】组合键，执行"反相"操作，将通道中黑白图像的颜色进行颠倒，如图 7-73 所示。

图 7-73

图 7-70

09 选择"图像/调整/（亮度/对比度）"命令，打开"亮度/对比度"对话框，设置完成后，即可得到如图 7-74 所示的效果。

06 选择"滤镜/风格化/查找边缘"命令，此时的图像效果如图 7-71 所示。

07 选择"图像/调整/色阶"命令或按【Ctrl+L】组合键，打开"色阶"对话框，设置完成后，即可得到如图 7-72 所示的效果。

图 7-74

10 选择"滤镜/扭曲/扩散亮光"命令，在打开的对话框中设置参数后，单击"确定"按钮，得到如图 7-75 所示的效果。

图 7-75

⑪ 按【Ctrl+C】组合键，执行"拷贝"操作，切换到"图层"面板，按【Ctrl+V】组合键，执行"粘贴"操作，得到"图层1"图层，隐藏文字图层，如图7-76所示。

图 7-76

⑫ 选择"滤镜/扭曲/玻璃"命令，在打开的对话框中设置参数后，单击"确定"按钮，得到如图7-77所示的效果。

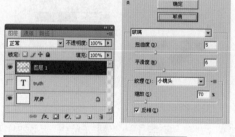

图 7-77

⑬ 选择"背景"图层为当前图层，打开附书光盘中的"第7章\冰冻肌理文字\素材1.psd"文件，此时的图像效果和"图层"面板如图7-78所示。

图 7-78

⑭ 使用"移动工具"将素材图像拖曳到第1步新建的文件中，得到"图层2"图层，按【Ctrl+T】组合键，调出自由变换控制框，将图像变换调整到如图7-79所示的状态，按【Enter】键确认操作。

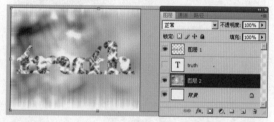

图 7-79

⑮ 打开附书光盘中的"第7章\冰冻肌理文字\素材2.psd"文件，此时的图像效果和"图层"面板如图7-80所示。

图 7-80

⑯ 使用"移动工具"将素材图像拖曳到第1步新建的文件中，得到"图层3"图层，按【Ctrl+T】组合键，调出自由变换控制框，将图像变换调整到如图7-81所示的状态，按【Enter】键确认操作。

⑰ 单击"添加图层样式"按钮fx，在弹出的下拉菜单中选择"外发光"命令，在打开的对话框中进行设置，得到如图7-82所示的效果。

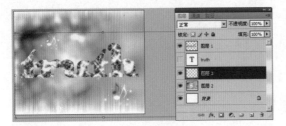

图 7-81

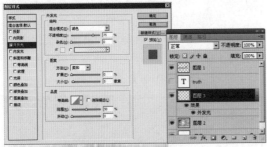

图 7-82

⑱ 选择"图层 1"图层为当前图层，打开附
书光盘中的"第 7 章\冰冻肌理文字\素
材 3.psd"文件，此时的图像效果和"图
层"面板如图 7-83 所示。

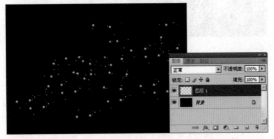

图 7-83

⑲ 使用"移动工具" 将素材图像拖曳到第
1 步新建的文件中，得到"图层 4"图层，
按【Ctrl+T】组合键，调出自由变换控制
框，将图像变换调整到如图 7-84 所示的
状态，按【Enter】键确认操作。

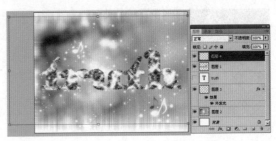

图 7-84

⑳ 单击"添加图层蒙版"按钮 ，为"图层
4"图层添加图层蒙版，设置前景色为黑
色，使用"画笔工具" 设置适当的画笔大
小和透明度后，在图层蒙版中涂抹，得到
如图 7-85 所示的效果。

图 7-85

㉑ 选择"图层 1"图层，单击"添加图层样
式"按钮 ，在弹出的下拉菜单中选择"投
影"命令，在打开的对话框中进行设置
后，继续设置"外发光"、"内发光"、"斜
面和浮雕"、"渐变叠加"和"描边"等图
层样式，具体设置如图 7-86 所示。

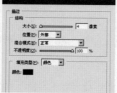

图 7-86

㉒ 设置完图层样式后，单击"确定"按钮，即可得到如图 7-87 所示的效果。

图 7-87

㉓ 选择"图层 2"图层，单击"创建新的填充或调整图层"按钮 ⊘，在弹出的下拉菜单中选择"色彩平衡"命令，设置弹出的"色彩平衡"调整面板，如图 7-88 所示。

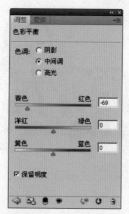

图 7-88

㉔ 设置完"色彩平衡"参数后，得到图层"色彩平衡 1"，此时的效果如图 7-89 所示。

图 7-89

7.5 青苔肌理字

→ 实例目标

本实例通过模仿青苔效果，制作青苔肌理特效文字，最后再结合背景图像丰富画面，通过本例的制作可以掌握青苔纹理的制作技巧。

→ 技术分析

这一实例使用"高斯模糊"、"云彩"、"查找边缘"和"照亮边缘"等滤镜，还重点介绍了图层样式和"反相"命令的使用方法。

最终效果图

→ 制作步骤

01 新建文档。执行菜单栏中的"文件/新建"命令（或按【Ctrl+N】组合键），在打开的的"新建"对话框中进行设置，如图7-90所示，单击"确定"按钮即可创建一个新的空白文档。

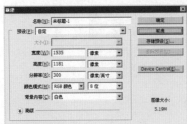

图 7-90

02 设置前景色为黑色，按【Alt+Delete】组合键用前景色填充"背景"图层，使用"横排文字工具"，设置适当的字体和字号，设置前景色为白色，在文件中输入文字，得到相应的文字图层，如图7-91所示。

图 7-91

03 按住【Ctrl】键单击文字图层的缩览图，载入其选区，切换到"通道"面板，单击面板底部的"创建新通道"按钮，新建一个通道"Alpha1"，设置前景色为白色，按【Alt+Delete】组合键用前景色填充选区，按【Ctrl+D】组合键取消选区，得到如图7-92所示的效果。

图 7-92

图 7-95

04 选择"滤镜/模糊/高斯模糊"命令，在打开的对话框中设置参数后，单击"确定"按钮，得到如图 7-93 所示的效果。

07 设置"图层 2"图层的混合模式为"线性加深"，此时的图像效果如图 7-96 所示。

图 7-93

图 7-96

05 按住【Ctrl】键单击通道"Alpha1"，载入其选区，切换到"图层"面板，隐藏文字图层，新建一个图层，得到"图层 1"图层，设置前景色为白色，按【Alt+Delete】组合键用前景色填充选区，按【Ctrl+D】组合键取消选区，得到如图 7-94 所示的效果。

08 单击"创建新的填充或调整图层"按钮，在弹出的下拉菜单中选择"色阶"命令，设置完"色阶"参数后，得到图层"色阶1"，按【Ctrl+Alt+G】组合键，执行"创建剪贴蒙版"操作，此时的效果如图 7-97 所示。

图 7-94

06 新建一个图层，得到"图层 2"图层，设置前景色为白色，背景色为黑色，选择"滤镜/渲染/云彩"命令，按【Ctrl+F】组合键多次重复运用"云彩"滤镜，得到类似如图 7-95 所示的效果。

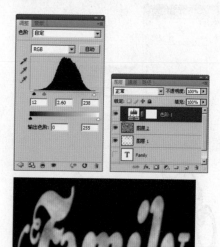

图 7-97

09 按【Ctrl+Shift+Alt+E】组合键，执行"盖印"操作，得到"图层 3"图层，如图 7-98 所示。

图 7-98

10 选择"滤镜 / 风格化 / 查找边缘"命令，得到如图 7-99 所示的效果。

图 7-99

11 单击"创建新的填充或调整图层"按钮，在弹出的下拉菜单中选择"曲线"命令，设置完"曲线"参数后，得到图层"曲线 1"，按【Ctrl+Alt+G】组合键，执行"创建剪贴蒙版"操作，此时的效果如图 7-100 所示。

图 7-100

12 单击"创建新的填充或调整图层"按钮，在弹出的下拉菜单中选择"亮度 / 对比度"命令，设置完"亮度 / 对比度"参数后，得到图层"亮度 / 对比度 1"，按【Ctrl+Alt+G】组合键，执行"创建剪贴蒙版"操作，此时的效果如图 7-101 所示。

图 7-101

13 按【Ctrl+Shift+Alt+E】组合键，执行"盖印"操作，得到"图层 4"图层，选择"滤镜 / 风格化 / 照亮边缘"命令，在打开的对话框中设置参数后，单击"确定"按钮，得到如图 7-102 所示的效果。

图 7-102

14 使用"魔棒工具"在图像中的黑色部分单击，按【Shift+Ctrl+I】组合键，执行"反向"操作，按【Ctrl+J】组合键，复制选区内的图像，得到"图层 5"图层，如图 7-103 所示。

图 7-103

⑮ 单击"添加图层样式"按钮，在弹出的
下拉菜单中选择"投影"命令，在打开的
对话框中进行设置后，继续设置"斜面和
浮雕"、"渐变叠加"等图层样式，具体设
置如图 7-104 所示。

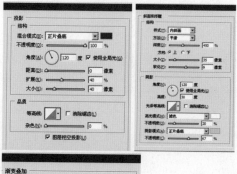

图 7-104

⑯ 设置完图层样式后，单击"确定"按钮，
即可得到如图 7-105 所示的效果。

图 7-105

⑰ 选择"图层 4"图层，打开附书光盘中的
"第 7 章\青苔肌理字\素材 1.jpg"文件，
此时的图像效果和"图层"面板如图 7-106
所示。

图 7-106

⑱ 使用"移动工具"将素材文件中的图像
拖曳到第 1 步新建的文件中，得到"图层
6"图层，按【Ctrl+T】组合键，调出自由
变换控制框，变换调整图像使其填满整
个画布，即可得到如图 7-107 所示的最终
效果。

图 7-107

读书笔记

Chapter 08

图像创意表现

本章详细地介绍了使用 Photoshop 制作图像创意特效的方法，其中详细讲解了追忆、苏杭印象、杯中世界、破碎的身体和数字流等特效实例的制作步骤和操作方法。

8.1 追忆

→ 实例目标

本例将一斑驳的背景图像和经过处理的照片图像结合在一起，并添加一些花卉作为装饰，制作出一个以怀旧照片为主题的创意设计作品。

→ 技术分析

在本例的制作过程中，使用图层混合模式、调色命令来制作斑驳的背景图像，使用图层蒙版、通道等技术来制作破旧的照片效果，从而完成本例的设计。

最终效果图

→ 制作步骤

01 新建文档。执行菜单栏中的"文件 / 新建"命令（或按【Ctrl+N】组合键），在打开的"新建"对话框中进行设置，如图 8-1 所示，单击"确定"按钮即可创建一个新的空白文档。

图 8-2

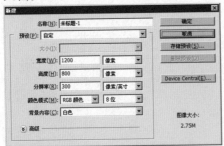

图 8-1

02 设置前景色为 R: 192，G: 192，B: 192，按【Alt+Delete】组合键用前景色填充"背景"图层，得到如图 8-2 所示的效果。

03 打开附书光盘中的"第 8 章 \ 追忆 \ 素材 1.tif"文件，此时的图像效果和"图层"面板如图 8-3 所示。

04 使用"移动工具" ⊕ 将素材文件中的图像拖曳到第 1 步新建的文件中，得到"图层 1"图层，按【Ctrl+T】组合键，调出自由变换控制框，变换调整图像到如图 8-4 所示的状态，按【Enter】键确认操作。

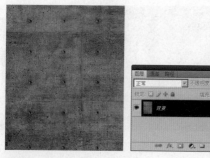

图 8-3

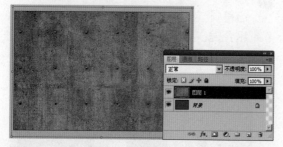

图 8-4

05 设置"图层 1"图层的混合模式为"叠加"，得到如图 8-5 所示的效果。

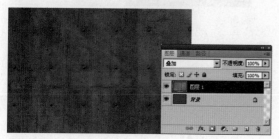

图 8-5

06 单击"创建新的填充或调整图层"按钮，在弹出的下拉菜单中选择"色相/饱和度"命令，在弹出的"色相/饱和度"调整面板中进行设置，如图 8-6 所示。

图 8-6

07 设置完"色相/饱和度"参数后，得到图层"色相/饱和度 1"，此时的效果如图 8-7 所示。

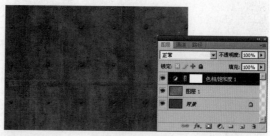

图 8-7

08 单击"创建新的填充或调整图层"按钮，在弹出的下拉菜单中选择"渐变"命令，在打开的对话框中进行设置，如图 8-8 所示。在对话框中的编辑渐变颜色选择框中单击，可以打开"渐变编辑器"对话框，在对话框中可以编辑渐变颜色。

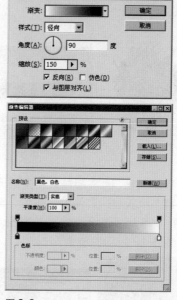

图 8-8

09 设置完成后，单击"确定"按钮，得到图层"渐变填充 1"，此时的效果如图 8-9 所示。

10 设置"渐变填充 1"图层的混合模式为"颜色减淡"，图层不透明度为"51%"，得到如图 8-10 所示的效果。

图 8-9

图 8-10

11 打开附书光盘中的"第8章\追忆\素材
2.psd"文件，此时的图像效果和"图层"
面板如图 8-11 所示。

图 8-11

12 使用"移动工具" 将素材文件中的图像
拖曳到第1步新建的文件中，得到"图层
2"图层，将"图层 2"图层中的图像调
整到如图 8-12 所示的位置。

图 8-12

13 设置"图层 2"图层的混合模式为"正片
叠底"，得到如图 8-13 所示的效果。

图 8-13

14 按【Ctrl+J】组合键，复制"图层 2"图
层得到"图层 2 副本"图层，按【Ctrl+T】
组合键，调出自由变换控制框，变换调整
图像到如图 8-14 所示的状态，按【Enter】
键确认操作。

图 8-14

15 打开附书光盘中的"第8章\追忆\素材 3.
psd"文件，此时的图像效果和"图层"面
板如图 8-15 所示。

图 8-15

16 使用"移动工具" 将素材文件中的图像
拖曳到第1步新建的文件中，得到"图层
3"图层，将"图层 3"图层中的图像调
整到如图 8-16 所示的位置。

17 设置"图层 3"图层的混合模式为"正片
叠底"，得到如图 8-17 所示的效果。

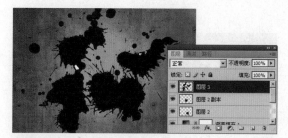

图 8-16

图 8-17

18 打开附书光盘中的"第8章\追忆\素材
4.psd"文件，此时的图像效果和"图层"
面板如图 8-18 所示。

图 8-18

19 使用"移动工具" 将素材文件中的图像拖
曳到第 1 步新建的文件中，得到"图层 4"
图层，按【Ctrl+T】组合键，调出自由变换
控制框，变换调整图像到如图 8-19 所示的
状态，按【Enter】键确认操作。

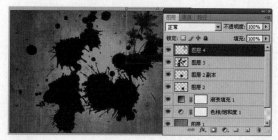

图 8-19

20 打开附书光盘中的"第8章\追忆\素材
5.psd"文件，此时的图像效果和"图层"
面板如图 8-20 所示。

图 8-20

21 使用"移动工具" 将素材文件中的图像
拖曳到第 1 步新建的文件中，得到"图层
5"图层，按【Ctrl+T】组合键，调出自由
变换控制框，变换调整图像到如图 8-21 所
示的状态，按【Enter】键确认操作。

图 8-21

22 打开附书光盘中的"第8章\追忆\素材
6.psd"文件，此时的图像效果和"图层"
面板如图 8-22 所示。

图 8-22

㉓ 使用"移动工具" 将素材文件中的图像拖曳到第 1 步新建的文件中，得到"图层 6"图层，按【Ctrl+T】组合键，调出自由变换控制框，变换调整图像到如图 8-23 所示的状态，按【Enter】键确认操作。

图 8-23

㉔ 单击"添加图层蒙版"按钮 ，为"图层 6"图层添加图层蒙版，设置前景色为黑色，使用"画笔工具" 设置适当的画笔大小和透明度后，在图层蒙版中涂抹，得到如图 8-24 所示的效果。

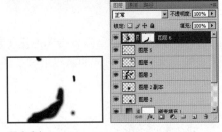

图 8-24

㉕ 打开附书光盘中的"第 8 章 \ 追忆 \ 素材 7.psd"文件，此时的图像效果和"图层"面板如图 8-25 所示。

图 8-25

㉖ 使用"移动工具" 将素材文件中的图像拖曳到第 1 步新建的文件中，得到"图层 7"图层，按【Ctrl+T】组合键，调出自由变换控制框，变换调整图像到如图 8-26 所示的状态，按【Enter】键确认操作。

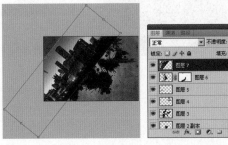

图 8-26

㉗ 设置"图层 7"图层的混合模式为"正片叠底"，得到如图 8-27 所示的效果。

图 8-27

㉘ 单击"添加图层蒙版"按钮 ，为"图层 7"图层添加图层蒙版，设置前景色为黑色，使用"画笔工具" 设置适当的画笔大小和透明度后，在图层蒙版中涂抹，得到如图 8-28 所示的效果。

图 8-28

㉙ 单击"创建新的填充或调整图层"按钮
🔘，在弹出的下拉菜单中选择"阈值"命
令，在弹出的"阈值"调整面板中进行设
置，如图 8-29 所示。

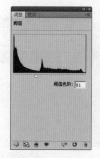

图 8-29

㉚ 设置完"阈值"参数后，得到图层"阈值 1"，
按【Ctrl+Alt+G】组合键，执行"创建剪贴
蒙版"操作，此时的效果如图 8-30 所示。

图 8-30

㉛ 设置前景色为 R: 238，G: 227，B: 197，
选择"矩形工具"🔲，在工具选项栏中单
击"形状图层"按钮🔳，在文件的中间绘
制矩形，得到图层"形状 1"，如图 8-31
所示。

图 8-31

㉜ 选择"钢笔工具"🖊，设置工具选项栏后，
在矩形边缘绘制波浪形状，如图 8-32 所示。

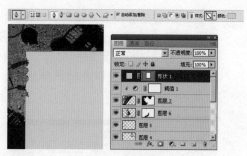

图 8-32

㉝ 按【Ctrl+Alt+T】组合键，调出自由变换控
制框，将形状向下移动到如图 8-33 所示
的位置。

图 8-33

㉞ 选中创建的路径，按【Enter】键确认，再
按【Ctrl+Shift+Alt+T】组合键多次，控制
并变换图像到如图 8-34 所示的状态。

图 8-34

㉟ 继续使用变换复制的方法制作矩形的其
他三个边的锯齿效果，如图 8-35 所示。

图 8-35

36 单击"添加图层样式"按钮 _fx_，在弹出的下拉菜单中选择"投影"命令，在打开的对话框中进行设置后，勾选"内发光"复选框，然后在右侧进行具体设置，如图 8-36 所示。

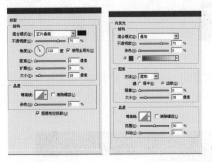

图 8-36

37 设置完成后，单击"确定"按钮，即可得到如图 8-37 所示的效果。

图 8-37

38 打开附书光盘中的"第8章\追忆\素材8.tif"文件，此时的图像效果和"图层"面板如图 8-38 所示。

图 8-38

39 使用"移动工具" ⊕ 将素材文件中的图像拖曳到第 1 步新建的文件中，得到"图层

8"图层，按【Ctrl+Alt+G】组合键，执行"创建剪贴蒙版"操作，按【Ctrl+T】组合键，调出自由变换控制框，变换调整图像到如图 8-39 所示的状态，按【Enter】键确认操作。

图 8-39

40 单击"添加图层样式"按钮 _fx_，在弹出的下拉菜单中选择"混合选项"命令，在打开的对话框中设置混合颜色带，得到如图 8-40 所示的效果。

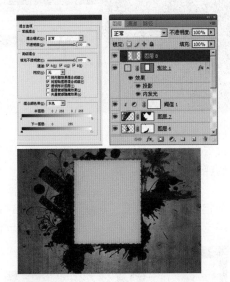

图 8-40

41 单击面板底部的"创建新图层"按钮 ⊒，新建一个图层，得到"图层 9"图层，设置前景色为白色，按【Alt+Delete】组合键用前景色填充"图层9"图层，按【Ctrl+Alt+G】组合键，执行"创建剪贴蒙版"操作。选择"滤镜/杂色/添加杂色"命令，在打开的对话框中设置参数后，单击"确定"按钮，得到如图 8-41 所示的效果。

图 8-41

㊷ 设置"图层 9"图层的混合模式为"正片叠底"，图层不透明度为"70%"，得到如图 8-42 所示的效果。

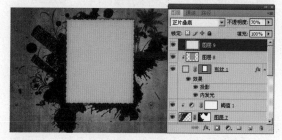

图 8-42

㊸ 打开附书光盘中的"第 8 章 \ 追忆 \ 素材 9.jpg"文件，此时的图像效果和"图层"面板如图 8-43 所示。

图 8-43

㊹ 使用"移动工具" 将素材文件中的图像拖曳到第 1 步新建的文件中，得到"图层 10"图层，按【Ctrl+T】组合键，调出自由变换控制框，变换调整图像到如图 8-44 所示的状态，按【Enter】键确认操作。

图 8-44

㊺ 单击"创建新的填充或调整图层"按钮 ，在弹出的下拉菜单中选择"色阶"命令，弹出的"色阶"调整面板如图 8-45 所示。

图 8-45

㊻ 设置完"色阶"参数后，得到图层"色阶 1"，按【Ctrl+Alt+G】组合键，执行"创建剪贴蒙版"操作，此时的效果如图 8-46 所示。

图 8-46

47 单击"创建新的填充或调整图层"按钮 ☑，在弹出的下拉菜单中选择"通道混合器"命令，在弹出的"通道混合器"调整面板中进行设置，如图8-47所示。

图8-47

48 设置完"通道混合器"参数后，得到图层"通道混合器1"，按【Ctrl+Alt+G】组合键执行"创建剪贴蒙版"操作，此时的效果如图8-48所示。

图8-48

49 单击"创建新的填充或调整图层"按钮 ☑，在弹出的下拉菜单中选择"色相/饱和度"命令，在弹出的"色相/饱和度"调整面板中进行设置，如图8-49所示。

图8-49

50 设置完"色相/饱和度"参数后，得到图层"色相/饱和度2"，按【Ctrl+Alt+G】组合键，执行"创建剪贴蒙版"操作，此时的效果如图8-50所示。

图8-50

51 选择"图层2"图层，按住【Alt】键在"图层"面板上将选中的图层拖曳到"色相/饱和度2"图层的上方，以复制和调整图层顺序，得到"图层2副本2"图层，按【Ctrl+T】组合键，调出自由变换控制框，变换调整图像到如图8-51所示的状态，按【Enter】键确认操作。

图8-51

52 单击"锁定透明像素"按钮 ☑，设置前景色的颜色值为R: 130，G: 127，B: 76，按【Alt+Delete】组合键用前景色填充"图层2副本2"图层，如图8-52所示。

图8-52

53 设置"图层2副本2"图层的不透明度为"36%"，得到如图8-53所示的效果。

54 打开附书光盘中的"第8章\追忆\素材10.tif"文件，此时的图像效果和"图层"面板如图8-54所示。

图 8-53

图 8-54

55 使用"移动工具" 将素材文件中的图像拖曳到第 1 步新建的文件中，得到"图层 11"，按【Ctrl+T】组合键，调出自由变换控制框，变换调整图像，按【Enter】键确认操作，得到如图 8-55 所示的效果。

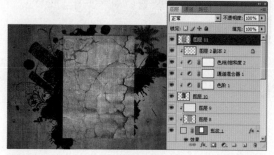

图 8-55

56 按住【Ctrl】键单击"图层 11"图层的缩览图，载入其选区，按【Ctrl+C】组合键，执行"拷贝"操作，切换到"通道"面板，单击面板底部的"创建新通道"按钮，新建一个通道"Alpha1"，按【Ctrl+V】组合键，执行"粘贴"操作，如图 8-56 所示。

57 按【Ctrl+I】组合键，执行"反相"操作，将通道中黑白图像的颜色颠倒（将图像中的颜色变成该颜色的补色），按【Ctrl+D】组合键取消选区，如图 8-57 所示。

图 8-56

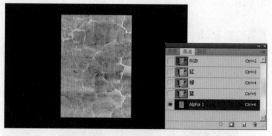

图 8-57

58 选择"图像/调整/色阶"命令或按【Ctrl+L】组合键，打开"色阶"对话框，设置完成后，即可得到如图 8-58 所示的效果。

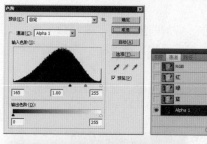

图 8-58

59 按住【Ctrl】键单击通道"Alpha1"，载入其选区，切换到"图层"面板，隐藏"图层 11"图层，新建一个图层得到"图层12"，设置前景色为黑色，按【Alt+Delete】组合键用前景色填充选区，按【Ctrl+D】组合键取消选区，得到如图 8-59 所示的效果。

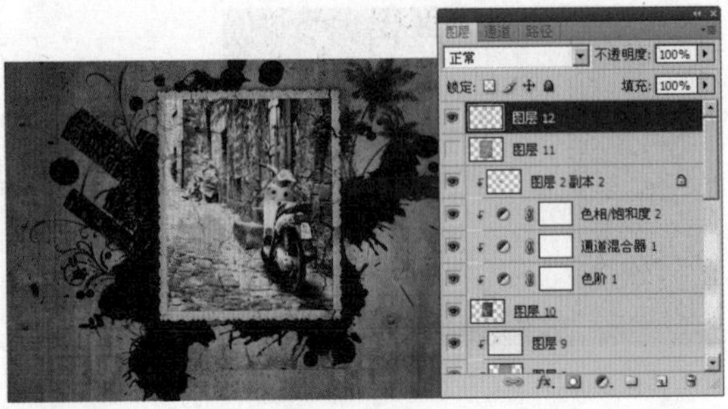

图 8-59

(60) 按【Ctrl+T】组合键，调出自由变换控制框，变换调整图像，按【Enter】键确认操作，得到如图 8-60 所示的效果。

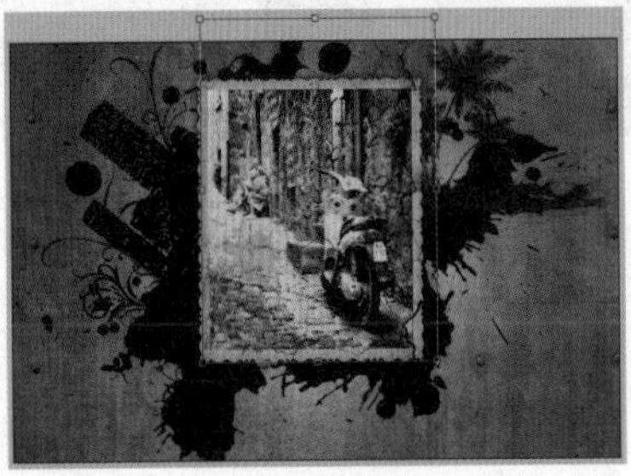

图 8-60

(61) 单击“添加图层蒙版”按钮，为“图层 12”图层添加图层蒙版，设置前景色为黑色，使用“画笔工具”设置适当的画笔大小和透明度后，在图层蒙版中涂抹，得到如图 8-61 所示的效果。

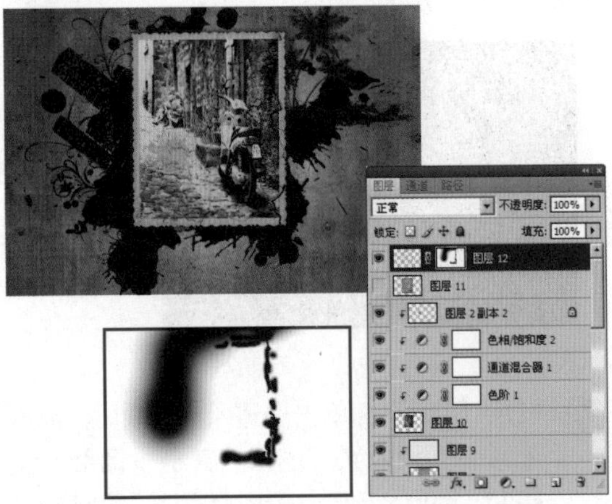

图 8-61

(62) 单击“添加图层样式”按钮，在弹出的下拉菜单中选择“外发光”命令，在打开的对话框中进行设置，如图 8-62 所示。

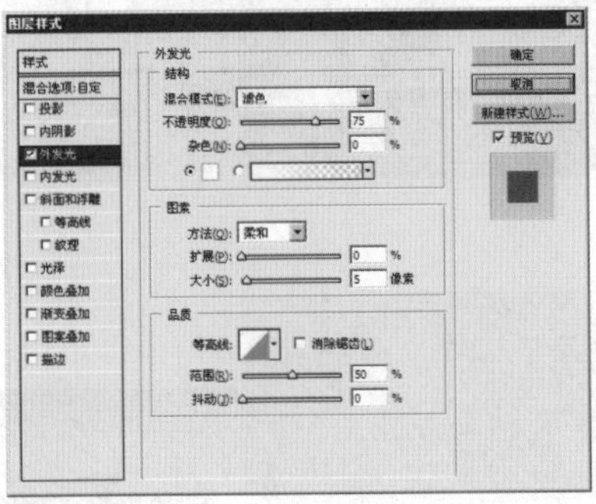

图 8-62

(63) 设置完成后，单击“确定”按钮，即可得到如图 8-63 所示的效果。

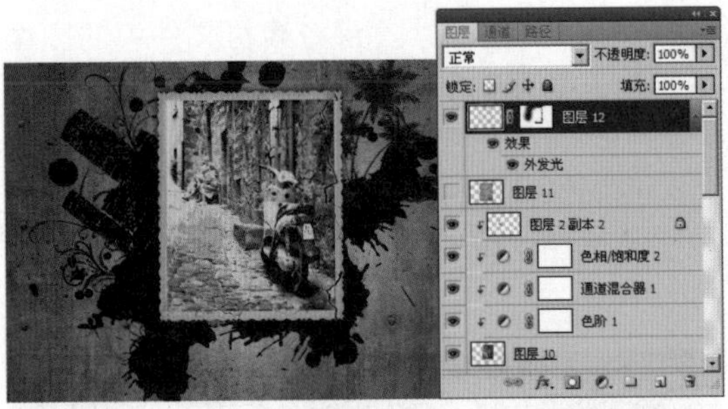

图 8-63

(64) 打开附书光盘中的“第 8 章\追忆\素材 11.psd”文件，此时的图像效果和“图层”面板如图 8-64 所示。

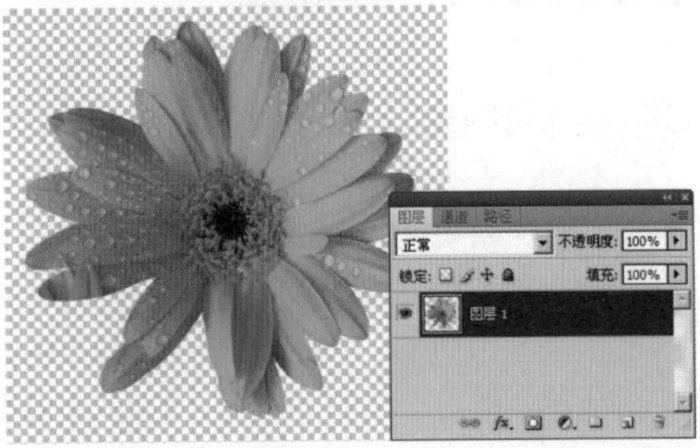

图 8-64

65 使用"移动工具" 将素材文件中的图像拖曳到第1步新建的文件中，得到"图层13"图层，按【Ctrl+T】组合键，调出自由变换控制框，变换调整图像到如图8-65所示的状态，按【Enter】键确认操作。

图 8-65

66 按住【Ctrl】键单击"图层13"图层的缩览图，载入其选区，按【Ctrl+C】组合键，执行"拷贝"操作，切换到"通道"面板，单击面板底部的"创建新通道"按钮 ，新建一个通道"Alpha2"，按【Ctrl+V】组合键，执行"粘贴"操作，按【Ctrl+D】组合键取消选区，如图8-66所示。

图 8-66

67 选择"图像/调整/色阶"命令或按【Ctrl+L】组合键，调出"色阶"对话框，设置完成后，即可得到如图8-67所示的效果。

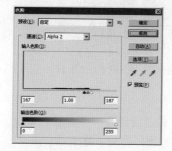

图 8-67

68 切换到"图层"面板，按住【Ctrl】键单击"图层13"图层的缩览图，载入其选区，按【Ctrl+C】组合键，执行"拷贝"操作，切换到"通道"面板，单击面板底部的"创建新通道"按钮 ，新建一个通道"Alpha3"，按【Ctrl+V】组合键，执行"粘贴"操作，按【Ctrl+I】组合键，执行"反相"操作，按【Ctrl+D】组合键取消选区，如图8-68所示。

图 8-68

69 选择"图像/调整/色阶"命令或按【Ctrl+L】组合键，打开"色阶"对话框，设置完成后，即可得到如图8-69所示的效果。

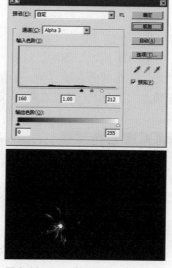

图 8-69

70 按住【Ctrl】键单击通道"Alpha2"，载入其选区，切换到"图层"面板，新建一个图层得到"图层14"图层，设置前景色为白色，按【Alt+Delete】组合键用前景色填充选区，按【Ctrl+D】组合键取消选区，得到如图8-70所示的效果。

图8-70

71 切换到"通道"面板，按住【Ctrl】键单击通道"Alpha3"，载入其选区，切换到"图层"面板，新建一个图层得到"图层15"图层，设置前景色为黑色，按【Alt+Delete】组合键用前景色填充选区，按【Ctrl+D】组合键取消选区，得到如图8-71所示的效果。

图8-71

72 按【Ctrl+J】组合键，复制"图层13"图层得到"图层13 副本"图层，设置"图层13 副本"图层的混合模式为"叠加"，图层填充值为"39%"，得到如图8-72所示的效果。

图8-72

73 单击"添加图层样式"按钮，在弹出的下拉菜单中选择"投影"命令，在打开的对话框中进行设置，如图8-73所示。

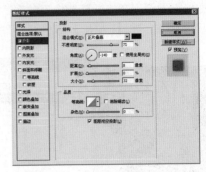

图8-73

74 设置完成后，单击"确定"按钮，即可得到如图8-74所示的效果。

图8-74

75 按住【Ctrl】键单击"图层13"图层的缩览图，载入其选区，单击"创建新的填充或调整图层"按钮，在弹出的下拉菜单中选择"通道混合器"命令，弹出的"通道混合器"调整面板如图8-75所示。

图8-75

76 设置完"通道混合器"参数后，单击"确定"按钮，得到图层"通道混合器2"，此时的效果如图8-76所示。

图 8-76

⑦⑦ 单击"创建新的填充或调整图层"按钮 ，在弹出的下拉菜单中选择"色相/饱和度"命令，弹出的"色相/饱和度"调整面板如图 8-77 所示。

图 8-77

⑦⑧ 设置完"色相/饱和度"参数后，得到图层"色相/饱和度 3"，此时的效果如图 8-78 所示。

图 8-78

⑦⑨ 按住【Alt】键在"图层"面板上，拖曳"通道混合器 2"图层的蒙版缩览图到"色相/饱和度 3"图层的图层名称上释放鼠标，以复制图层蒙版，得到如图 8-79 所示的效果。

⑧⓪ 选择"图层 12"图层上方的所有图层，按【Ctrl+Alt+E】组合键，执行"盖印"操作，将得到的新图层重命名为"图层 16"，并将其调整到"图层 13"图层的下方，按

【Ctrl+T】组合键，调出自由变换控制框，变换调整图像到如图 8-80 所示的状态，按【Enter】键确认操作。

图 8-79

图 8-80

⑧① 设置前景色的颜色值为 R: 90，G: 72，B: 56，使用"横排文字工具" ，设置适当的字体和字号在图像中输入文字，得到相应的文字图层，此时的图像的最终效果如图 8-81 所示。

图 8-81

8.2 苏杭印象

最终效果图

→ 实例目标

本例以一张江南水乡的照片作为制作的主体素材,然后通过软件处理使素材照片达到水墨画的效果,最后添加一些文字和图像来完成和丰富画面。

→ 技术分析

在本例的制作过程中,使用调色命令、图层混合模式,以及"特殊模糊"、"调色刀"、"水彩"等滤镜制作主体图像的水墨效果,最后结合自由变换操作为画面添加一些文字和图像来完成设计。

→ 制作步骤

01 打开附书光盘中的"第8章\苏杭印象\素材1.jpg"文件,此时的图像效果和"图层"面板如图8-82所示。

图8-82

02 单击"创建新的填充或调整图层"按钮 ◢,在弹出的下拉菜单中选择"色阶"命令,在弹出的"色阶"调整面板中进行设置,如图8-83所示。

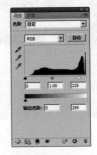

图8-83

03 设置完"色阶"参数后,得到图层"色阶1",此时的效果如图8-84所示。

04 按【Ctrl+Shift+Alt+E】组合键,执行"盖印"操作,得到"图层1"图层,选择"滤镜/模糊/特殊模糊"命令,在打开的对话框中设置参数后,单击"确定"按钮,得到如图8-85所示的效果。

图 8-84

图 8-85

图 8-87

07 隐藏"图层 1"和"图层 1 副本"图层，选择"色阶 1"图层，按【Ctrl+Shift+Alt+E】组合键，执行"盖印"操作，得到"图层 2"图层，如图 8-88 所示。

图 8-88

05 按【Ctrl+J】组合键，复制"图层 1"图层得到"图层 1 副本"图层，设置其图层混合模式为"颜色加深"，图层不透明度为"70%"，此时的图像效果和"图层"面板如图 8-86 所示。

08 将"图层 2"图层调整到所有图层的最上方，选择"滤镜 / 艺术效果 / 调色刀"命令，在打开的对话框中设置参数后，单击"确定"按钮，得到如图 8-89 所示的效果。

图 8-86

06 选择"滤镜 / 艺术效果 / 水彩"命令，在打开的对话框中设置参数后，单击"确定"按钮，得到如图 8-87 所示的效果。

图 8-89

09 显示"图层 1"和"图层 1 副本"图层，
设置"图层 2"图层的不透明度为 50%，
图层混合模式为"叠加"，此时的图像效
果和"图层"面板如图 8-90 所示。

图 8-90

10 单击"创建新的填充或调整图层"按钮
，在弹出的下拉菜单中选择"色相 / 饱
和度"命令，在弹出的"色相 / 饱和度"调
整面板中进行设置，如图 8-91 所示。

图 8-91

11 设置完"色相 / 饱和度"参数后，得到图
层"色相 / 饱和度 1"，此时的效果如图
8-92 所示。

图 8-92

12 打开附书光盘中的"第 8 章 \ 苏杭印象 \ 素
材 2.psd"文件，此时的图像效果和"图
层"面板如图 8-93 所示。

图 8-93

13 使用"移动工具" 将素材图像拖曳到第
1 步新建的文件中，得到"图层 3"图层，
按【Ctrl+T】组合键，调出自由变换控制
框，将图像变换调整到如图 8-94 所示的
状态，按【Enter】键确认操作。

图 8-94

14 设置"图层 3"图层的不透明度为"20%"，
此时的图像效果和"图层"面板如图 8-95
所示。

图 8-95

15 单击"添加图层蒙版"按钮，为"图层
3"图层添加图层蒙版，设置前景色为黑
色，使用"画笔工具" 设置适当的画笔
大小和透明度后，在图层蒙版中涂抹，得
到如图 8-96 所示的效果。

图 8-96

⑯ 新建一个图层，得到"图层4"图层，设置前景色为白色，选择"画笔工具" ✐ 设置适当的画笔大小和透明度后，在图像中进行涂抹，涂抹后得到如图8-97所示的效果。

图 8-97

⑰ 打开附书光盘中的"第8章\苏杭印象\素材3.psd"文件，此时的图像效果和"图层"面板如图8-98所示。

图 8-98

⑱ 使用"移动工具" ▶ 将素材图像拖曳到第1步新建的文件中，得到"图层5"图层，按【Ctrl+T】组合键，调出自由变换控制框，将图像变换调整到如图8-99所示的状态，按【Enter】键确认操作。

图 8-99

⑲ 打开附书光盘中的"第8章\苏杭印象\素材4.psd"文件，此时的图像效果和"图层"面板如图8-100所示。

图 8-100

⑳ 使用"移动工具" ▶ 将素材图像拖曳到第1步新建的文件中，得到"图层6"图层，按【Ctrl+T】组合键，调出自由变换控制框，将图像变换调整到如图8-101所示的状态，按【Enter】键确认操作。

图 8-101

21 打开附书光盘中的"第8章\苏杭印象\素材5.psd"文件，此时的图像效果和"图层"面板如图8-102所示。

图 8-102

22 使用"移动工具" 将素材文件中的"图层1"图层中的图像拖曳到第1步新建的文件中，得到"图层7"图层，按【Ctrl+T】组合键，调出自由变换控制框，将图像变换调整到如图8-103所示的状态，按【Enter】键确认操作。

图 8-103

23 使用"移动工具" 将素材文件中的"图层2"图层中的图像拖曳到第1步新建的文件中，得到"图层8"图层，按【Ctrl+T】组合键，调出自由变换控制框，将图像变换调整到如图8-104所示的状态，按【Enter】键确认操作。

图 8-104

24 打开附书光盘中的"第8章\苏杭印象\素材6.psd"文件，此时的图像效果和"图层"面板如图8-105所示。

图 8-105

25 使用"移动工具" 将素材图像拖曳到第1步新建的文件中，得到"图层9"图层，按【Ctrl+T】组合键，调出自由变换控制框，将图像变换调整到如图8-106所示的状态，按【Enter】键确认操作。

图 8-106

8.3 杯中世界

→ 实例目标

本例以一个茶杯图像作为画面的主体，然后在茶杯内添加一些美丽的风景元素，再结合茶杯后面的背景，制作出一个以杯中设计为主题的创意设计作品。

→ 技术分析

在本例的制作过程中，使用图层混合模式、图层蒙版、自由变换操作来制作背景图像、使用图层样式、路径、图层蒙版和渐变填充等技术来制作茶杯主体图像，从而完成本例的设计。

最终效果图

→ 制作步骤

01 新建文档。执行菜单栏中的"文件/新建"命令（或按【Ctrl+N】组合键），在打开的"新建"对话框中进行设置，如图8-107所示，单击"确定"按钮即可创建一个新的空白文档。

图 8-107

02 打开附书光盘中的"第8章\杯中世界\素材1.jpg"文件，此时的图像效果和"图层"面板如图8-108所示。

图 8-108

03 使用"移动工具"将素材图像拖曳到第1步新建的文件中，得到"图层1"图层，按【Ctrl+T】组合键，调出自由变换控制框，将图像变换调整到如图8-109所示的状态，按【Enter】键确认操作。

图 8-109

04 按【Ctrl+J】组合键两次，复制"图层 1"图层得到其两个副本图层，选择"图层 1"图层并隐藏其两个的副本图层，如图 8-110 所示。

图 8-110

05 单击"添加图层蒙版"按钮▢，为"图层 1"图层添加图层蒙版，设置前景色为黑色，背景色为白色，使用"渐变工具"▢ 设置渐变类型为从前景色到背景色，在图层蒙版中从下往上绘制渐变，此时的图像效果如图 8-111 所示。

图 8-111

06 单击"创建新的填充或调整图层"按钮 ▢，在弹出的下拉菜单中选择"曲线"命令，在弹出的"曲线"调整面板中进行设置，如图 8-112 所示。

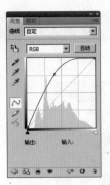

图 8-112

07 设置完"曲线"参数后，得到图层"曲线 1"，按【Ctrl+Alt+G】组合键，执行"创建剪贴蒙版"操作，此时的效果如图 8-113 所示。

图 8-113

08 显示并选择"图层 1 副本"图层，设置其图层混合模式为"滤色"，此时的图像效果和"图层"面板如图 8-114 所示。

图 8-114

09 按住【Alt】键在"图层"面板上拖曳"图层 1"图层的蒙版缩览图到"图层 1 副本"图层的图层名称上释放鼠标，以复制图层蒙版，得到如图 8-115 所示的效果。

图 8-115

图 8-118

⑬ 使用"移动工具" 将素材图像拖曳到第
1 步新建的文件中，得到"图层 1"图层，
按【Ctrl+T】组合键，调出自由变换控制
框，将图像变换调整到如图 8-119 所示的
状态，按【Enter】键确认操作。

⑩ 显示并选择"图层 1 副本 2"图层，单击
"添加图层蒙版"按钮 ，为其添加图层蒙
版，设置前景色为黑色，使用画笔工具
设置适当的画笔大小和透明度后，在图
层蒙版中涂抹，其涂抹状态和"图层"面
板如图 8-116 所示。

图 8-119

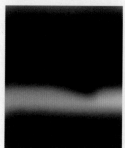

图 8-116

⑭ 设置"图层 2"图层的不透明度为"27%"，
此时的图像效果和"图层"面板如图 8-120
所示。

⑪ 在"图层 1 副本 2"图层的图层蒙版中涂
抹后，得到如图 8-117 所示的效果。

图 8-120

图 8-117

⑮ 单击"添加图层蒙版"按钮 ，为"图层
2"图层添加图层蒙版，设置前景色为黑
色，使用"画笔工具" 设置适当的画笔
大小和透明度后，在图层蒙版中涂抹，其
涂抹状态和"图层"面板如图 8-121 所示。

⑫ 打开附书光盘中的"第 8 章 \ 杯中世界 \ 素
材 2.psd"文件，此时的图像效果和"图
层"面板如图 8-118 所示。

⑯ 在"图层 3"图层的图层蒙版中涂抹后，
得到如图 8-122 所示的效果。

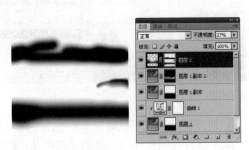

图 8-121

图 8-122

17 打开附书光盘中的 "第 8 章 \ 杯中世界 \ 素材 3.psd" 文件, 此时的图像效果和 "图层" 面板如图 8-123 所示。

图 8-123

18 使用 "移动工具" ⊕ 将素材图像拖曳到第 1 步新建的文件中, 得到 "图层 3" 图层, 按【Ctrl+T】组合键, 调出自由变换控制框, 将图像变换调整到如图 8-124 所示的状态, 按【Enter】键确认操作。

图 8-124

19 单击 "创建新的填充或调整图层" 按钮 ⊘, 在弹出的下拉菜单中选择 "色相 / 饱和度" 命令, 在弹出的 "色相 / 饱和度" 调整面板中进行设置, 如图 8-125 所示。

图 8-125

20 设置完 "色相 / 饱和度" 参数后, 得到图层 "色相 / 饱和度 1", 按【Ctrl+Alt+G】组合键, 执行 "创建剪贴蒙版" 操作, 此时的效果如图 8-126 所示。

图 8-126

21 选择 "图层 1" 图层, 按住【Alt】键在 "图层" 面板上将选中的图层拖曳到 "色相 / 饱和度 1" 的上方, 以复制和调整图层顺序, 得到图层 "图层 1 副本 3", 如图 8-127 所示。

图 8-127

㉒ 单击"添加图层蒙版"按钮◘，为"图层1 副本 3"图层添加图层蒙版，设置前景色为黑色，使用"画笔工具"✐设置适当的画笔大小和透明度后，在图层蒙版中涂抹，得到如图 8-128 所示的效果。

图 8-128

㉓ 设置"图层 1 副本 3"图层的混合模式为"叠加"，图层不透明度为"70%"，此时的图像效果和"图层"面板如图 8-129 所示。

图 8-129

㉔ 按【Ctrl+J】组合键，复制"图层 1 副本 3"图层得到"图层 1 副本 4"图层，设置"图层 1 副本 3"图层的混合模式为"正常"，图层不透明度为"68%"，此时的图像效果和"图层"面板如图 8-130 所示。

图 8-130

㉕ 选择"钢笔工具"✑，在工具选项栏中单击"路径"按钮▨，在文件中间绘制一条路径，将其重命名为"路径 1"，如图 8-131 所示。

图 8-131

㉖ 按【Ctrl+Enter】组合键将路径转换为选区，在"图层 1 副本 3"图层的上方新建一个图层，得到"图层 4"图层，设置前景色为白色，按【Alt+Delete】组合键用前景色填充选区，按【Ctrl+D】组合键取消选区，得到如图 8-132 所示的效果。

图 8-132

㉗ 选择"图层 4"图层并设置其填充值为"0%"，图层不透明度为"89%"，此时的图像效果和"图层"面板如图 8-133 所示。

图 8-133

28 单击"添加图层样式"按钮 fx，在弹出的下拉菜单中选择"混合选项"命令，在打开的对话框中勾选"图层蒙版隐藏效果"复选框，继续设置"内发光"、"描边"图层样式，具体设置如图 8-134 所示。

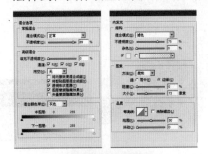

图 8-134

29 设置完成后，单击"确定"按钮，即可得到如图 8-135 所示的效果。

图 8-135

30 单击"添加图层蒙版"按钮，为"图层4"图层添加图层蒙版，设置前景色为黑色，使用"画笔工具"设置适当的画笔大小和透明度后，在图层蒙版中涂抹，得到如图 8-136 所示的效果。

图 8-136

31 在"图层 1 副本 4"图层的上方新建一个图层，得到"图层 5"图层，设置前景色为白色，选择"画笔工具"并设置适当的画笔大小和透明度后，在图像中进行涂抹，涂抹后得到如图 8-137 所示的效果。

图 8-137

32 打开附书光盘中的"第 8 章\杯中世界\素材4.jpg"文件，此时的图像效果和"图层"面板如图 8-138 所示。

图 8-138

③③ 使用"移动工具"将素材图像拖曳到第
1步新建的文件中，得到"图层6"图层，
按【Ctrl+T】组合键，调出自由变换控制
框，将图像变换调整到如图8-139所示的
状态，按【Enter】键确认操作。

图 8-139

③④ 单击"添加图层蒙版"按钮，为"图层
6"图层添加图层蒙版，设置前景色为黑
色，使用"画笔工具"设置适当的画笔
大小和透明度后，在图层蒙版中涂抹，其
涂抹状态和"图层"面板如图8-140所示。

图 8-140

③⑤ 在"图层6"图层的图层蒙版中涂抹后，
得到如图8-141所示的效果。

图 8-141

③⑥ 打开附书光盘中的"第8章\杯中世界\素
材5.jpg"文件，此时的图像效果和"图
层"面板如图8-142所示。

图 8-142

③⑦ 使用"移动工具"将素材图像拖曳到第
1步新建的文件中，得到"图层7"图层，
按【Ctrl+T】组合键，调出自由变换控制
框，将图像变换调整到如图8-143所示的
状态，按【Enter】键确认操作。

图 8-143

③⑧ 单击"添加图层蒙版"按钮，为"图层
7"图层添加图层蒙版，设置前景色为黑
色，使用"画笔工具"设置适当的画笔
大小和透明度后，在图层蒙版中涂抹，其
涂抹状态和"图层"面板如图8-144所示。

图 8-144

③⑨ 在"图层7"图层的图层蒙版中涂抹后，
得到如图8-145所示的效果。

图 8-145

图 8-148

⑩ 按【Ctrl+J】组合键，复制"图层 7"图层得到"图层 7 副本"图层，设置"图层 7 副本"图层的图层不透明度为"60%"，图层混合模式为"叠加"，此时的图像效果和"图层"面板如图 8-146 所示。

图 8-146

㊷ 按【Ctrl+J】组合键，复制"图层7"图层得到"图层 7 副本 2"图层，设置其图层混合模式为"滤色"，此时的图像效果和"图层"面板如图 8-147 所示。

图 8-147

㊷ 打开附书光盘中的"第8章\杯中世界\素材 6.psd"文件，此时的图像效果和"图层"面板如图 8-148 所示。

㊸ 使用"移动工具"将素材图像拖曳到第 1 步新建的文件中，得到"图层 8"图层，按【Ctrl+T】组合键，调出自由变换控制框，将图像变换调整到如图 8-149 所示的状态，按【Enter】键确认操作。

图 8-149

㊹ 单击"添加图层蒙版"按钮，为"图层 8"图层添加图层蒙版，设置前景色为黑色，使用"画笔工具"设置适当的画笔大小和透明度后，在图层蒙版中涂抹，得到如图 8-150 所示的效果。

图 8-150

㊺ 按【Ctrl+J】组合键，复制"图层 8"图层得到"图层 8 副本"图层，设置其图层混合模式为"滤色"，此时的图像效果和"图层"面板如图 8-151 所示。

图 8-151

46 单击"创建新的填充或调整图层"按钮 ❷，在弹出的下拉菜单中选择"渐变"命令，在打开的"渐变填充"对话框中进行设置，如图 8-152 所示，在对话框中的编辑渐变颜色选择框中单击，可以打开"渐变编辑器"对话框，在该对话框中可以编辑渐变颜色。

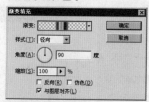

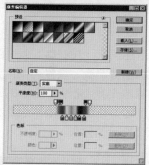

图 8-152

47 设置完成后，单击"确定"按钮，得到图层"渐变填充 1"，此时的效果如图 8-153 所示。

图 8-153

48 单击"渐变填充 1"图层的图层蒙版缩览图，设置前景色为黑色，使用"画笔工具" ☑ 设置适当的画笔大小和透明度后，在图层蒙版中涂抹，其涂抹状态和"图层"面板如图 8-154 所示。

图 8-154

49 在"渐变填充 1"图层的图层蒙版中涂抹后，得到如图 8-155 所示的效果。

图 8-155

50 设置"渐变填充 1"图层的不透明度为"30%"，此时的图像效果和"图层"面板如图 8-156 所示。

图 8-156

51 打开附书光盘中的"第 8 章\杯中世界\素材 7.psd"文件，此时的图像效果和"图层"面板如图 8-157 所示。

图 8-157

图 8-160

52 使用 "移动工具" ▶ 将素材图像拖曳到第 1 步新建的文件中，得到 "图层 9" 图层，按【Ctrl+T】组合键，调出自由变换控制框，将图像变换调整到如图 8-158 所示的状态，按【Enter】键确认操作。

55 使用 "移动工具" ▶ 将素材图像拖曳到第 1 步新建的文件中，得到 "图层 10" 图层，按【Ctrl+T】组合键，调出自由变换控制框，将图像变换调整到如图 8-161 所示的状态，按【Enter】键确认操作。

图 8-158

图 8-161

53 单击 "添加图层蒙版" 按钮 ▣，为 "图层 9" 图层添加图层蒙版，设置前景色为黑色，使用 "画笔工具" ☑ 设置适当的画笔大小和透明度后，在图层蒙版中涂抹，得到如图所示 8-159 的效果。

56 单击 "添加图层蒙版" 按钮 ▣，为 "图层 10" 图层添加图层蒙版，设置前景色为黑色，使用 "画笔工具" ☑ 设置适当的画笔大小和透明度后，在图层蒙版中涂抹，得到如图 8-162 所示的效果。

图 8-159

图 8-162

54 打开附书光盘中的 "第 8 章\杯中世界\素材 8.psd" 文件，此时的图像效果和 "图层" 面板如图 8-160 所示。

57 选择 "滤镜 / 模糊 / 高斯模糊" 命令，在打开的对话框中设置参数后，单击 "确定" 按钮，得到如图 8-163 所示的效果。

图 8-163

图 8-166

58 单击"创建新的填充或调整图层"按钮 ⬚，在弹出的下拉菜单中选择"色相/饱和度"命令，在弹出的"色相/饱和度"调整面板中进行设置，如图 8-164 所示。

图 8-164

59 设置完"色相/饱和度"参数后，得到图层"色相/饱和度 2"，按【Ctrl+Alt+G】组合键，执行"创建剪贴蒙版"操作，此时的效果如图 8-165 所示。

图 8-165

60 打开附书光盘中的"第 8 章\杯中世界\素材 9.psd"文件，此时的图像效果和"图层"面板如图 8-166 所示。

61 使用"移动工具"⊕将素材图像拖曳到第 1 步新建的文件中，得到"图层 11"图层，按【Ctrl+T】组合键，调出自由变换控制框，将图像变换调整到如图 8-167 所示的状态，按【Enter】键确认操作。

图 8-167

62 在"图层 11"图层的下方新建一个图层，得到"图层 12"图层，设置前景色为黑色，选择"画笔工具"✎设置适当的画笔大小和透明度后，在图像中进行涂抹，涂抹后得到如图 8-168 所示的效果。

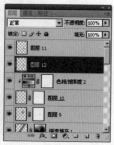

图 8-168

63 打开附书光盘中的"第 8 章\杯中世界\素材 10.psd"文件，此时的图像效果和"图层"面板如图 8-169 所示。

图 8-169

图 8-172

64 使用"移动工具" 将素材图像拖曳到第 1 步新建的文件中，得到"图层 13"图层，按【Ctrl+T】组合键，调出自由变换控制框，将图像变换调整到如图 8-170 所示的状态，按【Enter】键确认操作。

67 选择"图层 13"图层，打开附书光盘中的"第 8 章\杯中世界\素材 11.psd"文件，此时的图像效果和"图层"面板如图 8-173 所示。

图 8-170

图 8-173

65 在"图层 13"图层的下方新建一个图层，得到"图层 14"图层，设置前景色为黑色，选择"画笔工具" 并设置适当的画笔大小和透明度后，在图像中进行涂抹，涂抹后得到如图 8-171 所示的效果。

68 使用"移动工具" 将素材图像拖曳到第 1 步新建的文件中，得到"图层 15"图层，按【Ctrl+T】组合键，调出自由变换控制框，将图像变换调整到如图 8-174 所示的状态，按【Enter】键确认操作。

图 8-171

图 8-174

66 按【Ctrl+J】组合键，复制"图层 14"图层得到"图层 14 副本"图层，设置其图层混合模式为"叠加"，此时的图像效果和"图层"面板如图 8-172 所示。

69 单击"添加图层蒙版"按钮 ，为"图层 15"图层添加图层蒙版，设置前景色为黑色，使用"画笔工具" 设置适当的画笔大小和透明度后，在图层蒙版中涂抹，得到如图 8-175 所示的最终效果。

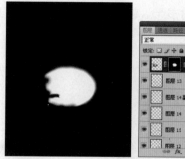

图 8-175

8.4 破碎的身体

最终效果图

→ 实例目标

本例以一个人物图像作为画面的主体，然后通过软件处理将人物的皮肤制作成开裂脱落的图像特效，从而完成身体破碎为主题的创意设计作品。

→ 技术分析

在本例的制作过程中，使用图层混合模式、通道技术、图层蒙版来制作皮肤开裂的图像特效，使用"云彩"滤镜、图层样式、调色命令等技术来制作脱落皮肤后露出的岩石效果。

→ 制作步骤

01 新建文档。执行菜单栏中的"文件 / 新建"命令（或按【Ctrl+N】组合键），在打开的"新建"对话框中进行设置，如图 8-176 所示，单击"确定"按钮即可创建一个新的空白文档。

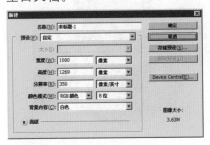

图 8-176

02 单击"创建新的填充或调整图层"按钮 ，在弹出的下拉菜单中选择"渐变"命令，在打开的对话框中进行设置，如图 8-177 所示，在对话框中的编辑渐变颜色选择框中单击，可以打开"渐变编辑器"对话框，在该对话框中可以编辑渐变颜色。

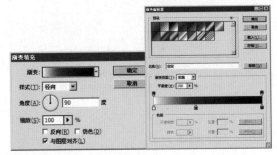

图 8-177

03 设置完成后，单击"确定"按钮，得到图层"渐变填充 1"，此时的效果如图 8-178 所示。

图 8-178

04 打开附书光盘中的"第 8 章\破碎的身体\素材1.psd"文件，此时的图像效果和"图层"面板如图 8-179 所示。

图 8-179

05 使用"移动工具" 将素材图像拖曳到第 1 步新建的文件中，得到"图层 1"图层，按【Ctrl+T】组合键，调出自由变换控制框，将图像变换调整到如图 8-180 所示的状态，按【Enter】键确认操作。

图 8-180

06 单击"添加图层蒙版"按钮 ，为"图层 1"图层添加图层蒙版，设置前景色为黑色，使用"画笔工具" 设置适当的画笔大小和透明度后，在图层蒙版中涂抹，其涂抹状态和"图层"面板如图 8-181 所示。

图 8-181

07 在"图层 1"图层的图层蒙版中涂抹后，得到如图 8-182 所示的效果。

图 8-182

08 切换到"通道"面板，选择"红"通道，将其拖曳到面板底部的"创建新通道"按钮圖上，以复制通道，得到"红 副本"通道，如图 8-183 所示。

图 8-183

09 选择"红 副本"通道，按【Ctrl+I】组合键，执行"反相"操作，将通道中黑白图像的颜色颠倒，如图 8-184 所示。

图 8-184

10 按住【Ctrl】键单击"红 副本"通道，载入其选区，切换到"图层"面板，新建一个图层，得到"图层 2"图层，设置前景色为黑色，按【Alt+Delete】组合键用前景色填充选区，按【Ctrl+D】组合键取消

选区，按【Ctrl+Alt+G】组合键，执行"创建剪贴蒙版"操作，得到如图 8-185 所示的效果。

图 8-185

11 单击"添加图层蒙版"按钮 ，为"图层 2"图层添加图层蒙版，设置前景色为黑色，使用"画笔工具" 设置适当的画笔大小和透明度后，在图层蒙版中涂抹，得到如图 8-186 所示的效果。

图 8-186

12 选择"图层 1"图层，按住【Alt】键在"图层"面板上将选中的图层拖曳到"图层 2"图层的下方，以复制图层，得到图层"图层 1 副本"，设置其图层混合模式为"滤色"，如图 8-187 所示。

图 8-187

13 单击"图层1副本"图层的图层蒙版缩览图，设置前景色为黑色，使用"画笔工具" ✎ 设置适当的画笔大小和透明度后，在图层蒙版中涂抹，其涂抹状态和"图层"面板如图8-188所示。

图8-188

14 在"图层2副本"图层的图层蒙版中涂抹后，即可得到如图8-189所示的效果。

图8-189

15 打开附书光盘中的"第8章\破碎的身体\素材2.jpg"文件，此时的图像效果和"图层"面板如图8-190所示。

图8-190

16 选择"图层2"为当前图层，使用"移动工具" ▶ 将素材图像拖曳到第1步新建的文件中，得到"图层3"图层，按【Ctrl+T】组合键，调出自由变换控制框，将图像变换调整到如图8-191所示的状态，按【Enter】键确认操作。

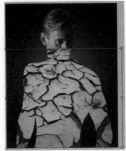

图8-191

17 单击"添加图层蒙版"按钮 ▢ ，为"图层3"图层添加图层蒙版，设置前景色为黑色，使用"画笔工具" ✎ 设置适当的画笔大小和透明度后，在图层蒙版中涂抹，其涂抹状态和"图层"面板如图8-192所示。

图8-192

18 在"图层3"图层的图层蒙版中涂抹后，得到如图8-193所示的效果。

图8-193

19 将"图层3"图层调整到"图层2"图层的下方，设置其图层混合模式为"点光"，此时的图像效果和"图层"面板如图8-194所示。

图 8-194

20 选择"图层3"图层为当前图层，按住【Alt】
键在"图层"面板上将选中的图层拖曳到
"图层 2"图层的下方，以复制和调整图
层顺序，释放鼠标得到"图层 3 副本"图
层，将其图层混合模式设置为"变暗"，得
到如图 8-195 所示的效果。

图 8-195

21 单击"图层 3 副本"图层的图层蒙版缩览
图，设置前景色为黑色，使用"画笔工具"
设置适当的画笔大小和透明度后，在
图层蒙版中涂抹，其涂抹状态和"图层"
面板如图 8-196 所示。

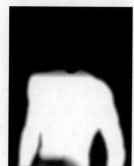

图 8-196

22 在"图层 3 副本"图层的图层蒙版中涂抹
后，即可得到如图 8-197 所示的效果。

图 8-197

23 在"图层"面板最上方新建一个图层，得
到"图层 4"图层，按【Ctrl+Alt+G】组
合键，执行"创建剪贴蒙版"操作，设置
前景色为黑色，选择"画笔工具" 并设
置适当的画笔大小和透明度后，在图像
中进行涂抹，涂抹后得到如图 8-198 所示
的效果。

图 8-198

24 选择"渐变填充 1"图层上方的所有图层，
按【Ctrl+Alt+E】组合键，执行"盖印"操
作，将得到的新图层重命名为"图层 5"，
如图 8-199 所示。

图 8-199

25 选择"滤镜/杂色/添加杂色"命令，在打开的对话框中设置参数后，单击"确定"按钮，得到如图 8-200 所示的效果。

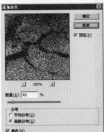

图 8-200

26 设置"图层 5"图层的不透明度为"39%"，图层混合模式为"叠加"，此时的图像效果和"图层"面板如图 8-201 所示。

图 8-201

27 选择"图层 3"图层，按住【Alt】键在"图层"面板上将选中的图层拖曳到"图层 5"图层的上方，以复制和调整图层顺序，得到"图层 3 副本 2"图层，去掉图层的剪贴蒙版和图层蒙版，如图 8-202 所示。

28 切换到"通道"面板，选择"蓝"通道，将其拖曳到面板底部的"创建新通道"按钮上，以复制通道，得到"蓝 副本"通道，如图 8-203 所示。

图 8-202

图 8-203

29 选择"矩形选框工具"，在图像上半部分框选，设置前景色为黑色，按【Alt+Delete】组合键用前景色填充选区，按【Ctrl+D】组合键取消选区，得到如图 8-204 所示的效果。

图 8-204

30 选择"滤镜/风格化/照亮边缘"命令，在打开的对话框中设置参数后，单击"确定"按钮，得到如图 8-205 所示的效果。

31 按住【Ctrl】键单击通道"蓝 副本"，载入其选区，切换到"图层"面板，隐藏"图层 3 副本 2"图层，在"图层 5"图层上新建一个图层，得到"图层 6"图层，按【Ctrl+Alt+G】组合键，执行"创建剪贴蒙版"操作，如图 8-206 所示。

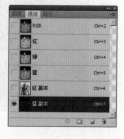

图 8-205

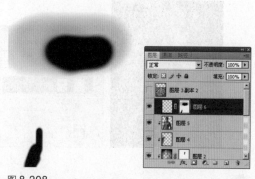

图 8-208

图 8-206

32 设置前景色为白色，按【Alt+Delete】组合键用前景色填充选区，按【Ctrl+D】组合键取消选区，此时的图像效果和"图层"面板如图 8-207 所示。

图 8-207

33 单击"添加图层蒙版"按钮 ，为"图层6"图层添加图层蒙版，设置前景色为黑色，使用"画笔工具" 设置适当的画笔大小和透明度后，在图层蒙版中涂抹，其涂抹状态和"图层"面板如图 8-208 所示。

34 在"图层 6"图层的图层蒙版中涂抹后，得到如图 8-209 所示的效果。

图 8-209

35 选择"滤镜 / 模糊 / 高斯模糊"命令，在打开的对话框中设置参数后，单击"确定"按钮，得到如图 8-210 所示的效果。

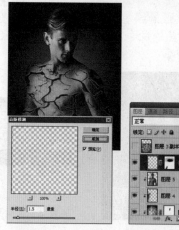

图 8-210

36 设置"图层 6"图层的图层混合模式为"柔光"，此时的图像效果和"图层"面板如图 8-211 所示。

图 8-211

图 8-214

37 选择"图层 6"图层为当前图层，按住【Alt】键在"图层"面板上将选中的图层拖曳到"图层 6"图层的上方，以复制和调整图层顺序，释放鼠标得到"图层 6 副本"图层，并为其添加剪贴蒙版，然后将其图层混合模式改为"叠加"，得到如图 8-212 所示的效果。

40 选择"滤镜 / 杂色 / 添加杂色"命令，在打开的对话框中设置参数后，单击"确定"按钮，得到如图 8-215 所示的效果。

图 8-212

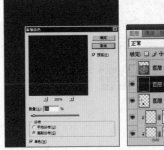

图 8-215

38 新建一个图层，得到"图层 7"图层，设置前景色为黑色，选择"画笔工具" ✎ 并设置适当的画笔大小和透明度后，在图像中进行涂抹，涂抹后得到如图 8-213 所示的效果。

41 单击"添加图层样式"按钮 ƒx，在弹出的下拉菜单中选择"斜面和浮雕"命令，在打开的对话框中进行设置，如图 8-216 所示。

图 8-213

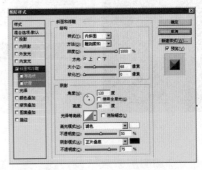

图 8-216

39 新建一个图层，得到"图层 8"图层，设置前景色的颜色值为 R: 120，G: 0，B: 0，按【Alt+Delete】组合键用前景色填充"图层 8"图层，得到如图 8-214 所示的效果。

42 设置完成后，单击"确定"按钮，即可得到如图 8-217 所示的效果。

图 8-217

43 按【Ctrl+J】组合键，复制"图层 8"图层得到"图层 8 副本"图层，单击"添加图层蒙版"按钮 🔲，为"图层 8 副本"图层添加图层蒙版，设置前景色为黑色，背景色为白色，选择"滤镜 / 渲染 / 云彩"命令，按【Ctrl+F】组合键多次重复在图层蒙版中运用"云彩"滤镜，如图 8-218 所示。

图 8-218

44 在"图层 8 副本"图层的图层蒙版中运用"云彩"滤镜后，得到如图 8-219 所示的效果。

图 8-219

45 选择"图层 8"和"图层 8 副本"图层，按【Ctrl+Alt+G】组合键，执行"创建剪贴蒙版"操作，如图 8-220 所示。

图 8-220

46 单击"创建新的填充或调整图层"按钮 ⬤.，在弹出的下拉菜单中选择"色相 / 饱和度"命令，在弹出的"色相 / 饱和度"调整面板中进行设置，如图 8-221 所示。

图 8-221

47 设置完"色相 / 饱和度"参数后，得到图层"色相 / 饱和度 1"，按【Ctrl+Alt+G】组合键，执行"创建剪贴蒙版"操作，此时的效果如图 8-222 所示。

图 8-222

48 选择"渐变填充 1"图层为当前图层，打开附书光盘中的"第 8 章 \ 破碎的身体 \ 素材 3.jpg"文件，此时的图像效果和"图层"面板如图 8-223 所示。

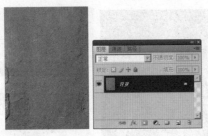

图 8-223

49 使用"移动工具"将素材图像拖曳到第
1 步新建的文件中,得到"图层 9"图层,
按【Ctrl+T】组合键,调出自由变换控制
框,将图像变换调整到如图 8-224 所示的
状态,按【Enter】键确认操作。

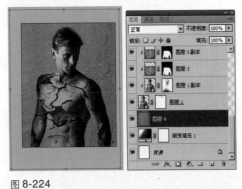

图 8-224

50 设置"图层 9"图层的混合模式为"叠加",
此时的图像效果和"图层"面板如图 8-225
所示。

图 8-225

8.5 数字流

最终效果图

→ 实例目标

本例是以一张照片图像作为画面的主体,然后
在照片中添加数字流的科技图像特效。本例中
的特效多在电影画面中见到,希望读者能在学
习的过程中,掌握数字流图像的制作技巧。

→ 技术分析

在本例的制作过程中,使用图层混合模式、图
层蒙版、调色命令来调整背景图像的颜色,使
用自定义画笔、"高斯模糊"滤镜等技术来制
作数字流图像,从而完成本例的设计。

→ 制作步骤

01 打开附书光盘中的"第 8 章\数字流\素材 1"文件，此时的图像效果和"图层"面板如图 8-226 所示。

图 8-226

02 按【Ctrl+J】组合键，复制"背景"图层得到"背景 副本"图层，设置其图层混合模式为"滤色"，图层不透明度为"45%"，此时的图像效果和"图层"面板如图 8-227 所示。

图 8-227

03 按【Ctrl+J】组合键，复制"背景 副本"图层得到"背景 副本 2"图层，设置其图层混合模式为"叠加"，图层不透明度为"25%"，此时的图像效果和"图层"面板如图 8-228 所示。

图 8-228

04 单击"创建新的填充或调整图层"按钮，在弹出的下拉菜单中选择"色彩平

衡"命令，在弹出的"色彩平衡"调整面板中进行设置，如图 8-229 所示。

图 8-229

05 设置完"色彩平衡"参数后，得到图层"色彩平衡 1"，此时的效果如图 8-230 所示。

图 8-230

06 单击"色彩平衡 1"图层的图层蒙版缩览图，设置前景色为黑色，使用"画笔工具"设置适当的画笔大小和透明度后，在图层蒙版中涂抹，其涂抹状态和"图层"面板如图 8-231 所示。

图 8-231

07 在"色彩平衡 1"图层的图层蒙版中涂抹后，即可得到如图 8-232 所示的效果。

图 8-232

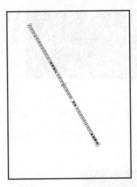

图 8-235

08 新建文档。执行菜单栏中的"文件 / 新建"命令（或按【Ctrl+N】组合键），在打开的"新建"对话框中进行设置，如图 8-233 所示，单击"确定"按钮即可创建一个新的空白文档。

图 8-233

11 执行菜单栏中的"编辑 / 定义画笔预设"命令，打开"画笔名称"对话框，设置好画笔的名称后，单击"确定"按钮，选择"画笔工具" ，设置画笔笔触为刚定义的画笔，设置前景色为白色，在第 1 步打开的文件中新建一个图层，得到"图层 1"图层，在"图层 1"图层上单击绘制如图 8-236 所示的文字图案。

图 8-236

09 设置前景色为黑色，使用"直排文字工具" 设置适当的字体和字号，在新建的文件中间输入一列文字，得到相应的文字图层，如图 8-234 所示。

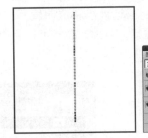

图 8-234

12 按住【Ctrl】键单击"图层 1"图层，载入其选区，切换到"通道"面板，单击面板底部的"创建新通道"按钮 ，新建一个通道"Alpha1"，设置前景色为白色，按【Alt+Delete】组合键用前景色填充选区，按【Ctrl+D】组合键取消选区，得到如图 8-237 所示的效果。

10 按【Ctrl+T】组合键，调出自由变换控制框，将图像旋转移动到如图 8-235 所示的状态，按【Enter】键确认操作。

图 8-237

13 选择"滤镜 / 模糊 / 动感模糊"命令，在打开的对话框中设置参数后，单击"确定"按钮，得到如图 8-238 所示的效果。

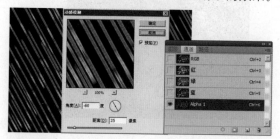

图 8-238

14 选择"滤镜 / 模糊 / 高斯模糊"命令，在打开的对话框中设置参数后，单击"确定"按钮，得到如图 8-239 所示的效果。

图 8-239

15 选择"图像/调整/色阶"命令或按【Ctrl+L】组合键，打开"色阶"对话框，设置完成后，即可得到如图 8-240 所示的效果。

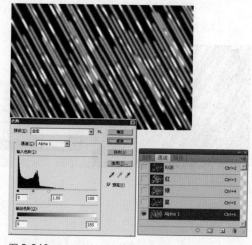

图 8-240

16 切换到"图层"面板，单击"添加图层蒙版"按钮 ，为"图层 1"图层添加图层蒙版，切换到"通道"面板，按住【Ctrl】键击通道"Alpha1"，载入其选区，如图 8-241 所示。

图 8-241

17 切换到"图层"面板，设置前景色为黑色，背景色为白色，用前景色填充选区，然后使用"渐变工具" 设置渐变类型为从前景色到背景色，在图层蒙版中从左上往右下绘制渐变，按【Ctrl+D】组合键取消选区，得到如图 8-242 所示的效果。

图 8-242

18 选择"图层 1"图层并设置其填充值为"60%"，此时的效果如图 8-243 所示。

19 单击"添加图层样式"按钮 fx，在弹出的下拉菜单中选择"外发光"命令，在打开的对话框中进行设置，如图 8-244 所示。

图 8-243

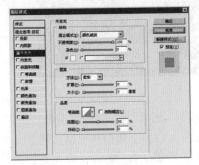

图 8-244

20 设置完成后，单击"确定"按钮，即可得到如图 8-245 所示的效果。

图 8-245

21 单击"图层 1"图层的图层蒙版缩览图，设置前景色为黑色，使用"画笔工具" ✐ 设置适当的画笔大小和透明度后，在图层蒙版中涂抹，其涂抹状态和"图层"面板如图 8-246 所示。

图 8-246

22 在"图层 1"图层的图层蒙版中涂抹后，即可得到如图 8-247 所示的效果。

图 8-247

23 选择"滤镜 / 模糊 / 动感模糊"命令，在打开的对话框中设置参数后，单击"确定"按钮，得到如图 8-248 所示的效果。

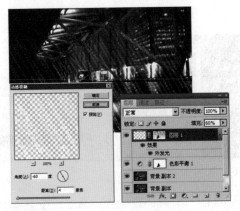

图 8-248

24 切换到"通道"面板，按住【Ctrl】键单击通道"Alpha1"，载入其选区，如图 8-249 所示。

图 8-249

25 切换到"图层"面板，在"图层"面板的最上方新建一个图层，得到"图层 2"图层，设置前景色为白色，按【Alt+Delete】组合键用前景色填充选区，按【Ctrl+D】组合键取消选区，得到如图 8-250 所示的效果。

图 8-250

㉖ 设置"图层 2"图层的混合模式为"叠加"，此时的图像效果和"图层"面板如图 8-251 所示。

图 8-251

㉗ 单击"添加图层蒙版"按钮 ⬛，为"图层 2"图层添加图层蒙版，设置前景色为黑色，使用"画笔工具" ✎ 设置适当的画笔大小和透明度后，在图层蒙版中涂抹，其涂抹状态和"图层"面板如图 8-252 所示。

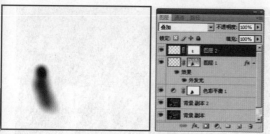

图 8-252

㉘ 在"图层 2"图层的图层蒙版中涂抹后，得到如图 8-253 所示的效果。

图 8-253

㉙ 新建一个图层，得到"图层 3"图层，选择"钢笔工具" ✎，在工具选项栏中单击"路径"按钮 ⬛，在文件中间绘制一条路径，得到工作路径，如图 8-254 所示。

图 8-254

㉚ 选择"画笔工具" ✎，按【F5】键调出"画笔"面板，分别在"画笔"面板中设置"画笔笔尖形状"、"形状动态"等参数，设置前景色为白色，设置适当的画笔大小，单击"路径"面板底部的"用画笔描边路径"按钮 ⬤，得到如图 8-255 所示的效果。

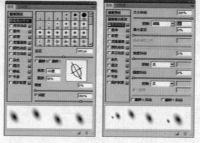

图 8-255

㉛ 设置"图层 3"图层的混合模式为"叠加"，此时的图像效果和"图层"面板如图 8-256 所示。

㉜ 按住【Alt】键在"图层"面板上拖曳"图层 2"图层的图层蒙版缩览图到"图层 3"图层的图层名称上释放鼠标，以复制图层蒙版，得到如图 8-257 所示的效果。

图 8-256

图 8-257

33 新建一个图层，得到"图层4"图层，选择"画笔工具" ，按【F5】键调出"画笔"面板，分别在"画笔"面板中设置"画笔笔尖形状"、"形状动态"等参数，设置前景色为白色，设置适当的画笔大小，在图像中绘制类似如图8-258所示的效果。

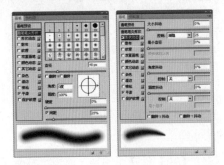

图 8-258

34 设置"图层4"图层的混合模式为"叠加"，此时的图像效果和"图层"面板如图8-259所示。

图 8-259

35 按住【Alt】键在"图层"面板上拖曳"图层3"图层的图层蒙版缩览图到"图层4"图层的图层名称上释放鼠标，以复制图层蒙版，得到如图8-260所示的效果。

图 8-260

Chapter 09

商业设计

本章详细地介绍了使用 Photoshop 制作商业设计的过程，其中详细讲解了幸福花园 CD 封面、"赖斯"运动品牌广告、"KING"电影海报、"财富奥城"地产广告、形体之美 CD 封面和科技美女产品广告等实例的制作步骤和操作方法。

9.1　幸福花园

最终效果图

→ 实例目标

本例以一幅合成的梦幻图像作为背景，将人物图像融入背景中作为画面的主体，再添加一些主题文字，制作出一个以幸福花园为主题的 CD 封面设计作品。

→ 技术分析

本例主要使用了自由变换、图层混合模式、图层蒙版，以及"添加杂色"等滤镜制作背景图像，还使用了调色命令和"应用图像"命令来制作和调整主体人物图像的颜色。

→ 制作步骤

01 新建文档。执行菜单栏中的"文件/新建"命令（或按【Ctrl+N】组合键），在打开的"新建"对话框中进行设置，如图 9-1 所示，单击"确定"按钮即可创建一个新的空白文档。

图 9-1

02 设置前景色为深绿色，按【Alt+Delete】组合键用前景色填充"背景"图层，得到如

图 9-2 所示的效果。

图 9-2

03 打开附书光盘中的"第 9 章\幸福花园\素材 1.jpg"文件，此时的图像效果和"图层"面板如图 9-3 所示。

图 9-3

04 使用"移动工具" 将素材图像拖曳到
第 1 步新建的文件中，得到"图层 1"图
层，按【Ctrl+T】组合键，调出自由变换
控制框，将图像变换调整到如图 9-4 所
示的状态，按【Enter】键确认操作。

图 9-4

05 设置"图层 1"图层的混合模式为"强
光"，此时的图像效果和"图层"面板
如图 9-5 所示。

图 9-5

06 单击"添加图层蒙版"按钮 ，为"图层
1"图层添加图层蒙版，设置前景色为黑
色，使用"画笔工具" 设置适当的画笔
大小和透明度后，在图层蒙版中涂抹，得
到如图 9-6 所示的效果。

07 打开附书光盘中的"第 9 章\幸福花园\素
材 2.psd"文件，此时的图像效果和"图
层"面板如图 9-7 所示。

图 9-6

图 9-7

08 使用"移动工具" 将素材图像拖曳到第
1 步新建的文件中，得到"图层 2"图层，
按【Ctrl+T】组合键，调出自由变换控制
框，将图像变换调整到如图 9-8 所示的状
态，按【Enter】键确认操作。

图 9-8

09 设置"图层 2"图层的混合模式为"滤色"，
此时的图像效果和"图层"面板如图 9-9
所示。

图 9-9

10 单击"创建新的填充或调整图层"按钮 ⚫，在弹出的下拉菜单中选择"曲线"命令，在弹出的"曲线"调整面板中进行设置，如图9-10所示。

图9-10

11 设置完"曲线"参数后，得到图层"曲线1"，此时的效果如图9-11所示。

图9-11

12 单击"曲线1"图层的图层蒙版缩览图，设置前景色为黑色，使用"画笔工具" ✏️ 设置适当的画笔大小和透明度后，在图层蒙版中涂抹，得到如图9-12所示的效果。

图9-12

13 切换到"通道"面板，单击面板底部的"创建新通道"按钮 ⬛，新建一个通道"Alpha1"，使用"单行选框工具"在通道中创建一条水平选框，选择"滤镜/杂色/添加杂色"命令，在打开的对话框中设置参数后，单击"确定"按钮，得到如图9-13所示的效果。

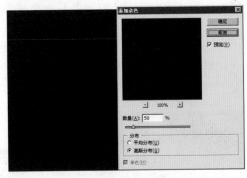

图9-13

14 按【Ctrl+T】组合键，调出自由变换控制框，将图像拉长调整到如图9-14所示的状态，按【Enter】键确认操作。

图9-14

15 选择"图像/调整/色阶"命令或按【Ctrl+L】组合键，打开"色阶"对话框，设置完成后，即可得到如图9-15所示的效果。

16 按住【Ctrl】键单击通道"Alpha1"，载入其选区，切换到"图层"面板，新建一个图层，得到"图层3"图层，设置前景色为黑色，按【Alt+Delete】组合键用前景色填充选区，按【Ctrl+D】组合键取消选区，得到如图9-16所示的效果。

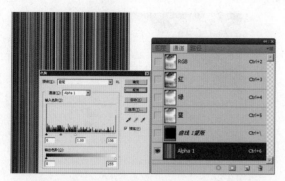

图 9-15

图 9-16

17 设置"图层 3"图层的填充值为"42%"，图层混合模式为"柔光"，此时的图像效果和"图层"面板如图 9-17 所示。

图 9-17

18 单击"添加图层蒙版"按钮◻，为"图层 3"图层添加图层蒙版，设置前景色为黑色，使用"画笔工具"✎设置适当的画笔大小和透明度后，在图层蒙版中涂抹，得到如图 9-18 所示的效果。

19 打开附书光盘中的"第 9 章 \ 幸福花园 \ 素材 3.psd"文件，此时的图像效果和"图层"面板如图 9-19 所示。

图 9-18

图 9-19

20 使用"移动工具"⊞将素材图像拖曳到第 1 步新建的文件中，得到"图层 4"图层，按【Ctrl+T】组合键，调出自由变换控制框，将图像变换调整到如图 9-20 所示的状态，按【Enter】键确认操作。

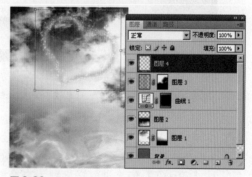

图 9-20

21 单击"添加图层样式"按钮𝑓𝑥，在弹出的下拉菜单中选择"外发光"命令，在打开的对话框中进行设置，如图 9-21 所示。

22 设置完成后，单击"确定"按钮，即可得到如图 9-22 所示的效果。

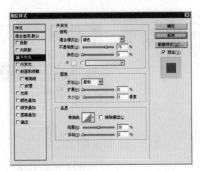

图 9-21

图 9-24

图 9-22

图 9-25

23 打开附书光盘中的"第9章\幸福花园\素材4.jpg"文件，此时的图像效果和"图层"面板如图 9-23 所示。

26 打开附书光盘中的"第9章\幸福花园\素材5.jpg"文件，此时的图像效果和"图层"面板如图 9-26 所示。

图 9-23

24 使用"移动工具"▶♦将素材图像拖曳到第1步新建的文件中，得到"图层 5"图层，按【Ctrl+T】组合键，调出自由变换控制框，将图像变换调整到如图 9-24 所示的状态，按【Enter】键确认操作。

25 单击"添加图层蒙版"按钮▢，为"图层5"图层添加图层蒙版，设置前景色为黑色，使用"画笔工具"✒设置适当的画笔大小和透明度后，在图层蒙版中涂抹，得到如图 9-25 所示的效果。

图 9-26

27 使用"移动工具"▶♦将素材图像拖曳到第1步新建的文件中，得到"图层 6"图层，按【Ctrl+T】组合键，调出自由变换控制框，将图像变换调整到如图 9-27 所示的状态，按【Enter】键确认操作。

28 单击"添加图层蒙版"按钮▢，为"图层6"图层添加图层蒙版，设置前景色为黑色，使用"画笔工具"✒设置适当的画笔大小和透明度后，在图层蒙版中涂抹，得到如图 9-28 所示的效果。

图 9-27

图 9-28

㉙ 打开附书光盘中的"第9章\幸福花园\素
材6.jpg"文件，此时的图像效果和"图
层"面板如图9-29所示。

图 9-29

㉚ 使用"移动工具"将素材图像拖曳到第
1步新建的文件中，得到"图层 7"图层，
按【Ctrl+T】组合键，调出自由变换控制
框，将图像变换调整到如图 9-30 所示的
状态，按【Enter】键确认操作。

图 9-30

㉛ 单击"添加图层蒙版"按钮，为"图层
7"图层添加图层蒙版，设置前景色为黑
色，使用"画笔工具"设置适当的画笔
大小和透明度后，在图层蒙版中涂抹，得
到如图 9-31 所示的效果。

图 9-31

㉜ 新建一个图层，得到"图层 8"图层，设
置前景色为黑色，选择"画笔工具"并
设置适当的画笔大小和透明度后，在图
像中进行涂抹，涂抹后得到如图 9-32 所
示的效果。

图 9-32

③③ 设置"图层 8"图层的混合模式为"叠加"，此时的图像效果和"图层"面板如图 9-33 所示。

图 9-33

③④ 新建一个图层，得到"图层 9"图层，设置前景色为黑色，选择"画笔工具" 并设置适当的画笔大小和透明度后，在图像中进行涂抹，涂抹后得到如图 9-34 所示的效果。

图 9-34

③⑤ 按【Ctrl+Shift+Alt+E】组合键，执行"盖印"操作，得到"图层 10"图层，按【Ctrl+J】组合键，复制"图层 10"图层得到"图层 10 副本"图层，隐藏"图层 10 副本"图层并选择"图层 10"图层，如图 9-35 所示。

图 9-35

③⑥ 切换到"通道"面板，选择"红"通道，执行"图像 / 应用图像"命令，在打开的对话框中设置参数后，单击"确定"按钮，得到如图 9-36 所示的效果。

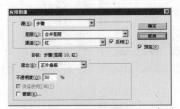

图 9-36

③⑦ 选择"绿"通道，执行"图像 / 应用图像"命令，在打开的对话框中设置参数后，单击"确定"按钮，得到如图 9-37 所示的效果。

图 9-37

③⑧ 选择"蓝"通道，执行"图像 / 应用图像"命令，在打开的对话框中设置参数后，单击"确定"按钮，得到如图 9-38 所示的效果。

图 9-38

39 切换到"图层"面板，设置"图层10"图层的混合模式为"强光"，此时的图像效果和"图层"面板如图9-39所示。

图 9-39

40 选择并显示"图层10 副本"图层，此时的图像效果和"图层"面板如图9-40所示。

图 9-40

41 切换到"通道"面板，选择"蓝"通道，将其拖曳到面板底部的"创建新通道"按钮上，以复制通道，得到"蓝 副本"通道，效果如图9-41所示。

图 9-41

42 选择"图像/调整/色阶"命令或按【Ctrl+L】组合键，打开"色阶"对话框，设置完成后，即可得到如图9-42所示的效果。

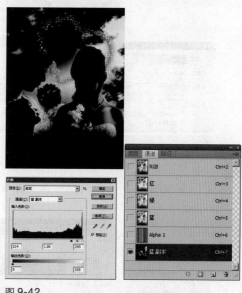

图 9-42

43 按住【Ctrl】键单击通道"蓝 副本"，载入其选区，切换到"图层"面板，隐藏"图层10 副本"图层并新建一个图层，得到"图层11"图层，设置前景色为白色，按【Alt+Delete】组合键用前景色填充选区，按【Ctrl+D】组合键取消选区，得到如图9-43所示的效果。

图 9-43

44 单击"创建新的填充或调整图层"按钮，在弹出的下拉菜单中选择"渐变"命令，在打开的对话框中进行设置，如图 9-44 所示，在对话框中的编辑渐变颜色选择框中单击，可以打开"渐变编辑器"对话框，在该对话框中可以编辑渐变颜色。

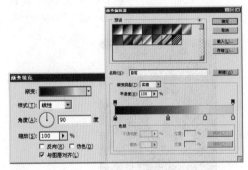

图 9-44

45 设置完成后，单击"确定"按钮，得到图层"渐变填充 1"，此时的效果如图 9-45 所示。

图 9-45

46 设置"渐变填充 1"图层的不透明度为"72%"，图层混合模式为"颜色"，此时的图像效果和"图层"面板如图9-46所示。

47 单击"创建新的填充或调整图层"按钮，在弹出的下拉菜单中选择"色相/饱和度"命令，在弹出的"色相/饱和度"调整面板中进行设置，如图 9-47 所示。

图 9-46　　　　　　　　　图 9-47

48 设置完"色相/饱和度"参数后，得到图层"色相/饱和度 1"，此时的效果如图9-48 所示。

图 9-48

49 打开附书光盘中的"第 9 章\幸福花园\素材 7.psd"文件，此时的图像效果和"图层"面板如图 9-49 所示。

图 9-49

50 使用"移动工具" ▶₊ 将素材图像拖曳到第
1步新建的文件中，得到"图层12"图层，
按【Ctrl+T】组合键，调出自由变换控制
框，将图像变换调整到如图 9-50 所示的
状态，按【Enter】键确认操作。

图 9-50

51 单击"添加图层样式"按钮 ƒₓ，在弹出的下
拉菜单中选择"外发光"命令，在打开的
对话框中进行设置后，勾选"描边"复选
框，然后在右侧进行具体设置，如图 9-51
所示。

图 9-51

52 设置完成后，单击"确定"按钮，即可得
到如图 9-52 所示的效果。

图 9-52

53 使用"横排文字工具" T，设置适当的字
体和字号，在文件中输入其他的文字信
息，得到相应的文字图层，如图 9-53 所示。

图 9-53

54 打开附书光盘中的"第9章\幸福花园\素
材8.psd"文件，此时的图像效果和"图
层"面板如图 9-54 所示。

图 9-54

55 使用"移动工具" ▶₊ 将素材图像拖曳到第
1步新建的文件中，得到"形状 1"图层，
按【Ctrl+T】组合键，调出自由变换控制
框，将图像变换调整到如图 9-55 所示的
状态，按【Enter】键确认操作。

图 9-55

9.2 "赖斯"运动品牌广告

最终效果图

➔ **实例目标**

本例以一张运动人物的照片作为画面的主体，通过软件处理将人物图像处理成斑驳粗糙的效果，再添加一些文字信息，制作出一个运动品牌的宣传广告。

➔ **技术分析**

本例主要使用了 Photoshop 中的图层蒙版、图层混合模式、"高斯模糊"滤镜、"添加杂色"滤镜、"USM 锐化"滤镜等，还重点讲解了一些调色命令的使用方法。

➔ **制作步骤**

01 打开附书光盘中的"第 9 章 \ '赖斯'运动品牌广告 \ 素材 1.jpg"文件，此时的图像效果和"图层"面板如图 9-56 所示。

图 9-56

02 切换到"通道"面板，按住【Ctrl】键单击"绿"通道，载入其选区，按【Ctrl+Shift+I】组合键，反向选区，切换到"图层"面板，

新建一个图层，得到"图层 1"图层，如图 9-57 所示。

图 9-57

03 设置前景色为黑色，按【Alt+Delete】组合键用前景色填充选区，按【Ctrl+D】组合键取消选区，得到如图 9-58 所示的效果。

图 9-58

图 9-61

04 在"背景"图层上方新建一个图层，得到"图层 2"图层，设置前景色为白色，按【Alt+Delete】组合键用前景色填充"图层 2"图层，得到如图 9-59 所示的效果。

图 9-59

07 打开附书光盘中的"第 9 章\'赖斯'运动品牌广告\素材 2.psd"文件，此时的图像效果和"图层"面板如图 9-62 所示。

图 9-62

05 选择"图层 1"图层，单击"添加图层蒙版"按钮 ⬜，为"图层 1"图层添加图层蒙版，设置前景色为黑色，使用"画笔工具" ✎ 设置适当的画笔大小和透明度后，在图层蒙版中涂抹，其涂抹状态和"图层"面板如图 9-60 所示。

图 9-60

08 使用"移动工具" ▶ 将素材图像拖曳到第 1 步新建的文件中，得到"图层 3"图层，按【Ctrl+T】组合键，调出自由变换控制框，将图像变换调整到如图 9-63 所示的状态，按【Enter】键确认操作。

图 9-63

06 在"图层 1"图层的图层蒙版中涂抹后，得到如图 9-61 所示的效果。

09 选择"滤镜 / 模糊 / 高斯模糊"命令，在打开的对话框中设置参数后，单击"确定"按钮，得到如图 9-64 所示的效果。

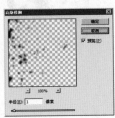

图 9-64

🔟 打开附书光盘中的"第 9 章 \ '赖斯'运动品牌广告 \ 素材 3.psd"文件,此时的图像效果和"图层"面板如图 9-65 所示。

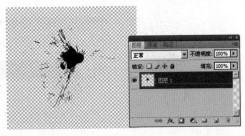

图 9-65

⓫ 使用"移动工具" ▶▄ 将素材图像拖曳到第 1 步新建的文件中,得到"图层 4"图层,按【Ctrl+T】组合键,调出自由变换控制框,将图像变换调整到如图 9-66 所示的状态,按【Enter】键确认操作。

图 9-66

⓬ 单击"添加图层蒙版"按钮 ⬜,为"图层 4"图层添加图层蒙版,选择"滤镜/杂色/添加杂色"命令,在打开的对话框中设置参数后,单击"确定"按钮,在"图层 4"图层的图层蒙版中添加杂色,得到如图 9-67 所示的效果。

图 9-67

⓭ 按【Ctrl+J】组合键,复制"图层 4"图层得到"图层 4 副本"图层,将"图层 4 副本"图层的图层蒙版删除,按【Ctrl+T】组合键,调出自由变换控制框,将图像变换调整到如图 9-6 8 所示的状态,按【Enter】键确认操作。

图 9-68

⓮ 打开附书光盘中的"第 9 章 \ '赖斯'运动品牌广告 \ 素材 4.psd"文件,此时的图像效果和"图层"面板如图 9-69 所示。

⓯ 使用"移动工具" ▶▄ 将素材图像拖曳到第 1 步新建的文件中,得到"图层 5"图层,按【Ctrl+T】组合键,调出自由变换控制框,将图像变换调整到如图 9-70 所示的状态,按【Enter】键确认操作。

图 9-69

图 9-70

16 按【Ctrl+J】组合键，复制"图层 5"图层得到"图层 5 副本"图层，按【Ctrl+T】组合键，调出自由变换控制框，将图像变换调整到如图 9-71 所示的状态，按【Enter】键确认操作。

图 9-71

17 选择"图层 2"图层上方的所有图层，按【Ctrl+Alt+E】组合键，执行"盖印"操作，将得到的新图层重命名为"图层 6"，将"图层 2"和"图层 6"图层之间的图层隐藏，如图 9-72 所示。

图 9-72

18 按【Ctrl+J】组合键，复制"图层 6"图层得到"图层 6 副本"图层，选择"图层6"图层并隐藏"图层 6 副本"图层，选择"滤镜 / 锐化 /USM 锐化"命令，在打开的对话框中设置参数后，单击"确定"按钮，得到如图 9-73 所示的效果。

图 9-73

19 选择并显示"图层 6 副本"图层，单击"锁定透明像素"按钮，设置前景色的颜色值为 R:188，G:88，B:88，按【Alt+Delete】组合键用前景色填充"图层 6 副本"图层，如图 9-74 所示。

图 9-74

20 设置"图层 6 副本"图层的混合模式为"叠加",此时的图像效果和图层面板如图 9-75 所示。

图 9-75

21 选择"图层 6"图层为当前图层,打开附书光盘中的"第 9 章\'赖斯'运动品牌广告\素材 5.jpg"文件,此时的图像效果和"图层"面板如图 9-76 所示。

图 9-76

22 使用"移动工具" 将素材图像拖曳到第 1 步新建的文件中,得到"图层 7"图层,按【Ctrl+T】组合键,调出自由变换控制框,将图像变换调整到如图 9-77 所示的状态,按【Enter】键确认操作。

图 9-77

23 设置"图层 7"图层的混合模式为"强光",按【Ctrl+Alt+G】组合键,执行"创建剪贴蒙版"操作,此时的图像效果和"图层"面板如图 9-78 所示。

图 9-78

24 单击"创建新的填充或调整图层"按钮 ,在弹出的下拉菜单中选择"通道混合器"命令,在弹出的"通道混合器"调整面板中进行设置,如图 9-79 所示。

图 9-79

25 设置完"通道混合器"参数后,得到图层"通道混合器 1",按【Ctrl+Alt+G】组合键,执行"创建剪贴蒙版"操作,此时的效果如图 9-80 所示。

图 9-80

㉖ 单击"创建新的填充或调整图层"按钮 ，在弹出的下拉菜单中选择"色阶"命令，在弹出的"色阶"调整面板中进行设置，如图 9-81 所示。

图 9-81

㉗ 设置完"色阶"参数后，得到图层"色阶 1"，按【Ctrl+Alt+G】组合键，执行"创建剪贴蒙版"操作，此时的效果如图 9-82 所示。

图 9-82

㉘ 选择"图层 6 副本"图层，执行"滤镜 / 模糊 / 高斯模糊"命令，在打开的对话框中设置参数后，单击"确定"按钮，得到如图 9-83 所示的效果。

图 9-83

㉙ 打开附书光盘中的"第 9 章 \ '赖斯'运动品牌广告 \ 素材 6.jpg"文件，此时的图像效果和"图层"面板如图 9-84 所示。

图 9-84

㉚ 使用"移动工具" 将素材图像拖曳到第 1 步新建的文件中，得到"图层 8"图层，按【Ctrl+T】组合键，调出自由变换控制框，将图像变换调整到如图 9-85 所示的状态，按【Enter】键确认操作。

图 9-85

㉛ 设置"图层 8"图层的混合模式为"叠加"，此时的图像效果和"图层"面板如图 9-86 所示。

图 9-86

③② 单击"添加图层蒙版"按钮◻，为"图层8"图层添加图层蒙版，设置前景色为黑色，使用"画笔工具"✎设置适当的画笔大小和透明度后，在图层蒙版中涂抹，其涂抹状态和"图层"面板如图 9-87 所示。

图 9-87

③③ 在"图层 8"图层的图层蒙版中涂抹后，得到如图 9-88 所示的效果。

图 9-88

③④ 打开附书光盘中的"第 9 章 \ '赖斯'运动品牌广告 \ 素材 7.tif"文件，此时的图像效果和"图层"面板如图 9-89 所示。

图 9-89

③⑤ 使用"移动工具"▶将素材图像拖曳到第 1 步新建的文件中，得到"图层 9"图层，按【Ctrl+T】组合键，调出自由变换控制框，将图像变换调整到如图 9-90 所示的状态，按【Enter】键确认操作。

图 9-90

③⑥ 单击"添加图层样式"按钮fx，在弹出的下拉菜单中选择"混合选项"命令，在打开的对话框中设置混合颜色带，如图 9-91 所示。

图 9-91

③⑦ 设置完成后，单击"确定"按钮，即可得到如图 9-92 所示的效果。

图 9-92

㊳ 单击"创建新的填充或调整图层"按钮
　，在弹出的下拉菜单中选择"渐变映
射"命令，在弹出的"渐变映射"调整
面板中进行设置，如图 9-93 所示，在其
中的编辑渐变颜色选择框中单击，可以
打开"渐变编辑器"对话框，在对话框
中可以编辑渐变映射的颜色。

图 9-93

㊴ 设置完成后，单击"确定"按钮，得到图
层"渐变映射 1"，此时的效果如图 9-94
所示。

图 9-94

㊵ 打开附书光盘中的"第 9 章\'赖斯'运
动品牌广告\素材 8.psd"文件，此时的图
像效果和"图层"面板如图 9-95 所示。

图 9-95

㊶ 使用"移动工具"　将素材图像拖曳到第
1 步新建的文件中，得到"图层 10"图层，
按【Ctrl+T】组合键，调出自由变换控制
框，将图像变换调整到如图 9-96 所示的
状态，按【Enter】键确认操作。

图 9-96

㊷ 设置前景色为黑色，使用"横排文字工
具"　设置适当的字体和字号，在文件的
下方输入文字，得到如图 9-97 所示的最
终效果。

图 9-97

9.3 "KING" 电影海报

最终效果图

→ 实例目标

本例以一幅历史名画作为背景，体现了电影是一部历史剧的特点，将一尊雕塑图像和红绸巾融合在一起作为画面的主体，再添加一些主题文字，制作出一个以"KING"为主题的电影海报设计作品。

→ 技术分析

本例主要使用了渐变填充、图层混合模式、图层蒙版来制作背景图像，还使用了调色命令和"自由变换"命令来制作主体图像，最后使用图层样式制作画面的主体文字效果。

→ 制作步骤

01 新建文档。执行菜单栏中的"文件/新建"命令（或按【Ctrl+N】组合键），在打开的"新建"对话框中进行设置，如图9-98所示，单击"确定"按钮即可创建一个新的空白文档。

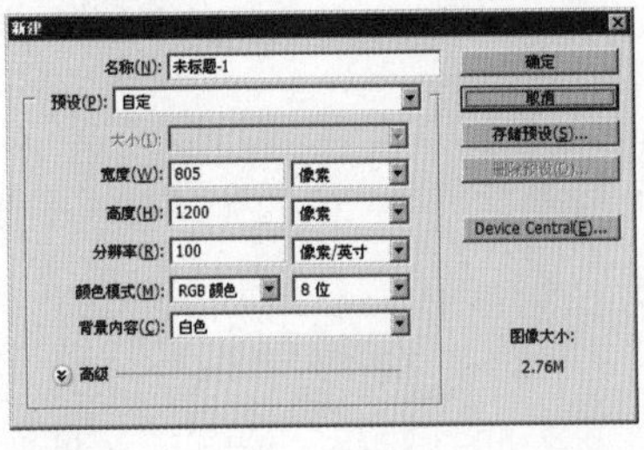

图 9-98

02 单击"创建新的填充或调整图层"按钮，在弹出的下拉菜单中选择"渐变"命令，在打开的对话框中进行设置，如图9-99所示，在对话框中的编辑渐变颜色选择框中单击，可以打开"渐变编辑器"对话框，在该对话框中可以编辑渐变颜色。

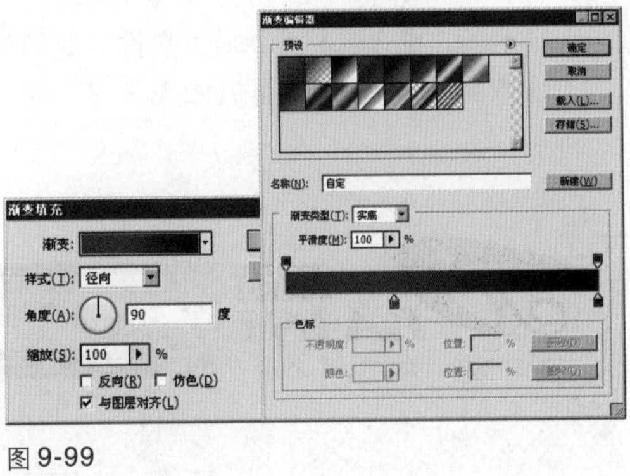

图 9-99

03 设置完成后，单击"确定"按钮，得到图层"渐变填充1"，此时的效果如图9-100所示。

图 9-100

04 打开附书光盘中的"第9章\'KING'电影海报\素材1.jpg"文件，此时的图像效果和"图层"面板如图9-101所示。

图 9-101

05 使用"移动工具"  将素材文件中的图像拖曳到第1步新建的文件中得到"图层1"图层，按【Ctrl+T】组合键，调出自由变换控制框，变换调整图像到如图9-102所示的状态，按【Enter】键确认操作。

图 9-102

06 设置"图层1"图层的混合模式为"叠加"，得到如图9-103所示的效果。

07 单击"添加图层蒙版"按钮◎，为"图层1"图层添加图层蒙版，设置前景色为黑色，使用"画笔工具"◢设置适当的画笔

大小和透明度后，在图层蒙版中涂抹，得到如图9-104所示的效果。

图 9-103

图 9-104

08 按【Ctrl+J】组合键，复制"图层1"图层得到"图层1副本"图层，设置"图层1副本"图层的混合模式为"叠加"，图层不透明度为"30%"，得到如图9-105所示的效果。

图 9-105

09 按【Ctrl+J】组合键，复制"图层1副本"图层得到"图层1副本2"图层，设置"图层1副本2"图层的混合模式为"柔光"，得到如图9-106所示的效果。

图 9-106

⑩ 单击"创建新的填充或调整图层"按钮 ◎，在弹出的下拉菜单中选择"黑白"命令，在弹出的"黑白"调整面板中进行设置，如图 9-107 所示。

图 9-107

⑪ 设置完"黑白"参数后，得到图层"黑白 1"，如图 9-108 所示。

图 9-108

⑫ 打开附书光盘中的"第 9 章 \ ΄KING ΄ 电影海报 \ 素材 2.psd"文件，此时的图像效果和"图层"面板如图 9-109 所示。

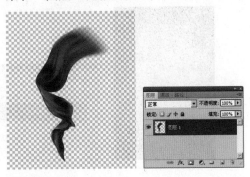

图 9-109

⑬ 使用"移动工具" ▸ 将素材文件中的图像拖曳到第 1 步新建的文件中，得到"图层 2"图层，按【Ctrl+T】组合键，调出自由变换控制框，变换调整图像到如图 9-110 所示的状态，按【Enter】键确认操作。

图 9-110

⑭ 打开附书光盘中的"第 9 章 \ ΄KING ΄ 电影海报 \ 素材 3.psd"文件，此时的图像效果和"图层"面板如图 9-111 所示。

图 9-111

15 使用 "移动工具" 将素材文件中的图像拖曳到第 1 步新建的文件中，得到 "图层 3" 图层，按【Ctrl+T】组合键，调出自由变换控制框，变换调整图像到如图 9-112 所示的状态，按【Enter】键确认操作。

图 9-112

16 单击 "添加图层蒙版" 按钮，为 "图层 3" 图层添加图层蒙版，设置前景色为黑色，使用 "画笔工具" 设置适当的画笔大小和透明度后，在图层蒙版中涂抹，得到如图 9-113 所示的效果。

图 9-113

17 打开附书光盘中的 "第 9 章 \ ´KING ´ 电影海报 \ 素材 4.psd" 文件，此时的图像效果和 "图层" 面板如图 9-114 所示。

18 使用 "移动工具" 将素材文件中的图像拖曳到第 1 步新建的文件中，得到 "图层 4" 图层，按【Ctrl+T】组合键，调出自由变换控制框，变换调整图像到如图 9-115 所示的状态，按【Enter】键确认操作。

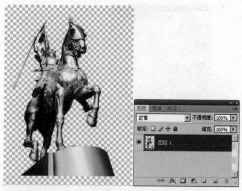

图 9-114

图 9-115

19 单击 "添加图层蒙版" 按钮，为 "图层 4" 图层添加图层蒙版，设置前景色为黑色，使用 "画笔工具" 设置适当的画笔大小和透明度后，在图层蒙版中涂抹，得到如图 9-116 所示的效果。

图 9-116

20 单击 "创建新的填充或调整图层" 按钮，在弹出的下拉菜单中选择 "亮度 / 对比度" 命令，在弹出的 "亮度 / 对比度" 调整面板中进行设置，如图 9-117 所示。

图 9-117

㉑ 设置完"亮度 / 对比度"参数后，得到图层"亮度 / 对比度1"，按【Ctrl+Alt+G】组合键，执行"创建剪贴蒙版"操作，此时的效果如图 9-118 所示。

图 9-118

㉒ 单击"创建新的填充或调整图层"按钮，在弹出的下拉菜单中选择"色相 / 饱和度"命令，在弹出的"色相 / 饱和度"调整面板中进行设置，如图 9-119 所示。

图 9-119

㉓ 设置完"色相 / 饱和度"参数后，得到图层"色相 / 饱和度1"，按【Ctrl+Alt+G】组合键，执行"创建剪贴蒙版"操作，此时的效果如图 9-120 所示。

图 9-120

㉔ 打开附书光盘中的"第 9 章 \'KING'电影海报 \ 素材 5.jpg"文件，此时的图像效果和"图层"面板如图 9-121 所示。

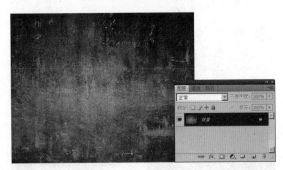

图 9-121

㉕ 使用"移动工具"将素材文件中的图像拖曳到第 1 步新建的文件中，得到"图层5"图层，按【Ctrl+T】组合键，调出自由变换控制框，变换调整图像到如图 9-122 所示的状态，按【Enter】键确认操作。

图 9-122

㉖ 设置"图层 5"图层的混合模式为"叠加"，得到如图 9-123 所示的效果。

图 9-123

27 单击"创建新的填充或调整图层"按钮 ⊘，
在弹出的下拉菜单中选择"渐变"命令，
在打开的对话框中进行设置，如图 9-124
所示，在对话框中的编辑渐变颜色选择框
中单击，可以打开"渐变编辑器"对话框，
在该对话框中可以编辑渐变颜色。

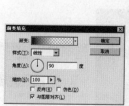

图 9-124

28 设置完成后，单击"确定"按钮，得到图
层"渐变填充 2"，此时的效果如图 9-125
所示。

图 9-125

29 设置前景色为白色，使用"横排文字工
具" T 设置适当的字体和字号，在文件中
输入主题文字，得到相应的文字图层，如
图 9-126 所示。

图 9-126

30 选择文字图层，单击"添加图层样式"按
钮 fx，在弹出的下拉菜单中选择"外发光"
命令，在打开的对话框中进行设置后，勾
选"斜面和浮雕"复选框，然后在右侧进
行具体设置，如图 9-127 所示。

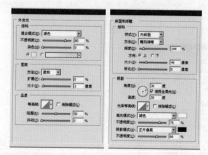

图 9-127

31 设置完成后，单击"确定"按钮，即可得
到如图 9-128 所示的效果。

图 9-128

32 选择"图层 5"图层，按住【Alt】键在"图
层"面板上将选中的图层拖曳到文字图

层的上方，以复制和调整图层顺序，得到图层"图层5副本"，按【Ctrl+Alt+G】组合键，执行"创建剪贴蒙版"操作，此时的效果如图9-129所示。

图 9-129

③③ 单击"创建新的填充或调整图层"按钮，在弹出的下拉菜单中选择"色相/饱和度"命令，在弹出的"色相/饱和度"调整面板中进行设置，如图9-130所示。

图 9-130

③④ 设置完"色相/饱和度"参数后，得到图层"色相/饱和度2"，按【Ctrl+Alt+G】组合键，执行"创建剪贴蒙版"操作，此时的效果如图9-131所示。

图 9-131

③⑤ 单击"创建新的填充或调整图层"按钮，在弹出的下拉菜单中选择"曲线"命令，在弹出的"曲线"调整面板中进行设置，如图9-132所示。

图 9-132

③⑥ 设置完"曲线"参数后，得到图层"曲线1"，按【Ctrl+Alt+G】组合键，执行"创建剪贴蒙版"操作，此时的效果如图9-133所示。

图 9-133

③⑦ 继续使用"横排文字工具"，设置适当的字体和字号，在图像上输入其他的信息文字，即可得到如图9-134所示的最终效果。

图 9-134

9.4 "财富奥城"地产广告

最终效果图

→ **实例目标**

本例以高楼图像作为画面背景，以人物手捧金蛋作为画面的主体，体现出地产投资的良好前景，最后添加一些文字信息，从而完成"财富奥城"地产广告的设计。

→ **技术分析**

本例主要使用了图层蒙版、图层混合模式、调色命令来制作背景图像，还使用了自由变换和"纤维"滤镜、"径向"滤镜、"画笔工具"来制作主体图像，完成效果图的制作。

→ **制作步骤**

01 新建文档。执行菜单栏中的"文件／新建"命令（或按【Ctrl+N】组合键），在打开的"新建"对话框中进行设置，如图9-135所示，单击"确定"按钮即可创建一个新的空白文档。

图 9-136

03 打开附书光盘中的"第9章＼'财富奥城'地产广告＼素材1.jpg"文件，此时的图像效果和"图层"面板如图9-137所示。

04 使用"移动工具"⊕⁺将素材图像拖曳到第1步新建的文件中，得到"图层1"图层，按【Ctrl+T】组合键，调出自由变换控制框，将图像变换调整到如图9-138所示的状态，按【Enter】键确认操作。

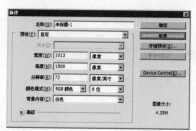

图 9-135

02 设置前景色为黑色，按【Alt+Delete】组合键用前景色填充"背景"图层，得到如图9-136所示的效果。

图 9-137

图 9-138

05 打开附书光盘中的"第 9 章 \ ′财富奥城′
地产广告 \ 素材 2.jpg"文件, 此时的图像
效果和"图层"面板如图 9-139 所示。

图 9-139

06 使用"移动工具" ▶➕ 将素材图像拖曳到第
1 步新建的文件中, 得到"图层 2"图层,
按【Ctrl+T】组合键, 调出自由变换控制
框, 将图像变换调整到如图 9-140 所示的
状态, 按【Enter】键确认操作。

图 9-140

07 设置"图层 2"图层的混合模式为"滤色",
此时的图像效果和"图层"面板如图 9-141
所示。

图 9-141

08 单击"添加图层蒙版"按钮 ▣ , 为"图层
2"图层添加图层蒙版, 设置前景色为黑
色, 使用"画笔工具" ✏ 设置适当的画笔
大小和透明度后, 在图层蒙版中涂抹, 得
到如图 9-142 所示的效果。

图 9-142

09 单击"创建新的填充或调整图层"按钮
◐ , 在弹出的下拉菜单中选择"曲线"命
令, 在弹出的"曲线"调整面板中进行设
置, 如图 9-143 所示。

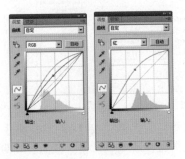

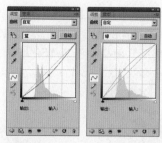

图 9-143

⑩ 设置完"曲线"参数后，得到图层"曲线1"，按【Ctrl+Alt+G】组合键，执行"创建剪贴蒙版"操作，此时的效果如图9-144所示。

图 9-144

⑪ 打开附书光盘中的"第9章\'财富奥城'地产广告\素材3.jpg"文件，此时的图像效果和"图层"面板如图9-145所示。

图 9-145

⑫ 使用"移动工具" 将素材图像拖曳到第1步新建的文件中，得到"图层3"图层，按【Ctrl+T】组合键，调出自由变换控制框，将图像变换调整到如图9-146所示的状态，按【Enter】键确认操作。

图 9-146

⑬ 单击"添加图层蒙版"按钮 ，为"图层3"图层添加图层蒙版，设置前景色为黑色，使用"画笔工具" 设置适当的画笔大小和透明度后，在图层蒙版中涂抹，其涂抹状态和"图层"面板如图9-147所示。

图 9-147

⑭ 在"图层3"图层的图层蒙版中涂抹后，得到如图9-148所示的效果。

图 9-148

15 按【Ctrl+J】组合键，复制"图层3"图层得到"图层3副本"图层，设置其图层混合模式为"柔光"，此时的图像效果和"图层"面板如图9-149所示。

图 9-149

16 新建一个图层，得到"图层4"图层，设置前景色为黑色，选择"画笔工具" 并设置适当的画笔大小和透明度后，在图像中进行涂抹，涂抹后得到如图9-150所示的效果。

图 9-150

17 设置"图层4"图层的混合模式为"叠加"，此时的图像效果和"图层"面板如图9-151所示。

图 9-151

18 打开附书光盘中的"第9章\'财富奥城'地产广告\素材4.psd"文件，此时的图像效果和"图层"面板如图9-152所示。

图 9-152

19 使用"移动工具" 将素材图像拖曳到第1步新建的文件中，得到"图层5"图层，按【Ctrl+T】组合键，调出自由变换控制框，将图像变换调整到如图9-153所示的状态，按【Enter】键确认操作。

图 9-153

20 按【Ctrl+J】组合键，复制"图层5"图层得到"图层5副本"图层，设置其图层混合模式为"柔光"，按【Ctrl+Alt+G】组合键，执行"创建剪贴蒙版"操作，此时的图像效果和"图层"面板如图9-154所示。

21 选择"图层5"图层，单击"创建新的填充或调整图层"按钮 ，在弹出的下拉菜单中选择"渐变"命令，在打开的对话框中进行设置，如图9-155所示，在对话框中的编辑渐变颜色选择框中单击，可以打开"渐变编辑器"对话框，在该对话框中可以编辑渐变颜色。

图 9-154

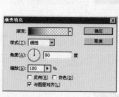

图 9-155

图 9-157

22 设置完成后，单击"确定"按钮，得到图层"渐变填充 1"，此时的效果如图 9-156 所示。

图 9-156

图 9-158

23 单击"创建新的填充或调整图层"按钮 ，在弹出的下拉菜单中选择"色彩平衡"命令，在弹出的"色彩平衡"调整面板中进行设置，如图 9-157 所示。

24 设置完"色彩平衡"参数后，得到图层"色彩平衡 1"，此时的效果如图 9-158 所示。

25 单击"创建新的填充或调整图层"按钮 ，在弹出的下拉菜单中选择"色相/饱和度"命令，在弹出的"色相/饱和度"调整面板中进行设置，如图 9-159 所示。

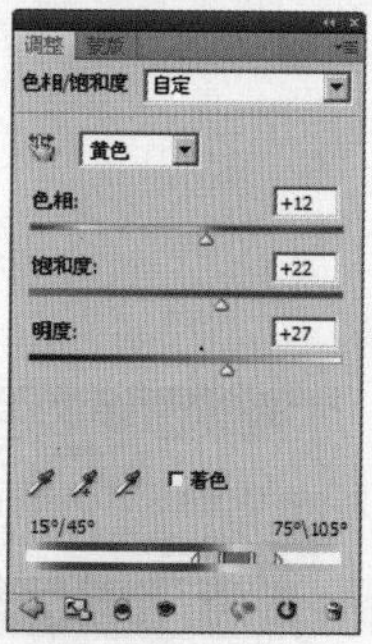

图 9-159

26 设置完"色相/饱和度"参数后，得到图层"色相/饱和度 1"，此时的效果如图 9-160 所示。

图 9-160

27 单击 "创建新的填充或调整图层" 按钮 ，在弹出的下拉菜单中选择 "色相/饱和度" 命令，在弹出的 "色相/饱和度" 调整面板中进行设置，如图 9-161 所示。

图 9-161

28 设置完 "色相/饱和度" 参数后，得到图层 "色相/饱和度 2"，此时的效果如图 9-162 所示。

图 9-162

29 单击 "色相/饱和度 2" 图层的图层蒙版缩览图，设置前景色为黑色，使用 "画笔工具" 设置适当的画笔大小和透明度

后，在图层蒙版中涂抹，其涂抹状态和 "图层" 面板如图 9-163 所示。

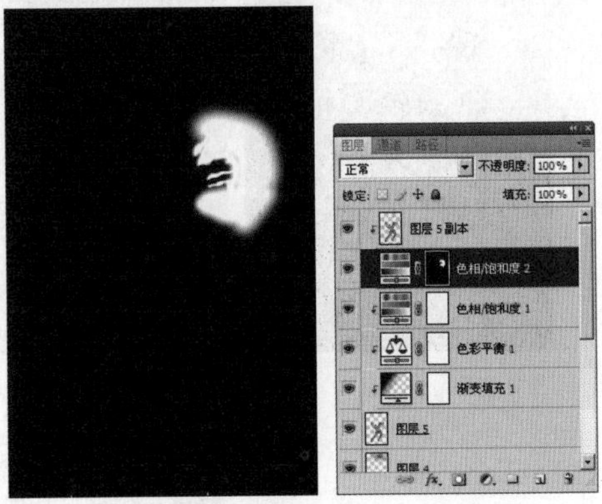

图 9-163

30 在 "色相/饱和度 2" 图层的图层蒙版中涂抹后，即可得到如图 9-164 所示的效果。

图 9-164

31 选择 "图层 5 副本" 图层，单击 "创建新的填充或调整图层" 按钮 ，在弹出的下拉菜单中选择 "渐变" 命令，在打开的对话框中进行设置，如图 9-165 所示，在对话框中的编辑渐变颜色选择框中单击，可以打开 "渐变编辑器" 对话框，在该对话框中可以编辑渐变颜色。

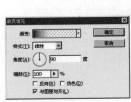

图 9-165

32 设置完成后，单击"确定"按钮，得到图层"渐变填充 2"，此时的效果如图 9-166 所示。

图 9-166

33 单击"渐变填充 2"图层的图层蒙版缩览图，设置前景色为黑色，使用"画笔工具" ✎ 设置适当的画笔大小和透明度后，在图层蒙版中涂抹，其涂抹状态和"图层"面板如图 9-167 所示。

图 9-167

34 在"渐变填充 2"图层的图层蒙版中涂抹后，即可得到如图 9-168 所示的效果。

图 9-168

35 打开附书光盘中的"第 9 章\\'财富奥城'地产广告\\素材 5.psd"文件，此时的图像效果和"图层"面板如图 9-169 所示。

图 9-169

36 使用"移动工具" ⊕ 将素材图像拖曳到第 1 步新建的文件中，得到"图层 6"图层，按【Ctrl+T】组合键，调出自由变换控制框，将图像变换调整到如图 9-170 所示的状态，按【Enter】键确认操作。

图 9-170

37 单击"添加图层蒙版"按钮 ◻，为"图层 6"图层添加图层蒙版，设置前景色为黑色，使用"画笔工具" ✎ 设置适当的画笔大小和透明度后，在图层蒙版中涂抹，其涂抹状态和"图层"面板如图 9-171 所示。

图 9-171

38 在"图层 6"图层的图层蒙版中涂抹后，得到如图 9-172 所示的效果。

图 9-172

39 设置前景色为白色，使用"横排文字工具"设置适当的字体和字号，在文件中输入一行文字，得到相应的文字图层，如图 9-173 所示。

图 9-173

40 按【Ctrl+T】组合键，调出自由变换控制框，将文字旋转移动到如图 9-174 所示的状态，按【Enter】键确认操作。

图 9-174

41 设置最上方文字图层的图层不透明度为"50%"，此时的图像效果和"图层"面板如图 9-175 所示。

图 9-175

42 设置前景色为白色，使用"横排文字工具"设置适当的字体和字号，在文件中输入一行英文文字，得到相应的文字图层，如图 9-176 所示。

图 9-176

43 按【Ctrl+T】组合键，调出自由变换控制框，将文字旋转移动到如图 9-177 所示的状态，按【Enter】键确认操作。

图 9-177

44 设置最上方文字图层的图层不透明度为80%，图层混合模式为"叠加"，此时的图像效果和"图层"面板如图9-178所示。

图 9-178

45 继续使用上面介绍的方法在文件中输入文字，对文字进行变换，设置文字的不透明度和图层混合模式，制作如图9-179所示的效果。

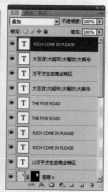

图 9-179

46 切换到"通道"面板，单击面板底部的"创建新通道"按钮，新建一个通道"Alpha 1"，选择"滤镜/渲染/纤维"命令，在打开的对话框中设置参数后，单击"确定"按钮，得到如图9-180所示的效果。

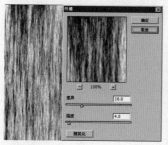

图 9-180

47 选择"滤镜/模糊/径向模糊"命令，在打开的对话框中设置参数后，单击"确定"按钮，得到如图9-181所示的效果。

图 9-181

48 按【Ctrl+F】组合键三次重复运用"径向模糊"滤镜，得到类似如图9-182所示的效果。

图 9-182

49 选择"图像/调整/色阶"命令或按【Ctrl+L】组合键，打开"色阶"对话框，设置完成后，即可得到如图9-183所示的效果。

图 9-183

50 选择"滤镜/像素化/铜板雕刻"命令，在打开的对话框中设置参数后，单击"确定"按钮，得到如图 9-184 所示的效果。

图 9-184

51 选择"滤镜/模糊/径向模糊"命令，在打开的对话框中设置参数后，单击"确定"按钮，得到如图 9-185 所示的效果。

图 9-185

52 按【Ctrl+F】组合键两次重复运用"径向模糊"滤镜，得到类似如图 9-186 所示的效果。

图 9-186

53 按住【Ctrl】键单击通道"Alpha1"，载入其选区，切换到"图层"面板，在"图层"面板的最上方新建一个图层，得到"图层7"，设置前景色为白色，按【Alt+Delete】组合键用前景色填充选区，按【Ctrl+D】组合键取消选区，得到如图 9-187 所示的效果。

图 9-187

54 按【Ctrl+T】组合键，调出自由变换控制框，将图像旋转移动到如图 9-188 所示的状态，按【Enter】键确认操作。

图 9-188

55 设置"图层7"的图层不透明度为"50%"，图层混合模式为"叠加"，此时的图像效果和"图层"面板如图 9-189 所示。

56 单击"添加图层蒙版"按钮，为"图层7"图层添加图层蒙版，设置前景色为黑色，使用"画笔工具"设置适当的画笔大小和透明度后，在图层蒙版中涂抹，其涂抹状态和"图层"面板如图 9-190 所示。

图 9-189

 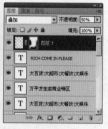

图 9-190

57 在"图层 7"图层的图层蒙版中涂抹后,得到如图 9-191 所示的效果。

图 9-191

58 选择"图层 7"图层为当前图层,按【Ctrl+J】组合键两次,复制"图层 7"图层得到"图层 7 副本"和"图层 7 副本 2",隐藏"图层 7"图层,设置"图层 7 副本 2"图层的不透明度为"100%",如图 9-192 所示。

图 9-192

59 选择"图层 7 副本 2"图层,执行"滤镜 / 模糊 / 高斯模糊"命令,在打开的对话框中设置参数后,单击"确定"按钮,得到如图 9-193 所示的效果。

图 9-193

60 选择"图层 7 副本"图层,执行"滤镜 / 模糊 / 高斯模糊"命令,在打开的对话框中设置参数后,单击"确定"按钮,得到如图 9-194 所示的效果。

61 设置前景色为白色,使用"横排文字工具"设置适当的字体和字号,在文件中输入文字"财富",得到相应的文字图层,如图 9-195 所示。

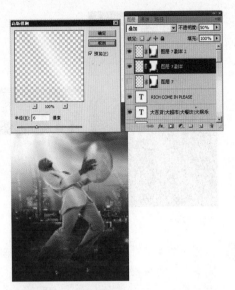

图 9-194

图 9-195

62 选择图层"财富",单击"添加图层样式"按钮 *fx*,在弹出的下拉菜单中选择"投影"命令,在打开的对话框中进行设置后,勾选"渐变叠加"复选框,然后在右侧进行具体设置,如图 9-196 所示。

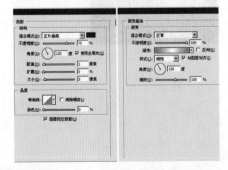

图 9-196

63 设置完成后,单击"确定"按钮,即可得到如图 9-197 的所示的效果。

图 9-197

64 选择"财富"文字图层,按【Ctrl+Shift+】】组合键,将图层调整到所有图层的最上方,设置前景色为白色,使用"直排文字工具"□设置适当的字体和字号,在文件中输入文字"奥城",得到相应的文字图层,如图 9-198 所示。

图 9-198

65 在"财富"图层的图层名称上单击鼠标右键,在弹出的快捷菜单中选择"拷贝图层样式"命令,然后用鼠标右键单击"奥城"图层的图层名称,在弹出的快捷菜单中选择"粘贴图层样式"命令,得到如图 9-199 所示的效果。

图 9-199

66 使用直线工具\在文字的下方和左侧绘制两条线段,得到"形状 1"图层,此时的图像效果和图层"面板"如图 9-200 所示。

图 9-200

67 选择图层"形状 1"，单击"添加图层样
式"按钮 *fx*，在弹出的下拉菜单中选择
"投影"命令，在弹出的对话框中进行具
体设置，设置完成后，单击"确定"按钮，
即可得到如图 9-201 的所示的效果。

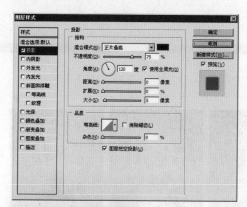

图 9-201

68 继续使用文字工具 T 和形状工具在文件
中制作其他的文字信息，此时的效果如
图 9-202 所示。

图 9-202

69 设置前景色为白色，选择"矩形工具"，
在工具选项栏中单击"形状图层"按钮，
在文件中间绘制白色矩形，得到图层
"形状 4"，如图 9-203 所示。

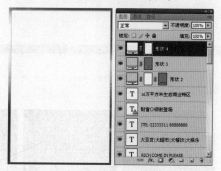

图 9-203

70 使用"路径选择工具"选择"形状 4"图
层矢量蒙版中的矩形路径，在工具选项
栏中单击"从形状区域减去"按钮，即
可得到如图 9-204 所示的最终效果。

图 9-204

9.5 形体之美

最终效果图

→ 制作步骤

01 新建文档。执行菜单栏中的"文件 / 新建"命令（或按【Ctrl+N】组合键），在打开的"新建"对话框中进行设置，如图9-205所示，单击"确定"按钮即可创建一个新的空白文档。

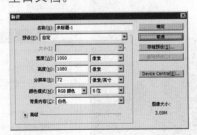

图 9-205

02 设置前景色为 R：183，G：57，B：0，按【Alt+Delete】组合键用前景色填充"背

景"图层，得到如图 9-206 所示的效果。

图 9-206

03 选择"画笔工具" 并设置适当的画笔颜色、大小和透明度后，在"背景"图层中进行涂抹，涂抹后得到如图9-207所示的效果。

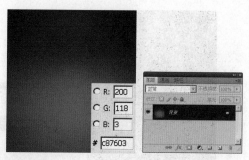

图 9-207

04 打开附书光盘中的"第9章\形体之美\素材1.jpg"文件,此时的图像效果和"图层"面板如图9-208所示。

图 9-208

05 使用"移动工具"将素材文件中的图像拖曳到第1步新建的文件中,得到"图层1"图层,按【Ctrl+T】组合键,调出自由变换控制框,变换调整图像到如图9-209所示的状态,按【Enter】键确认操作。

图 9-209

06 单击"添加图层蒙版"按钮,为"图层1"图层添加图层蒙版,设置前景色为黑色,背景色为白色,使用"渐变工具"设置渐变类型为从前景色到背景色,在图层蒙版中从上往下绘制渐变,得到如图9-210所示的效果。

07 设置"图层1"图层的混合模式为"强光",得到如图9-211所示的效果。

图 9-210

图 9-211

08 打开附书光盘中的"第9章\形体之美\素材2.psd"文件,此时的图像效果和"图层"面板如图9-212所示。

图 9-212

09 使用"移动工具"将素材文件中的图像拖曳到第1步新建的文件中,得到"图层2"图层,按【Ctrl+T】组合键,调出自由变换控制框,变换调整图像到如图9-213所示的状态,按【Enter】键确认操作。

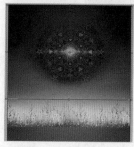

图 9-213

10 设置"图层 1"图层的混合模式为"滤色"，得到如图 9-214 所示的效果。

图 9-214

11 按【Ctrl+J】组合键，复制"图层 2"图层得到"图层 2 副本"图层，按【Ctrl+T】组合键，调出自由变换控制框，变换调整图像到如图 9-215 所示的状态，按【Enter】键确认操作。

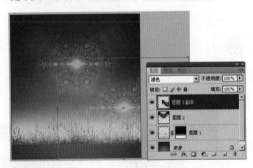

图 9-215

12 按【Ctrl+J】组合键，复制"图层 2 副本"图层得到"图层 2 副本 2"图层，使用"移动工具"将复制的图像向左移动到如图 9-216 所示的位置。

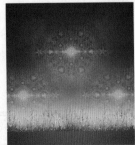

图 9-216

13 打开附书光盘中的"第 9 章 \ 形体之美 \ 素材 3.psd"文件，此时的图像效果和"图层"面板如图 9-217 所示。

图 9-217

14 使用"移动工具"将素材文件中的图像拖曳到第 1 步新建的文件中，得到"图层 3"图层，按【Ctrl+T】组合键，调出自由变换控制框，变换调整图像到如图 9-218 所示的状态，按【Enter】键确认操作。

图 9-218

15 单击"添加图层样式"按钮，在弹出的下拉菜单中选择"外发光"命令，在打开的对话框中进行设置，如图 9-219 所示。

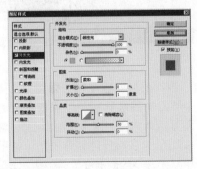

图 9-219

16 设置完成后，单击"确定"按钮，即可得到如图 9-220 所示的效果。

图 9-220

⑰ 按【Ctrl+J】组合键，复制"图层 3"图层得到"图层 3 副本"图层，将"图层 3 副本"图层的图层样式删除，得到如图 9-221 所示的效果。

图 9-221

⑱ 选择"图层 3"、"图层 3 副本"两个图层，在"图层"面板上将选中的图层拖曳到"创建新图层"按钮 上，以复制图层，将复制得到的图层向左移动到如图 9-222 所示的位置。

图 9-222

⑲ 打开附书光盘中的"第 9 章\形体之美\素材 4.psd"文件，此时的图像效果和"图层"面板如图 9-223 所示。

图 9-223

⑳ 使用"移动工具" 将素材文件中的图像拖曳到第 1 步新建的文件中，得到"图层 4"图层，按【Ctrl+T】组合键，调出自由变换控制框，变换调整图像到如图 9-224 所示的状态，按【Enter】键确认操作。

图 9-224

㉑ 设置"图层 4"图层的混合模式为"颜色减淡"，图层不透明度为"40%"，得到如图 9-225 所示的效果。

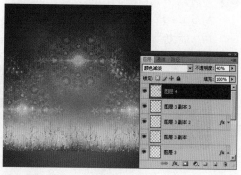

图 9-225

㉒ 按【Ctrl+J】组合键，复制"图层 4"图层得到"图层 4 副本"图层，得到如图 9-226 所示的效果。

图 9-226

23 选择"图层 4"、"图层 4 副本"两个图层，在"图层"面板上将选中的图层拖曳到"创建新图层"按钮 上，以复制图层，将复制得到的图层向左移动到如图 9-227 所示的位置。

图 9-227

24 打开附书光盘中的"第 9 章\形体之美\素材 5.psd"文件，此时的图像效果和"图层"面板如图 9-228 所示。

图 9-228

25 使用"移动工具" 将素材文件中的图像拖曳到第 1 步新建的文件中，得到"图层 5"图层，按【Ctrl+T】组合键，调出自由变换控制框，变换调整图像到如图 9-229 所示的状态，按【Enter】键确认操作。

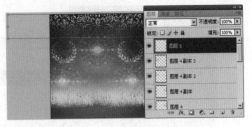

图 9-229

26 设置"图层 5"图层的混合模式为"柔光"，图层不透明度为"60%"，得到如图 9-230 所示的效果。

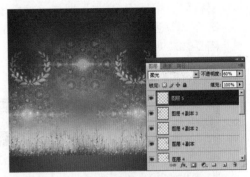

图 9-230

27 打开附书光盘中的"第 9 章\形体之美\素材 6.psd"文件，此时的图像效果和"图层"面板如图 9-231 所示。

图 9-231

28 使用"移动工具" 将素材文件中的图像拖曳到第 1 步新建的文件中，得到"图层 6"图层，按【Ctrl+T】组合键，调出自由变换控制框，变换调整图像到如图 9-232 所示的状态，按【Enter】键确认操作。

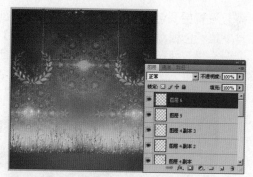

图 9-232

图 9-235

㉙ 单击"添加图层样式"按钮 *fx*，在弹出的下拉菜单中选择"投影"命令，在打开的对话框中进行设置，如图 9-233 所示。

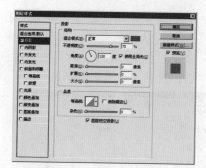

图 9-233

㉜ 使用"移动工具" 将素材文件中的图像拖曳到第 1 步新建的文件中，得到"图层7"图层，按【Ctrl+T】组合键，调出自由变换控制框，变换调整图像到如图 9-236 所示的状态，按【Enter】键确认操作。

图 9-236

㉚ 设置完成后，单击"确定"按钮，即可得到如图 9-234 所示的效果。

图 9-234

㉝ 按【Ctrl+J】组合键，复制"图层7"图层得到"图层7副本"图层，按【Ctrl+T】组合键，调出自由变换控制框，水平翻转调整图像到如图 9-237 所示的状态，按【Enter】键确认操作。

图 9-237

㉛ 打开附书光盘中的"第9章\形体之美\素材7.psd"文件，此时的图像效果和"图层"面板如图 9-235 所示。

34 单击"添加图层蒙版"按钮，为"图层7 副本"图层添加图层蒙版，设置前景色为黑色，使用"画笔工具"设置适当的画笔大小和透明度后，在图层蒙版中涂抹，得到如图9-238所示的效果。

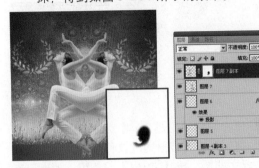

图9-238

35 选择"图层7"和"图层7 副本"图层，按【Ctrl+Alt+E】组合键，执行"盖印"操作，将得到的新图层重命名为"图层8"，隐藏"图层7"和"图层7 副本"图层，如图9-239所示。

图9-239

36 单击"创建新的填充或调整图层"按钮，在弹出的下拉菜单中选择"色相/饱和度"命令，在弹出的"色相/饱和度"调整面板中进行设置，如图9-240所示。

图9-240

37 设置完"色相/饱和度"参数后，得到图层"色相/饱和度1"，按【Ctrl+Alt+G】组合键，执行"创建剪贴蒙版"操作，此时的效果如图9-241所示。

图9-241

38 单击"创建新的填充或调整图层"按钮，在弹出的下拉菜单中选择"色彩平衡"命令，在弹出的"色彩平衡"调整面板中进行设置，如图9-242所示。

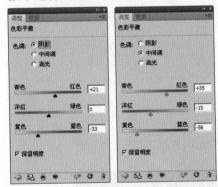

图9-242

39 设置完"色彩平衡"参数后，得到图层"色彩平衡1"，按【Ctrl+Alt+G】组合键，执行"创建剪贴蒙版"操作，此时的效果如图9-243所示。

图9-243

40 打开附书光盘中的"第9章\形体之美\素材8.psd"文件，此时的图像效果和"图层"面板如图9-244所示。

图9-244

41 使用"移动工具" 将素材文件中的图像拖曳到第1步新建的文件中，得到"图层9"图层，按【Ctrl+T】组合键，调出自由变换控制框，变换调整图像到如图9-245所示的状态，按【Enter】键确认操作。

图9-245

42 设置"图层9"图层的混合模式为"叠加"，得到如图9-246所示的效果。

图9-246

43 单击"添加图层蒙版"按钮 ，为"图层9"图层添加图层蒙版，设置前景色为黑色，使用"画笔工具" 设置适当的画笔大

小和透明度后，在图层蒙版中涂抹，得到如图9-247所示的效果。

图9-247

44 打开附书光盘中的"第9章\形体之美\素材9.psd"文件，此时的图像效果和"图层"面板如图9-248所示。

图9-248

45 使用"移动工具" 将素材文件中的图像拖曳到第1步新建的文件中，得到"图层10"图层，按【Ctrl+T】组合键，调出自由变换控制框，变换调整图像到如图9-249所示的状态，按【Enter】键确认操作。

图9-249

46 打开附书光盘中的"第9章\形体之美\素材10.psd"文件，此时的图像效果和"图层"面板如图9-250所示。

图9-250

47 使用"移动工具" ►+ 将素材文件中的图像拖曳到第1步新建的文件中，得到"图层11"图层，按【Ctrl+T】组合键，调出自由变换控制框，变换调整图像到如图9-251所示的状态，按【Enter】键确认操作。

图9-251

48 选择"图层10"和"图层11"图层，按【Ctrl+Alt+E】组合键，执行"盖印"操作，将得到的新图层重命名为"图层12"，按【Ctrl+T】组合键，调出自由变换控制框，水平翻转调整图像到如图9-252所示的状态，按【Enter】键确认操作。

49 选择"图层9"图层上方的三个图层，按【Ctrl+Alt+E】组合键，执行"盖印"操作，将得到的新图层重命名为"图层13"，设置其图层混合模式为"正片叠底"，隐藏下方的三个图层，得到如图9-253所示的效果。

图9-252

图9-253

50 单击"添加图层样式"按钮 *fx*，在弹出的下拉菜单中选择"渐变叠加"命令，在打开的对话框中进行设置，如图9-254所示。

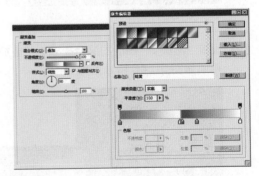

图9-254

51 设置完成后，单击"确定"按钮，即可得到如图9-255所示的效果。

52 打开附书光盘中的"第9章\形体之美\素材11.psd"文件，此时的图像效果和"图层"面板如图9-256所示。

图 9-255

图 9-258

图 9-256

图 9-257

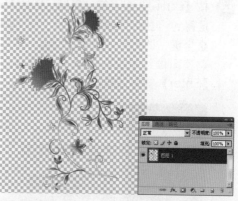

图 9-259

53 使用"移动工具" 将素材文件中的图像拖曳到第 1 步新建的文件中，得到"图层 14"图层，按【Ctrl+T】组合键，调出自由变换控制框，变换调整图像到如图 9-257 所示的状态，按【Enter】键确认操作。

54 设置"图层 14"图层的混合模式为"正片叠底"，得到如图 9-258 所示的效果。

55 打开附书光盘中的"第 9 章\形体之美\素材 12.psd"文件，此时的图像效果和"图层"面板如图 9-259 所示。

56 使用"移动工具" 将素材文件中的图像拖曳到第 1 步新建的文件中，得到"图层 15"图层，按【Ctrl+T】组合键，调出自由变换控制框，变换调整图像到如图 9-260 所示的状态，按【Enter】键确认操作。

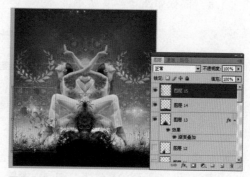

图 9-260

57 设置"图层 15"图层的混合模式为"线性加深"，得到如图 9-261 所示的效果。

图 9-261

⑤⑧ 按【Ctrl+J】组合键，复制"图层 15"图层得到"图层 15 副本"图层，按【Ctrl+T】组合键，调出自由变换控制框，水平翻转调整图像到如图 9-262 所示的状态，按【Enter】键确认操作。

图 9-262

⑤⑨ 打开附书光盘中的"第 9 章\形体之美\素材 13.psd"文件，此时的图像效果和"图层"面板如图 9-263 所示。

图 9-263

⑥⓪ 使用"移动工具" 将素材文件中的图像拖曳到第 1 步新建的文件中，得到"图层 16"图层，按【Ctrl+T】组合键，调出自由变换控制框，变换调整图像到如图 9-264 所示的状态，按【Enter】键确认操作。

图 9-264

⑥① 单击"添加图层样式"按钮 ，在弹出的下拉菜单中选择"投影"命令，在打开的对话框中进行设置后，得到如图 9-265 所示的效果。

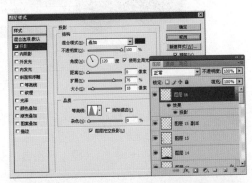

图 9-265

9.6 科技美女

最终效果图

→ 实例目标

本例画面的细节丰富、表现夸张，将人物图像和科技之光背景相结合，制作成一款科技产品的品牌宣传广告，广告体现了科技融入生活的设计理念。

→ 技术分析

本例使用图层混合模式、图层样式、"画笔工具"等为画面添加科技背景，对添加到画面中的人物图像使用图层混合模式和调色命令进行处理，从而完成本例的设计。

→ 制作步骤

01 打开附书光盘中的"第9章\科技美女\素材1.jpg"文件，此时的图像效果和"图层"面板如图 9-266 所示。

图 9-266

02 打开附书光盘中的"第9章\科技美女\素材2.psd"文件，此时的图像效果和"图层"面板如图 9-267 所示。

图 9-267

03 使用"移动工具" 将素材图像拖曳到第1步新建的文件中，得到"图层 1"图层，按【Ctrl+T】组合键，调出自由变换控制框，将图像变换调整到如图 9-268 所示的状态，按【Enter】键确认操作。

图 9-268

04 新建一个图层，得到"图层 2"图层，设置前景色为白色，选择"画笔工具" ✎ 设置适当的画笔大小和透明度后，在图像中绘制一条直线，如图 9-269 所示。

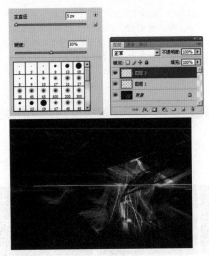

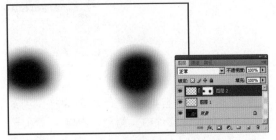

图 9-269

05 单击"添加图层蒙版"按钮 ◻，为"图层 2"图层添加图层蒙版，设置前景色为黑色，使用"画笔工具" ✎ 设置适当的画笔大小和透明度后，在图层蒙版中涂抹，其涂抹状态和"图层"面板如图 9-270 所示。

图 9-270

06 在"图层 2"图层的图层蒙版中涂抹后，得到如图 9-271 所示的效果。

图 9-271

07 单击"添加图层样式"按钮 *fx*，在弹出的下拉菜单中选择"外发光"命令，在打开的对话框中进行设置，如图 9-272 所示。

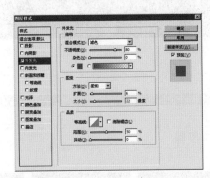

图 9-272

08 设置完成后，单击"确定"按钮，即可得到如图 9-273 所示的效果。

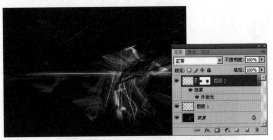

图 9-273

09 打开附书光盘中的"第 9 章\科技美女\素材 3.psd"文件，此时的图像效果和"图层"面板如图 9-274 所示。

10 使用"移动工具" ⊕ 将素材图像拖曳到第 1 步新建的文件中，得到"图层 3"图层，按【Ctrl+T】组合键，调出自由变换控制框，将图像变换调整到如图 9-275 所示的状态，按【Enter】键确认操作。

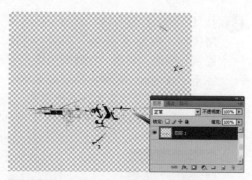

图 9-274

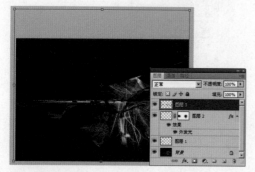

图 9-275

11 设置"图层 3"图层的混合模式为"正片叠底",此时的图像效果和"图层"面板如图 9-276 所示。

图 9-276

12 按【Ctrl+J】组合键,复制"图层 3"图层得到"图层 3 副本"图层,设置其图层混合模式为"正常",单击"添加图层蒙版"按钮◻,为"图层 3 副本"图层添加图层蒙版,设置前景色为黑色,使用"画笔工具"☑设置适当的画笔大小和透明度后,在图层蒙版中涂抹,得到如图 9-277 所示的效果。

图 9-277

13 单击"创建新的填充或调整图层"按钮◻,在弹出的下拉菜单中选择"色相/饱和度"命令,在弹出的"色相/饱和度"调整面板中进行设置,如图 9-278 所示。

图 9-278

14 设置完"色相/饱和度"参数后,得到图层"色相/饱和度 1",此时的效果如图 9-279 所示。

图 9-279

⑮ 打开附书光盘中的 "第 9 章\科技美女\素材 4.jpg" 文件，此时的图像效果和 "图层" 面板如图 9-280 所示。

图 9-280

⑯ 使用 "移动工具" 将素材图像拖曳到第 1 步新建的文件中，得到 "图层 4" 图层，按 【Ctrl+T】组合键，调出自由变换控制框，将图像变换调整到如图 9-281 所示的状态，按【Enter】键确认操作。

图 9-281

⑰ 单击 "添加图层蒙版" 按钮，为 "图层 4" 图层添加图层蒙版，设置前景色为黑色，使用 "画笔工具" 设置适当的画笔大小和透明度后，在图层蒙版中涂抹，得到如图 9-282 所示的效果。

图 9-282

⑱ 按【Ctrl+J】组合键，复制 "图层 4" 图层得到 "图层 4 副本" 图层，选择 "图层 4" 图层，单击 "创建新的填充或调整图层" 按钮，在弹出的下拉菜单中选择 "色相/饱和度" 命令，在弹出的 "色相/饱和度" 调整面板中进行设置，如图 9-283 所示。

图 9-283

⑲ 设置完 "色相/饱和度" 参数后，单击 "确定" 按钮，得到图层 "色相/饱和度 2"，按 【Ctrl+Alt+G】组合键，执行 "创建剪贴蒙版" 操作，此时的效果如图 9-284 所示。

图 9-284

⑳ 选择 "图层 4 副本" 图层，按【Ctrl+J】组合键，复制 "图层 4 副本" 图层得到 "图层 4 副本 2" 图层，执行 "滤镜/模糊/高斯模糊" 命令，在打开的对话框中设置参数后，单击 "确定" 按钮，得到如图 9-285 所示的效果。

图 9-285

21 设置"图层 4 副本 2"图层的混合模式为
"叠加",图层不透明度为"50%",按
【Ctrl+Alt+G】组合键,执行"创建剪贴蒙
版"操作,此时的图像效果和"图层"面
板如图9-286所示。

图 9-286

22 单击"创建新的填充或调整图层"按钮◢,
在弹出的下拉菜单中选择"通道混合器"
命令,在弹出的"通道混合器"调整面板
中进行具体设置,如图9-287所示。

图 9-287

23 设置完"通道混合器"参数后,得到图层
"通道混合器1",按【Ctrl+Alt+G】组合
键,执行"创建剪贴蒙版"操作,此时的
效果如图9-288所示。

图 9-288

24 打开附书光盘中的"第9章\科技美女\素
材5.psd"文件,此时的图像效果和"图
层"面板如图9-289所示。

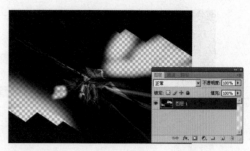

图 9-289

25 使用"移动工具"➤将素材图像拖曳到第
1步新建的文件中,得到"图层5",按
【Ctrl+T】组合键,调出自由变换控制框,
将图像变换调整到如图9-290所示的状
态,按【Enter】键确认操作。

图 9-290

26 设置"图层5"图层的混合模式为"滤色",
此时的图像效果和"图层"面板如图9-291
所示。

图 9-291

27 打开附书光盘中的"第9章\科技美女\素
材6.jpg"文件,此时的图像效果和"图
层"面板如图9-292所示。

图 9-292

28 使用"移动工具" ⊕ 将素材图像拖曳到第 1 步新建的文件中，得到"图层 6"图层，按【Ctrl+T】组合键，调出自由变换控制框，将图像变换调整到如图 9-293 所示的状态，按【Enter】键确认操作。

图 9-293

29 单击"添加图层蒙版"按钮 □，为"图层 6"图层添加图层蒙版，设置前景色为黑色，使用"画笔工具" ☑ 设置适当的画笔大小和透明度后，在图层蒙版中涂抹，得到如图 9-294 所示的效果。

图 9-294

30 单击"创建新的填充或调整图层"按钮 ❷，在弹出的下拉菜单中选择"色相/饱和度"命令，在弹出的"色相/饱和度"调整面板中进行设置，如图 9-295 所示。

图 9-295

31 设置完"色相/饱和度"参数后，得到图层"色相/饱和度3"，按【Ctrl+Alt+G】组合键，执行"创建剪贴蒙版"操作，此时的效果如图 9-296 所示。

图 9-296

32 选择"图层 6"图层，按住【Alt】键在"图层"面板上将选中的图层拖曳到"色相/饱和度3"图层的上方，以复制和调整图层顺序，得到"图层6副本"图层，将"图层6副本"图层的图层蒙版删除，如图 9-297 所示。

图 9-297

㉝ 单击"添加图层蒙版"按钮，为"图层6 副本"图层添加图层蒙版，设置前景色为黑色，使用"画笔工具"设置适当的画笔大小和透明度后，在图层蒙版中涂抹，得到如图 9-298 所示的效果。

图 9-298

㉞ 选择"色相/饱和度 3"图层，按住【Alt】键在"图层"面板上将选中的图层拖曳到"图层 6 副本"图层的上方，以复制和调整图层顺序，得到"色相/饱和度 3 副本"图层，按【Ctrl+Alt+G】组合键，执行"创建剪贴蒙版"操作，此时的效果如图 9-299 所示。

图 9-299

㉟ 设置前景色为白色，使用"横排文字工具"设置适当的字体和字号，在人物的下方输入文字，得到相应的文字图层，如图 9-300 所示。

图 9-300

㊱ 打开附书光盘中的"第 9 章\科技美女\素材 7.psd"文件，此时的图像效果和图层面板如图 9-301 所示。

图 9-301

㊲ 使用"移动工具"将素材图像拖曳到第 1 步新建的文件中，得到"图层 7"图层，按【Ctrl+T】组合键，调出自由变换控制框，将图像变换调整到如图 9-302 所示的状态，按【Enter】键确认操作。

图 9-302

㊳ 单击"添加图层蒙版"按钮，为"图层7"图层添加图层蒙版，设置前景色为黑色，使用"画笔工具"设置适当的画笔大小和透明度后，在图层蒙版中涂抹，得到如图 9-303 所示的效果。

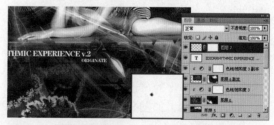
图 9-303

㊴ 打开附书光盘中的"第 9 章\科技美女\素材 8.psd"文件，此时的图像效果和"图层"面板如图 9-304 所示。

㊵ 使用"移动工具"将素材图像拖曳到第 1 步新建的文件中，得到"图层 8"图层，按【Ctrl+T】组合键，调出自由变换控制框，将图像变换调整到如图 9-305 所示的状态，按【Enter】键确认操作。

图 9-304

图 9-305

41 单击"添加图层蒙版"按钮▣，为"图层8"图层添加图层蒙版，设置前景色为黑色，使用"画笔工具"✍设置适当的画笔大小和透明度后，在图层蒙版中涂抹，得到如图 9-306 所示的效果。

图 9-306

42 单击"创建新的填充或调整图层"按钮◑，在弹出的下拉菜单中选择"通道混合器"命令，在弹出的"通道混合器"调整面板中进行设置，如图 9-307 所示。

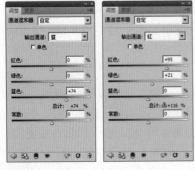

图 9-307

43 设置完"通道混合器"参数后，得到图层"通道混合器 2"，此时的效果如图 9-308所示。

图 9-308

44 按【Ctrl+Shift+Alt+E】组合键，执行"盖印"操作，得到"图层 9"图层，选择"滤镜/模糊/高斯模糊"命令，在打开的对话框中设置参数后，单击"确定"按钮，得到如图 9-309 所示的效果。

图 9-309

45 设置"图层 9"图层的混合模式为"叠加"，图层不透明度为"63%"，此时的图像效果和"图层"面板如图 9-310 所示。

图 9-310

反侵权盗版声明

电子工业出版社依法对本作品享有专有出版权。任何未经权利人书面许可,复制、销售或通过信息网络传播本作品的行为;歪曲、篡改、剽窃本作品的行为,均违反《中华人民共和国著作权法》,其行为人应承担相应的民事责任和行政责任,构成犯罪的,将被依法追究刑事责任。

为了维护市场秩序,保护权利人的合法权益,我社将依法查处和打击侵权盗版的单位和个人。欢迎社会各界人士积极举报侵权盗版行为,本社将奖励举报有功人员,并保证举报人的信息不被泄露。

举报电话: (010)88254396;(010)88258888
传　　真: (010)88254397
E － mail: dbqq@phei.com.cn
通信地址: 北京市万寿路173信箱
　　　　　电子工业出版社总编办公室
邮　　编: 100036